20世纪的空间设计

［日］矢代真己　田所辰之助　滨崎良实　著

卢春生　小室治美　卢叶　译

中国建筑工业出版社

著作权合同登记图字：01-2005-0952 号

图书在版编目（CIP）数据

20世纪的空间设计／（日）矢代真己等著；卢春生等译. —北京：中国建筑工业出版社，2007（2021.3重印）
ISBN 978-7-112-06385-7

Ⅰ.20… Ⅱ.①矢…②卢… Ⅲ.空间设计-名词术语-20世纪 Ⅳ.TU2-61

中国版本图书馆 CIP 数据核字（2006）第 134915 号

Japanese title：Matorikusu de yomu 20seiki no Kukandezain
　　　　　　by Masaki Yashiro, Shinnosuke Tadokoro, Yoshimi Hamazaki.
Copyright © 2003 by Masaki Yashiro, Shinnosuke Tadokoro, Yoshimi Hamazaki
Original Japanese edition
Published by SHOKOKUSHA Publishing Co., Ltd., Tokyo, Japan

本书由日本彰国社授权翻译出版

责任编辑：白玉美　刘文昕　率　琦
责任设计：赵明霞
责任校对：李志立　张　虹

20世纪的空间设计

[日] 矢代真己　田所辰之助　滨崎良实　著
卢春生　小室治美　卢叶　译
*
中国建筑工业出版社出版、发行（北京西郊百万庄）
各地新华书店、建筑书店经销
北京金海中达技术开发公司制版
廊坊市海涛印刷有限公司印刷
*
开本：880×1230 毫米　1/32　印张：8¼　字数：242 千字
2007 年 11 月第一版　2021 年 3 月第四次印刷
定价：**28.00** 元
ISBN 978 - 7 - 112 - 06385 - 7
（12399）

版权所有　翻印必究
如有印装质量问题，可寄本社退换
（邮政编码 100037）

空间设计的熟吟与思索

——阅读指南

当今我们享受的生活环境是 20 世纪各种空间设计所带来的成果，也许可以认为这是理所当然的，但这是怎样形成的，又会向什么方向发展呢？

为了回答这些疑问，本书选择了最为重要的 108 个与空间设计相关的关键词并加以介绍。

关键词的选择主要依据 20 世纪空间设计发展的轨迹和追求理想生活环境的过程。为了便于理解，也选择了部分 20 世纪以前的关键词，这些关键词是 20 世纪空间设计的基础和罗盘。

本书主要针对从事室内设计、建筑设计、城市规划、地形测量等行业的工作者，或从事各种与生活环境相关工作的人员，以及对此有兴趣或正在学习的人适用，对专家也具有参考作用。

108 个空间设计关键词的项目各自独立，可根据目录从感兴趣的部分开始阅读，或是只阅读感兴趣的部分。必要时也可以作为专业术语解释用书查阅使用。

为了便于从整体和多个角度理解，全书从几个方面做了努力。如目录所示，通过以下的措施，使目录的表格更加完善。

首先，108 个空间设计关键词按时间、内容来分类。

按时间分类的如"1900 年代"、"1910 年代"，每 10 年作为一个阶段。这是以某一项情况的顶峰时期来表示的。

按内容分为："思潮·构想"、"原型·手法"、"技术·构法"、"生活·美学"四个组。本来这四个组的特点是综合性的，在此各自独立为一个题目是为了强调其中的重点部分。

书中偶数页左端列有时间表，奇数页下部列有内容表。

另外，内容相互有关联的项目要点，文中以"参见"来表示。例如"（100）"表示参见项目的编码，可以知道"参见项目"与"阅读项目"的相互关系。查阅"参见项目"时，可查阅奇数页右上角的项目编码。

对特定的要点项目感兴趣，想知道更详细的有关内容，奇数页下端有该要点项目的主要参考文献，以日语文献为主，有时也有一些欧美文献。另外，在本书卷末，从 20 世纪空间设计的综合角度考虑，选择列出了主要的参考文献。

本书卷末，还附有年表。空间设计的探索与追求过程是以何种形态与社会现象相结合的，作为探索相互关系的工具，对生活环境的变化和发展产生影响的社会动向，也综括在年表中。与要点项目相同，也是基于时间、内容进行分类、整理的。

本书目录的排列以时间为序；按要点项目的内容来阅读时，可以查阅"参见项目"，阅读极为方便。

不管以哪种方式阅读，若能体会到思索空间与生活环境的乐趣，理解空间与生活环境关系的深广，笔者将不胜荣幸。

目 录

空间设计的熟吟与思索＋阅读指南

年 代	思潮・构想	原型・手法
1900年之前	001 理性主义(2) 002 新艺术运动(4) 003 维也纳分离派(6)	004 殖民地建筑式样(8) 005 历史主义(10) 006 纪念碑性的建筑(12) 007 芝加哥学派(14) 008 "仿洋派"风格(16)
1900	017 未来派(34)	018 几何学(36) 019 空间体量设计(38)
1910	023 表现主义(46) 024 "达达主义"(48) 025 "风格派"运动(50) 026 有机建筑(52)	027 民族浪漫主义(54)
1920	032 功能主义(64) 033 构成主义(66) 034 公立包豪斯学校(68) 035 "建造"(70)	036 装饰艺术风格(72) 037 开放街区(74) 038 现代建筑的五项原则(76)
1930	046 CIAM(92) 047 法西斯建筑(94)	048 "通用空间"(96) 049 国际式(98)
1940	053《雅典宪章》(106)	054 代用品(108)
1950	057 传统论争(114)	058 模数(116)
1960	063 十次小组(126) 064 新粗野主义(128) 065 结构主义(130) 066 代谢主义(132) 067 纽约五人组(134)	068 居室(136) 069 玻璃顶盖街市(138) 070 开放空间(140) 071 巨大构造物(142) 072 "半网格"秩序法则(144)
1970	079 现代建筑的解体(158) 080 文脉主义(160)	081 形态学(162) 082 符号论(164) 083 "间"(166)
1980	087 后现代主义(174) 088 地域批判主义(176) 089 解构主义建筑(178)	090 高技派(180) 091 舒适优雅(182) 092 非逻辑性(184) 093 混沌(186)
1990年之后	097 场所精神(194) 098 新现代主义(196)	099 主题公园(198) 100 通用设计(200)

20世纪关于空间设计的主要参考资料(218)
20世纪社会现象年表(219)

关键词右侧的 Ⓨ Ⓣ Ⓗ 代表执笔者。其中，Ⓨ＝矢代、Ⓣ＝田所、Ⓗ＝滨崎

技术・构法	生活・美学	年　代
009 轻型木框架结构(18) 010 钢结构(20) 011 玻璃(22)	012 布杂艺术(24) 013 社会主义乌托邦(26) 014 私人住宅(28) 015 工艺美术运动(30) 016 花园城市(32)	1900年 之前
020 外皮(40) 021 标准化(42)	022 德意志制造联盟(44)	1900
028 钢筋混凝土(56)	029 机器美学(58) 030 社会住宅(60) 031 客厅中心形式(62)	1910
039 悬挑式(78) 040 干式预制装配建造法(80)	041 少即是多(82) 042 广告牌式建筑(84) 043 法兰克福式厨房(86) 044 美国主义(88) 045 最小限度的住宅(90)	1920
050 玻璃砖(100)	051 集合住宅(102) 052 "庸俗艺术"(104)	1930
055 要塞建筑(110)	056 加利福尼亚式(112)	1940
059 幕墙(118) 060 摩天大楼(120)	061 新卫星城市(122) 062 2DK(124)	1950
073 铝材(146)	074 结构表现主义(148) 075 人工环境(150) 076 乡土化(152) 077 波普艺术(154) 078 少则无聊(156)	1960
084 空间框架(168)	085 居民参与(170) 086 大开间(172)	1970
094 轧孔板(188)	095 景观(190) 096 都市中心居住(192)	1980
101 无框格(202) 102 "场所"无所不在(204)	103 "网络空间"(206) 104 "生态学"(208) 105 SOHO (210) 106 越多越好(212) 107 可持续性(214) 108 家庭的崩溃(216)	1990年 之后

后记(248)
图片出处(249)

7

20世纪的空间设计·关键词108

001 理性主义

Rationalism

以科学技术的理性取代"形态"规则

　　1755年耶稣会长老马克·安东尼奥·陆吉埃出版了《建筑试论》（第2版），扉页上刊出象征性的画面，画面其中一妇女正坐在倒塌的柱体上，手指向某一方向，在那个方位，有用树枝做成的三角形屋顶置于树上。妇女旁边，头顶上闪烁着光明的天使已经降临，暗示着万物伊始。

　　陆吉埃表现的这个"原始的小屋"构图是由柱和梁支撑的结构体，作为建筑结构的原理图为人所熟知。女性的胳膊靠在古典建筑檐口上，喻示着她对传统建筑中以柱式为中心的统一原则的轻视。

　　所谓柱式是按一定比例构成的圆柱，是古典主义形态的象征，这是一幅表达观念的示意图，提示人们建筑之所以成立不是基于某种特定的样式，而应着眼于结构的合理性。

　　苏夫洛重新设计修复的巴黎万神庙（1756年）等建筑应用了陆吉埃表现出的想法，等间距设置的柱子，支撑着房廊屋顶的荷重，避开了强调空间阶层性的巴洛克结构，柱子的连续排列，营造出均质场景。实际上，因技术上的原因而设置了环壁协助负荷，并没有完全实现最初的意图，但是，廊柱的作用是为了承重，如同"柱子"文字的原义，并非是为了"形态"。陆吉埃赞扬这个建筑是"完整建筑的最初实例"。

　　这个巴黎万神庙建筑还是物理学家傅科为证明地球自转而进行"傅科摆动原理"实验的场所，随着自然科学的发展，启蒙思想的普及，确立合理思维方法的时代到来了。因而，建筑也转变为科学分析、把握的对象了。

　　在哥特式建筑的修复作业中，维欧勒·勒·杜克研究、解明了其技术上的特性。在维欧勒·勒·杜克的思想中，也表现出了对建筑结构合理性的关心。维欧勒·勒·杜克提出以钢结构（010）代替石材，大幅缩小了截面积的钢结构仍然能够承受与原有石材相同的压力。在以技术掌握结构体系的过程中，寻找出合理性，扩展了思路。

　　维欧勒·勒·杜克的思想影响了奥古斯特·舒瓦西著《建筑史》（1899年），并通过轴测图来使建筑物荷重支撑构造进一步可视化。

　　建筑形态及其使用方法方面，出现了思想与以往不同的建筑师，克劳德·尼古拉斯·列杜的盐场城（1785年）以及爱德恩·路易斯·部雷的牛顿纪念堂方案（1785年前后）中，都导入了立方体、球体、圆柱体等几何体形态。

被称为幻视者的建筑师们在法国大革命后的混乱局面中得不到实际操作的机会，他们用一种单色线描图表达几何形态（018）中的结构合理性，在形态上与20世纪20、30年代流行的"国际式"（049）具有相似性。

在巴黎理工学校受过部雷教育的束·尼古拉·路易·德兰所著的《建筑讲义要录》（1802～1809年）等著作中，将建筑的形态样式分为各类组件，在均等的格子上再重新构成，提出了折衷主义的设计手法。

陆吉埃《建筑试论》（第2版1755年)的扉页[1]

原有的形态样式规则失效了，通过格子，不同的形态样式也可以结合起来。同时，多样的建筑形态能够适应格子而形成标准化（021），可以按照现代社会要求的经济性和功能性等指标来组合。

这样，围绕结构及形态体系的思维，在要求建筑的普遍性与合理性的过程中，立足于样式形态的建筑观（005）逐步瓦解，基于科学与技术理性的建筑观形成了。迎来了新的技术与功能（032）的价值观。这些现代的规范如何形象化、空间化的问题，通过各种实验为20世纪的建筑确定了方向。

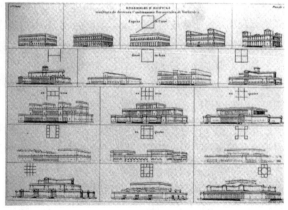

德兰《建筑讲义要录》（1802～1809年）第2部的"建筑要素统合"[2]

牛顿纪念堂方案　部雷　1785年前后[3]

■参考文献　鈴木博之「合理主義の理念」、『新建築学体系5　近代・現代建築史』彰国社、1993年/土居義岳「言葉と建築」建築技術、1997年 /エミール・カウフマン、白井秀和訳『ルドゥーからコルビュジエまで―自律の建築の起源と展開』中央公論美術出版、1992年

002 新艺术运动

Art Nouveau

城市中产阶级的文化表现

近代社会建立在曾被作为法国大革命口号的"自由、平等、博爱"的开放精神基础上，但同时又有按照各个民族而划分的所谓"人民国家"，即存在着封闭式的社会体制，并且，在两种力量作用下逐渐展现出具体形态。

为此，像遗传基因信息一样，包括普遍的、外向的运动性与区域的、内向的运动性，这种根本矛盾的双重特性，使得在相互接触时便产生分裂。在进入20世纪后，发生过两次世界大战，并且，这些根本性的矛盾以各种形式扩展开来。在空间设计领域，也具有这种两面性的遗传基因，其最早产生的事物是要求普遍性的"新艺术"和要求地域性的"民族浪漫主义"（027）这一双胞胎。

19世纪末到20世纪初的欧洲，出现了以巴黎为中心的国际化都市文化，并经过了一个短暂的时期。以后，这个时期被怀有惜旧意识者称为"过去的好时光"。给这一繁荣状况增色的艺术、建筑样式一般被称为"新艺术"。这一称呼源自美术商萨缪尔·宾格，1895年他在巴黎开设名为"新艺术"的画廊，他的画廊销售具有新倾向的艺术作品，代表着多彩的新艺术潮流。

"过去的好时光"的最高潮时期，建筑领域显现出摆脱历史主义（005），摸索尝试适合现代社会生活的新建筑模式。当时，以日本情趣为主的非西欧式艺术、植栽等倾向自然的形象，成为消除历史主义造型的代表性素材。

另外，追求造型的真实性的"工艺美术运动"（015）的影响也色彩渐浓。进而，钢铁（010）等新材料也符合了一些审美的要求，而如何成熟使用则成为当时的课题。

在这样的背景之下，建筑领域的"新艺术"动向体现着中产阶级为主体的享受都会文化的潮流。作为中产阶级生活形态接受体，出现了以摸索并尝试住宅样式为中心的潮流。

"新艺术"建筑的发源地是比利时的威克特·霍尔塔设计的都灵路12号住宅（1893年）作为其起点。都灵路12号住宅以钢材为结构体，直接暴露，积极地以其自身结构体显现造型和装饰，内部装饰以植物作为基本图案装饰，酿造出空间的流动性及幻想性。

霍尔塔自身的住宅（1900年）也是同样的造型。在这里，楼梯室使用镜面假景

002

　産生的效果，更増強了空間幻想性特点。
　　在法国，赫克托・吉马德的贝朗榭公寓（1898年）也与霍尔塔的做法同样，给钢铁材料以植物般的曲线，以赋予其审美性。霍尔塔也好，吉马德也好，使钢铁这一新材料以自然的基本图案，展现出前所未有的新造型表现，体现出了无国籍特性及流动性特点，这是现代社会，特别是都市生活的表现特征。

都灵路12号住宅　霍尔塔　1893年[1]

　　与这一倾向同样显现出摆脱历史主义动向的还有奥地利的"分离派"、德国的"青年式"。在这些国家，不是直接参照或引用自然形象，而是更为抽象化，呈现出在表面形态背后潜含的几何学构成原理（018），尝试以这种方式使造型升华。这是受到以苏格兰的查尔斯・伦尼・麦金托什为中心的"格拉斯哥派"等影响而形成的。

　　"分离派"为代表的住宅有约瑟夫・霍夫曼在布鲁塞尔建造的斯托克莱住宅（1911年）。
"青年式"为代表的住宅有彼得・贝伦斯在达姆施塔特艺术村建造的宅邸（1901年）。
另外，"格拉斯哥派"的代表住宅有麦金托什设计的希尔住宅（1906年）。

斯托克莱住宅　霍夫曼　1911年[4]

希尔住宅　查尔斯・伦尼・麦金托什　1906年[5]
霍尔塔自宅　霍尔塔　1900年[2]
贝朗榭公寓　吉马德　1898年[3]

■参考文献　S. T. マドセン、高階秀爾・千足伸行訳『アール・ヌーヴォー』美術公論社、1983年／海野弘『世紀末のスタイル―アール・ヌーヴォーの時代と都市』美術公論社、1993年／フランク・ラッセル編『アール・ヌーヴォーの建築』A. D. A. EDITA Tokyo、1982年

|思潮・构想|原型・手法|技术・构法|生活・美学|

5

003 维也纳分离派

Sezession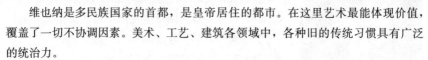

时代精神与现代建筑的曙光

维也纳是多民族国家的首都，是皇帝居住的都市。在这里艺术最能体现价值，覆盖了一切不协调因素。美术、工艺、建筑各领域中，各种旧的传统习惯具有广泛的统治力。

维也纳美术家协会（1861年成立）内部的状况也同样，沿袭传统的历史主义（005）倾向严重。1897年4月该组织中有19名成员对旧传统毅然举起反旗宣告退出维也纳美术家协会，成立了新的"奥地利造型艺术联盟（分离派）"。

画家古斯塔夫·克里姆特任第一任分离派会长。初创成员中有莫塞、约瑟夫·奥布里希等。不久，奥托·瓦格纳、约瑟夫·霍夫曼等也加入了分离派。

分离派与民众积极交流，并且提出维也纳艺术活动的国际化目标，打破了自古以来沿袭的旧习，并进一步破除传统惯例，使艺术界产生出活力。这一活动以"分离派会馆"为据点，"分离派会馆"，是由克里姆特构思，由奥布里希设计，1898年11月开馆的，正门上部刻有剧作家巴鲁的名句："给时代以时代的艺术，给艺术以艺术的自由"。

"分离派会馆"介绍了同时代的外国新艺术，这是前所未有的。也成为提高一般民众关心艺术的重要场所。

这是符合新时代需求的展示方式，将建筑、美术、工艺综合，称之为"综合艺术"（034），即以"综合艺术"的精神进行展示。每次展览会都委托一名艺术家布置会场，其展示内容也选择单独的艺术家作品，这是新的尝试。

他们还有效利用媒体，发行了会刊"神圣的春天"（1898～1903年）。会刊自身就是美术价值很高的艺术书籍，同时，还以此传播"分离派艺术"，是极有影响力的宣传媒体。受"分离派艺术"这一运动的影响，日本现代建筑运动的先锋"分离派建筑会"于1920年创立，这是受到其强大的意识形态刺激的结果。

维也纳建筑领域摆脱历史主义的影

"分离派会馆" 奥布里希　1898年[1]

响是由瓦格纳开始的，瓦格纳在1880年代中期以平滑的面作为表现形式，摸索向现代建筑发展的可能性，最初他认为"一定程度的自由的文艺复兴样式"才是"正确的"。但是，1890年以后，开始提倡"未来主义"的"实用样式"，不模仿文艺复兴建筑，而是继承其蕴含的推崇人类无所不知无所不能的人本主义精神，并且引入时代性，力图创造符合现代社会和人性的建筑艺术。他在主要著作《现代建筑》（1896年）中，写道："必须以我们的力量、行动和我们创造的形式表现现代艺术。"宣布与过去的形式决裂，主张正确把握目的，选择适当材料及简单经济的结构。由以上这些条件自然生成形式，深刻表现出确立新时代、新建筑的时代精神。

玛约利卡公共住宅　瓦格纳　1899年[2)]

维也纳邮政储蓄银行　瓦格纳　1906年[3)]

新艺术（002）的造型从卡尔广场车站（1898年）起，经过以图式符号形态表现的玛约利卡公共住宅（1899年），到维也纳邮政储蓄所（1906年）这一开拓发展过程。邮局外装饰板固定用的铝螺钉是现代技术的象征，也是新的装饰表现。在这里，实用形式向艺术形式升华。脱掉了历史主义那种与结构无关的表面装饰外套，表层不再只为营造视觉效果而存在，它开始表现结构功能。建筑师掌握了表现时代精神的装饰。

阿姆・休坦豪夫教会　瓦格纳　1907年[4)]

据此分析，到底是谁比瓦格纳的弟子维也纳分离派的奥布里希、霍夫曼更加深刻地理解和继承了他的思想？正是提出"瓦格纳的天才无法超越"同时又提出"空间体量设计"的阿道夫・路斯。

■参考文献　H. ゲルツェッガー＋M. パイントナー、伊藤哲夫・衛藤信一訳『オットー・ワーグナー──ウィーン世紀末から近代へ』（SD選書）鹿島出版会、1984年/川向正人『Pドルフ・ロース』住まいの図書館出版局、1987年/伊藤哲夫『アドルフ・ロース』（SD選書）鹿島出版会、1984年/カタログ『ウィーン世紀末──クリムト、シーレとその時代』セゾン美術館、1989年

004 殖民地建筑式样

Colonial Style

西欧文化遭遇了异文化后的异化形态

在英国、西班牙、荷兰等西欧列强统治的殖民地形成的、独自的建筑形态称为"殖民地建筑式样"。这是以宗主国的建筑样式为基础，根据本地的种种不同条件而创造产生的结果。移居殖民地的人们以本国的传统和建筑样式为模板，又受到移居地的风土气候、建筑材料、建筑技术的限制，考虑成本，营造舒适、健康生活的创意而积累形成的。为此，"殖民地建筑式样"尽管模仿殖民者本国的造型样式，却形成了种种不同的形态。

经过不同的过程而形成的殖民地建筑式样中，作为代表性的有"外廊式"。这原是在印度本卡尔地区的土著形态，建筑物外周环绕着阳台，上部架设屋檐的开放住宅形式。这是由高温多湿气候所造就的形态，既能防止日晒，又能确保通风的建筑经验积累，形成内部与外部的缓冲区，即由阳台来确保周围的半外部空间。

欧洲来的殖民者在与本国不同特点的气候条件下，反复与高温多湿气候斗争，参考当地情况，为创造舒适健康的生活环境而吸收了土著住宅样式的优点，融合于自己的传统之中。结果形成了所谓的"外廊式"。18世纪后半期，这种形式在各殖民地广泛可见。

另外，与西欧气候条件较为相近的美国东部的新英格兰地区，主要使用英国式壁板外墙式，样式上是仿效文艺复兴样式的"乔治式"等。

这种壁板外墙式住宅的建造，不久变为单向铺装。以后，建筑史学家文森特·斯库利称之为"简单式"，成为美国产的固有建筑形态的原点。早期

路易斯安纳州森特·查里斯·斯班尼斯农园住宅　1801年前后　外廊式[1]

斯特腾住宅　理查德松　1883年[2)]

有意建造简单式的实例有亨利·霍布森·理查森设计的斯特腾住宅（1883年）、麦金·米德—怀特建筑事务所设计的劳勒住宅（1878年）。

"殖民地建筑形式"在幕府末期、明治初期传入日本，按其形态的传入过程有3个渠道：

1)"外廊式"由中国及东南亚的外国租界经长崎传入。

2)"木框架石材建造形态"由美国经横滨传入。

3)"壁板外墙式"同是由美国经北海道传入。

不久后，这些形态融合，产生出"壁板外廊式"。

"外廊式"的代表例作有长崎的古拉巴住宅（1863年）（原方案设计：托马斯·布莱克·古拉巴）。

"木框架石材建造形态"的代表例作有新桥停车场（1871年）（设计：普林修斯）。

"壁板外墙式"的代表例作有北海道札幌时钟台（原札幌农学校 操场 1878年 设计：维利亚豪拉）。

"壁板外廊式"的代表例作有神户的哈萨姆住宅（1902年）（原方案设计：亚里山大·奈松·汗赛）。

哈萨姆住宅　汗赛　1902年[5)]

古拉巴住宅　1863年[3)]

新桥停车场　普林修斯　1871年[4)]

■参考文献　藤森照信『日本の近代建築（上）』（岩波新書）岩波書店、1993年/V. スカーリー、香山壽夫訳『アメリカの建築とアーバニズム（上）』（SD選書）鹿島出版会、1973年/八木幸二・田中厚子『アメリカ木造住宅の旅』（建築探訪）丸善、1992年

005 历史主义

Historicism

建筑师对应现代社会,旧"样式"解体

19世纪席卷欧洲的"现代社会"形态是以英国为先驱的工业革命、新大陆美国的独立以及法国市民革命所带来的。这也是18世纪后期开始,社会结构产生前所未有的变化所孕育的。其中,市民社会为框架的国民国家、资本主义制度、科学的进步及工业的发展为基础,科学技术为动力的文明得到了确立。政治、经济、产业的基础框架进入19世纪后已逐渐完备,现代社会的产生已成为必然。

这种社会变动作为"进步"的象征被接受,于是,产生出"人是从哪里来?向哪里去?"的思索探求。因此,历史学、考古学迅速发展起来,其结果,欧洲历史发展的轨迹以清晰的状态明确起来。在建筑史的范畴内,对过去的各种建筑形态按不同时代分类。并且,作为建筑师,学习这些过去的各种建筑形态成为必需的修养。

社会结构的转换,科学文化的发展,对建筑也必然产生变革要求,要求建筑对应未知的功能及材料。首先是铁路车站、议事堂、美术馆、图书馆等,过去没有必要的各种用途公共设施,而现在,都成为新出现的要求。钢铁(010)、钢筋混凝土(028)等新建筑材料的导入,以及与其相适应的造型也开始受到期望。与建筑物的建造相关的技能职务——工程师(技术人员)(010)也开始成为建筑师的竞争对手。

为对应这些课题,建筑师从过去的建筑形态中引经据典,以对应现代化。即向历史学习,求助于历史。"历史主义"成为造型的秘诀。反言之,能够充分对应激增的社会需求的造型词汇已经枯竭。于是借用了过去的种种建筑形态造型的建筑物不断地被建造出来。

18世纪中期产生出的"历史主义"动向,最初是以模仿古希腊时代的建筑形态为开端的,称为"新古典主义"(006),其体现着对古希腊朴素的民主主义的一种憧憬。此后,又希望复兴产生于中世纪欧洲的哥特式建筑形态,这是基于欧洲的原有性与怀念浪漫主义的过去而产生的。再以后,是出现对过去的建筑形态随意变换组合的状况,形成样式折衷主义动向。

自此,"形式或者说样式"不再是时代精神的产物,"形式"失去了传统观念中反映时代特性的作用。所谓"形式"只是作为造型的工具存在。

信奉"历史主义"的建筑师在对应钢铁、混凝土等新建筑材料方面也出现了问题，历史样式是基于石材技术所形成的，以此作为规范方法，在对应钢铁、混凝土等新的建筑材料时是有局限性的。而且，建筑师的作用仅仅是考虑立面的设计，例如如何为钢铁构造的建筑披上装饰性的外套。传统形式中曾巧妙达成的"美观、坚固、实用"，即艺术性、功能性、技术性三要素的统一被破坏了。

这样，随着"历史主义"出现，从双重的观点来看，"样式"的存在已变得毫无意义了。

直到19世纪后期，满足艺术性、功能性、技术性三要素的同时，表现符合现代社会实际需要的形态，摸索现代社会新造型方式活动才开始出现，即新艺术（002）为先驱的恢复"样式"的活动开始了。此后，"风格派运动"（025）及"公立包豪斯学校"（034）为主的各种现代建筑运动随之出现了。

英国国会大厦　查尔斯·巴雷　1840～1865年　新哥特式[1]

巴黎歌剧院　加尼埃
1871～1874年　新巴洛克式[2]

布鲁塞尔法院　布拉尔特
1866～1883年
各种样式混合[3]

■**参考文献**　ロビン・ミドルソン＋デイヴィッド・ワトキン、土居義岳訳『新古典主義・19世紀建築（1）、（2）』本の友社、1998年、2002年／鈴木博之『建築の世紀末』晶文社、1977年

006 纪念碑性的建筑

Monumentality

社会变革期所唤起的共同体文化统一性

历史学家汉斯·卡尔·尼巴达曾写道："现代社会正是由拿破仑开始的。"现代德国是以拿破仑为契机，迫使公国的邦属体制解体、重组。哲学家约翰费希特的演说"告德国人民书"（1807～1808年）中说："由于拿破仑的统治，促使民众奋起，追求德国国家统一的民族主义意识产生。"以后，1871年在普法战争的胜利，使各小国独立分割的地区统一为德意志帝国。

德国在19世纪推行统一的国民国家体制，在这一过程中，建筑体现了民族、国家文化的统一性，并起着强化象征的作用。当时，可供参考的是模仿古希腊建筑的具有纪念性的"新古典派建筑"（005）。

弗里德里希·基利设计的弗里德里希王纪念建筑物的设计方案（1797年）是为歌颂普鲁士王的功绩，在首都柏林的中心建造的高坛式建筑，是希腊多立克式神庙的方案。

另外，在新设立的建筑学会，接受过其教育的卡尔·弗里德里希·申克尔作为普鲁士宫廷建筑师着手柏林的公共建筑设计。申克尔设计的新卫兵营（1816年）、旧博物馆大厦等建筑，多在都市广场及干线道路邻接处。古典主义形态的建筑作为近代国家的脸面设置在首都，成为都市空间中象征统一秩序的装置。

在慕尼黑，拉奥·冯·克仑兹受到巴伐利亚国王路德维希一世的庇护，建造了雕刻陈列馆（1831年）、绘画馆（1836年）等象征巴伐利亚政治体制的建筑物。设计了基于希腊样式的都市。克仑兹还建造了拉蒂斯邦郊区面对多瑙河的高台拉蒂斯邦烈士纪念堂（1842年），在科尔哈姆还建造了为纪念对法国战争胜利的解放堂（1863）。拉蒂斯邦烈士纪念堂是雅典帕提农神庙的原样复制，是希腊神殿建筑的再现。

正如这些建筑作品所表现的那样，新古典主义是现代国家的政治体制、新建都市的表现，为使人联想起其文化根源并特别强调纪念碑性特点的造型。

这一现象出现的另一个原因是当时对希腊遗址群的科学考古调查，它们曾由于被纳入奥斯曼土耳其的版图而长期不为人知。当时，通过历史学、考古学的调查，发现了希腊的古遗址。于是，18世纪后期出版了许多实际的测量集。鲁·劳瓦的《希腊优美的古遗址》（1758年）、杰姆斯·斯彻德与尼古拉斯·莱福特的《雅典的古遗物》（1762年）等。正如美学家耀汉·布戈尔曼的《希腊艺术模仿论》（1755

年)中所述：文艺复兴以后，直接广泛参照的对象物不是罗马的建筑，而是将目光投向另一个建筑的起源地——希腊。

另外，如埃德蒙·伯克《崇高与美的起源》（1757年）中所记述："崇高"的概念是由苦难和危险的感情中诞生出的，它把迄今为止由美所限定的艺术想象力的范围扩大了。人遭遇痛苦与生命危险，使人的感情昂扬，产生出充实的"生"。这一观念与艺术结合，使艺术不仅包含"美"，也包含了"崇高"。扩展为概括性更广的概念。

弗里德里希纪念建筑物的设计方案(部分)基利 1797年[1]

在19世纪，在建筑范畴中，注重纪念碑性建筑的价值背景下，针对罗马式建筑而出现了希腊式建筑，针对"美"而产生出"崇高"，这是对旧有的建筑观逐渐对立、变化为具有多样性事物的形势。社会秩序的文化价值规范不稳定之时，"纪念碑性建筑"作为永远性目标，成为超越一切的观念而被形象化。

旧博物馆大厦　申克尔　1830年[2]

在进入20世纪后，"纪念碑性建筑"作为贵族和阶级的价值而被排斥，也成为攻击对象，"建造"（035）等新的思维方法产生了。

但进入1970年代后，"建筑的解体"（079）被呼唤，在"后现代"（087）的大潮中，建筑重新开始被包上"纪念碑性建筑"的外衣。在这种现象之中，也有与社会变革时期意识形态要求相结合所产生的因素，反映出"纪念碑性建筑"所具有的特性之一。

斯彻德与莱福特的《雅典的古遗物》(1762年)中的帕提农神庙的图版[3]

■**参考文献**　杉本俊多『ドイツ新古典主義建築』中央公論美術出版、1996年/杉本俊多『建築夢の系譜-ドイツ精神の19世紀』鹿島出版会、1991年/ロビン・ミドルトン＋デイヴィッド・ワトキン、土居義岳訳『図説世界建築史13　新古典主義・19世紀建築』本の友社、1998年

007 芝加哥学派

Chicago School

"摩天大楼"的设计造型手法孕育了"形式服从功能"的理念

19世纪末期美国诞生了"高入云端"的"摩天大楼"。美国中西部城市芝加哥对其诞生起了重要作用,芝加哥的建筑师们对未知的形态积极挑战,追求高层大楼的存在方法,芝加哥建筑师们的挑战活动过程,形成了"芝加哥派",在历史上留下了名字。

19世纪后半期的美国,在1865年的南北战争结束后,国内情况安定下来,工业化迅速发展。1868年横穿大陆的铁道开通,促进了西部开发事业迅猛发展。在这样的背景下,芝加哥作为美国东部与西部连接的中转基地,利用地利的优势,获得了飞跃发展。据记录,1850年后的20年间,芝加哥人口增加了约10倍。1870年间,芝加哥成为人口约300万人的大城市。芝加哥地价在1880年至1890年的10年间,增加了7倍。也就是说出现了一种泡沫经济的情况。在这样的状况下,从土地高度利用的观点来看,建筑物高层化的时机已成熟。

1871年芝加哥发生大火灾,大火把芝加哥市街烧尽。这反而提供了从一无所有开始建设新市街的机会。具体说,就是火灾带来了高层大楼的建设机遇。于是,以此为契机,芝加哥的高层大楼接连出现,市街面貌焕然一新。

高层建筑物的产生,必须有合理的实际技术作为背后支持。而当时,铸铁向钢铁进化的具体技术提供了建造高层建筑物的解决方法,结果就是钢框架结构的采用成为可能。钢结构耐火性差,因此有了以石材和砖包裹钢架的防火措施。电梯的发明,即垂直的动线,改变了上下楼梯的不便。为控制建筑物内外的气压差,保持气密性,还开发出了旋转门。

另外,建造高层大楼这一未知的形式,有必要在造型及平面设计方面进行探索。立面的创作设计,都是没有前例可供参考的。"事务所"这一业务空间也同样是新形式。

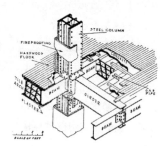

福阿高层大楼的钢结构构造
路·帕隆·詹尼 1889年[1)

在立面的创作设计上，为弥补高层大楼下层的日照不足，在设计出结构构造节奏韵律的同时，设计最大限度的门窗等开口部，这成为高层大楼的基本条件。

于是，把传统的三段式造型竖向拉伸。所谓三段式造型，是把立面分为3部分，在整体上协调的形态。但设计想法逐渐发生变化，可以说芝加哥派的时期尚处于形态不完全成熟的阶段，随着时间的推移，而逐渐形成同样的表现，即匀质的箱式结构造型。

另外，平面设计方面采用了标准楼层方式。决定了标准楼层的平面，而将其竖向叠加。这一方法也是为了适应各种业主的需要。

造型与平面设计的发展过程，如同硬币表里两面，

瑞莱斯大厦　伯纳姆，鲁特　1890年 3)

家庭保险公司大厦　路·帕隆·詹尼　1885年 2)

卡松·比利·斯科特百货公司大厦　路易斯·亨利·沙利文　1899~1904年 5)

信托银行大厦　阿德拉，路易斯·亨利·沙利文　1894~1895年 4)

基本是通过标准楼层的竖向叠加达到高层的方法。外形的设计可以认为是一种单一形态的反复。这种思维方法是根据芝加哥派巨匠路易斯·亨利·沙利文提出的"形式服从功能"的理论。但比起理念，更为注重实利。这是产生欧洲现代建筑运动先驱的"功能主义"（032）的观念。

芝加哥派的建筑家通过这些活动，追求20世纪新的发展可能性，展示了"摩天大楼"（059、060）这一高层建筑的样式和基本建设方法。

■参考文献　高山正実「シカゴ：超高層建築の時代」、『PROCESS architecture102』プロセスアーキテクチュア、1992年/レオナルド・ベネヴォロ、武藤章訳『近代建築の歴史（上）』鹿島出版会、1978年/S. ギーディオン、太田實訳『空間・時間建築（1）』丸善、1969年/V. スカーリー、香山壽夫訳『アメリカの建築とアーバニズム（上・下）』（SD選書）鹿島出版会、1973年

"仿洋派"风格

008

Quasi-Western Style

绝对事物的相对化，传统意识的起点

1859年日本放弃了约220年的锁国政策，此后，从幕府末期到明治初期，开始了兵工厂等的建设，于是，从国外招聘专家，他们将西方的建筑技术和建筑样式带进了日本。由此，近代日本初次接触到了西方的建筑文化。开始投入主要精力学习西方的先进技术。

不久后，成立了培训日本技术人员的造家学会（1886年，现日本建筑学会），工部大学（现东京大学）等高等教育机构。奠定了当今日本建筑界的基础。

当时，在横滨、神户、长崎等开放港，设置了外国人居住地，建造了古拉巴住宅（1863年）这样的殖民地建筑式样的住宅（004）。

进入明治年后，出现了日本人建造的木结构涂漆的西洋式住宅。当时，日本还没有接受过高等教育的建筑人员，这是日本的工匠们看到西洋式建筑及住宅的全新造型而率先开始积极模仿。

从江户时代起，日本便拘泥于木结构建筑方法，即按一定比例和规矩（传统尺寸体系和比例的设计方法）建造木结构建筑。继承了传统建筑技术的工匠们按照新的想法自由地建造建筑是很快乐的。当然西洋式建筑也有其一定的样式和规矩，但日本的工匠们并没拘泥于此，在开放港等地所见到的新颖的西洋式造型与日本式造型大胆并用，这是日本的工匠们运用熟悉的日本传统建筑技术建造的，其具有独特的生命力和特殊的魅力。

这样，从幕府末期到明治初期，与西洋式建筑不同的，似西洋式而非西洋式的日本式与西洋式造型自由混合的建筑出现了，称其为"仿洋派"。

由美国建筑师布里杰斯设计的、第2代清水喜助承包施工的、造型讲究的筑地宾馆（1868年）为代表的"仿洋派"建筑在东京很早便被建造出来了，受到市民的好评。当时发布了义务教育的学制（1872年），也正是各地开始建造学校的时期，各地的工匠们到东京及外国人居住地去学习"西洋式建筑"，施展才能，建造了许多"仿洋派"的校舍。由此"仿洋派"建筑扩展到日本各地。

但是只由日本工匠们建造西洋式的建筑是有其局限性的，实际上，"仿洋派"建筑除了校舍之外，还有寺院、地方的政府部门、富裕的私人住宅等等。现存的著名实例有松本市立石清重设计的开智学校（1876年）等等。

从1870年代末期起，西洋式建筑通过日本明治政府雇用的建筑师乔西亚·康德尔直接进入了日本，由此，没有比较对象的日本传统建筑开始有了相对的比较对象，相对西洋式风格有了日本式风格的概念，萌生出日本式风格的意识。也就是说随着接受西洋文化，日本开始不得不考虑自己的传统文化了。在日本明治政府推行的西洋化政策之下，日本举国上下，人们的行为及生活西洋化。在支撑着明治政府的财阀们的府邸里，却排列着西洋式建筑与传统的日本建筑，这称之为"和洋并置式"。

"现代日本式"建筑开始受到重视，它最初与"仿洋派"同样是和洋混合形式。

进入1880年代后，日本以修改不平等条约、中日战争为背景，民族主义高涨，作为对西洋化政策的逆反，学习西洋式建筑的日本建筑师们逐渐开始考虑出与西洋式建筑相匹敌的日本独自的建筑样式，如同日本的无腿落地椅座与西式的座椅所代表的那样，开始摸索与日本实际生活、起居方式相适应的建筑形态。如大正末期以统一座椅形式为目标的客厅中心型方案，及昭和初期藤井厚二以研究居住形式的综合化为目的设计的听竹居。

总之，与"仿洋派"诞生的同时，日本开始了新的现代建筑史。但重新观察其形态，可以感到曾在二十世纪的日本反复出现的"传统"问题争论已经浮出水面。

筑地宾馆　布里杰斯　1868年[1)]

济生馆医院　设计者不详　1879年[3)]

开智学校　立石清重　1876年[2)]

■参考文献　近藤丰『明治初期の擬洋風建築の研究』理工学社、1999年/村松贞次郎『日本近代建築の歴史』（NHKブックス）日本放送出版協会、1977年/藤森照信『日本の近代建築（上）』（岩波新書）岩波書店、1993年/大川三雄ほか『近代和風建築』建築知識、1992年

009 轻型木框架结构

Balloon Frame

支撑着开拓者精神的框架结构

轻型木框架结构是 2×4 建筑结构方法的鼻祖，是 1830 年在美国诞生的木结构建筑形式，是由芝加哥的木材商兼建筑承包商、金融业者、技师约瑟·华盛顿·斯诺发明的。促使这一想法诞生的条件是木材的工业化生产与木材制造机械的改良，以及铁钉机械化生产技术的开发等，是伴随标准化与工业化而产生的设想。

17 世纪以后传统的初期美国移民的殖民地建筑（004），采用比较细瘦且间距较小的柱子，与外墙壁板相结合。斯诺把这种建筑与新型的现代生产方式相结合。这种方式单纯而巧妙。

使用单一断面的规格化木材（柱及主梁重合使用），各部材料不是插孔，而是用铁钉来形成结构。狭窄间隔的间柱之间，以铁钉来钉装木板条，使之形成一体。并且，依靠木板条的斜面，来确保强度。

在当初，这被称作"芝加哥结构"（至 1870 年），在守旧的工匠们看来，这是轻佻、柔弱的"瞎凑合事"结构，带有嘲讽、轻蔑含意称之为"气球"。于是，"轻型木框架结构"便由此被命名。

但实际上，被称为"气球"的"轻型木框架结构"是强固而耐久的划时代的创造。不仅缩短了工期，节省了经费（价格降低），而且，不需要专业技术。

在当时美国开拓西部的时代，开拓先锋们发扬拓荒精神，拓扩农地，寻求定居的农民们不断西扩形成农村地带。当时使用"截面小"，即"轻型"木材的建筑方法，不需要专业构筑技术，任何人都可以轻易施工，对于开拓民来说，"轻型木框架结构"是不可缺少的形式体系。

轻型木框架结构，使材料搬运、专门技术人员不足的问题都可以同时解决了。轻型规格化材料的搬运，减轻了繁劳，不用专门技术人员也可施工。自行建造也成为可能。另外，称之为"气球"还因为其是开口部小的封闭式住宅，在草原地带严酷的气候条件下，极为有利。为此，由芝加哥向西海岸

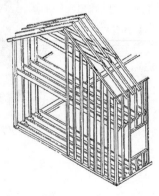

轻型框架结构　1860年代中期以后[1]

普及，促进了人们实现了西部开拓的梦想。轻型木框架结构的"箱体"寄托着开拓者精神，呵护着开拓民们的身体，在美国全国迅速流行。

赖特　1938年　美国风住宅[3]

圣玛丽教堂　设计者不详　1833年[2]

　　1744年本杰明·富兰克林发明了"铸铁炉",受其惠及,以及居住在温暖地带的人们,感到轻型木框架结构"箱体"的"闷热黑暗",于是巨匠弗兰克·劳埃德·赖特开放了其"箱体"。

　　扎根于低地的开放式"美国风住宅"以砖和板材为壁面,上置用2×4木材做成的屋架。是探索低价住宅所取得的成果。不久后的1930年代,在加利弗尼亚,赖特的弟子理查德·努特拉继承了轻型木框架结构的合理性及工业生产性,形成了战后的加利福尼亚式(056),出现了许多开放而时髦的住宅。

　　明治时期,"轻型框架结构"越过太平洋传入日本,日本人也以美国为样板开拓北海道,美国的木结构技术也同时传入了日本。1878年建造的原札幌农学校操场的"壁板外墙殖民地建筑"(004)时钟楼,就是代表性的一例。

钟楼　原札幌农学校操场　1878年　何拉[4]

　　1970年代中期以后,日本对海外木材依存度增高,成品木材、规格化木材的组合住宅进口势不可挡。1974年,木材成型墙壁的2×4建筑结构方法成为日本一般的建筑结构方法,不需要建设大臣的特别认可。此后,2×4建筑结构方法成为低成本的建筑方法被广泛认知和选用,"轻型框架结构"的创意至今仍在发挥积极作用。但其反面,由于不需要专门技术,也出现了建筑人员技术日渐低下的弊端。

■参考文献　S.ギーディオン「V.アメリカの発展」、『空間・時間・建築』丸善、1969年/John Zukowsky Edit.,"Chicago Architecture 1872-1922" Prestel-Verlag, Munich, 1987/藤森照信『日本の近代建築(上)』(岩波新書)岩波書店、1995年/香山寿夫監修『荒野と開拓者—フロンティアとアメリカ建築』丸善、1988年

010 钢结构

Steel Structure

建筑物与建筑艺术的分水岭

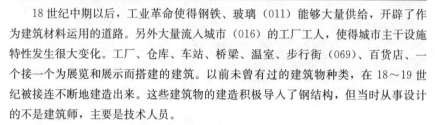

18世纪中期以后，工业革命使得钢铁、玻璃（011）能够大量供给，开辟了作为建筑材料运用的道路。另外大量流入城市（016）的工厂工人，使得城市主干设施特性发生很大变化。工厂、仓库、车站、桥梁、温室、步行街（069）、百货店、一个接一个为展览和展示而搭建的建筑。以前未曾有过的建筑物种类，在18～19世纪被接连不断地建造出来。这些建筑物的建造积极导入了钢结构，但当时从事设计的不是建筑师，主要是技术人员。

水晶宫（1851年）成为第一次国际博览会的会场，这是由温室建造技术人员约瑟夫·帕克斯顿同铁道机械师查尔斯·福克斯设计的，很具有象征性。

当时，温室是代表尖端铁艺加工技术的建筑，温室的开发者是约翰·库拉蒂斯·卢东，原先是园艺家。他开发出利用槽形钢（C形槽道）框架结构建成的温室，并将温室设计系统化。

德西默斯·伯顿与技术人员理查德·特纳在伦敦郊外建造的英国皇家植物园（1848年），是当时流行的温室代表作。

铁道是工业革命的象征。温室建造与铁路轨道铺设技术，诞生出前所未有的全新建筑空间。钢结构的水晶宫建筑宛如切开蓝天的玻璃一般，成为对"世界"一览无余的设施，象征着新时代序幕的揭开，向世界展示了充满轻柔透明空气的空间。

而当时的建筑师们却没能把钢结构作为造型对象。钢铁材料比砖石材料的截面小，却能发挥同等的结构耐力，但使用这样细薄的材料，不可能产生出仿照历史规则的"样式"形态。

另外，对于建筑师们来说，消除室内外的境界，只是一层透明皮膜的玻璃壁与外露的钢铁材料支撑的建筑，会有些忌讳感。使用有重量感的砖石材料来建造建筑，会产生出量块性。外壁作为"样式"的装饰意义，才正是作为文化表现者的建筑家们当时的使命。

例如，技术人员的居斯塔夫·亚历山大·埃菲尔建造的埃菲尔铁塔（1889年），建造时受到了极大非难，还曾经有人提出用石材遮盖露出钢架包裹整个塔身的意见。这些都是对钢结构及其形态、空间的抵制、拒绝。

当时，技术
人员建造的"建
筑"与建筑师设
计的建筑之间是
有明确区分的，
技术人员建造的
建筑以"实用"
建筑为主，建筑
师设计的建筑则
以集西方的历史、
文化于一身的"艺术"为主要表现内容。

水晶宫　J·帕克斯顿＋C·福克斯
1851年[1]

英国皇家植物园　D·伯顿＋R·特纳
1848年[2]

但正是技术人员建造的"建筑"才孕育了下一个时代的新空间。建筑师设计的建筑出现了受历史主义（005）法则束缚，而不能对应时代要求的现象。如何消除两者之间的鸿沟，是20世纪建筑与空间的重要课题。

对于以钢结构代替石材的新造型原理的探求始于19世纪，维欧勒·勒·杜克在修复哥特式教堂时，提出暴露置换后的支撑结构钢架，使建筑物的部分和整体之间的关系一目了然。这是现代建筑的重要观念之一——合理主义（001）产生的开端。进入20世纪后，汉德瑞克·彼图斯·伯拉吉设计的阿姆斯特丹证券交易所（1903年）以及彼得·贝伦斯设计的AEG透平机制造车间（1909年），在建筑师的作品中出现钢结构与原有样式结合，将钢材作为造型表现的素材进行处理的方法。

在美国，芝加哥派（007）建筑所代表的钢的柱梁结构摩天大楼的建造已经实现。

围绕钢结构的造型处理问题，1920年代～1930年代，现代建筑与前卫艺术运动联合，取代历史样式，吸收基于几何学形态（018）的造型规则，开始迎来了新的局面。

维欧勒·勒·杜克《建筑讲活》
(1864年) 中的图版 "石工木"[3]

■参考文献　松村昌家『水晶宫物語-ロンドン万国博覧会1851』リブロポート、1986年/フレデリック・サイツ、松本栄寿・小浜清子訳『エッフェル塔物語』玉川大学出版部、2002年/S・コッペルカム、堀内正昭訳『人工楽園-19世紀の温室とウィンターガーデン』鹿島出版会、1991年

玻 璃

011

Glass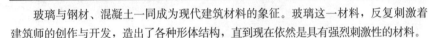

刺激建筑师创作想像的素材

　　玻璃与钢材、混凝土一同成为现代建筑材料的象征。玻璃这一材料，反复刺激着建筑师的创作与开发，造出了各种形体结构，直到现在依然是具有强烈刺激性的材料。

　　玻璃的化学结构是稳定的，基于这一物质特性，玻璃自古便是制做储藏器具的材料。因其色彩魅力，还用于极为贵重的宝石装饰品等。

　　窗户玻璃诞生于罗马时代，公元 4 世纪时，透明玻璃出现，玻璃也一直为一般百姓所常用，也用于中世纪的教会。在黑暗中，教会建筑的彩色玻璃窗户产生出幻想光芒。直到 18 世纪，玻璃的主要制造方法是吹气制造法，直至现在，也依然是玻璃生产的基本方法。也就是说每张玻璃制作可能的面积是有限的，为此，窗户是由一定界限的小块玻璃组合而成的。某种大面积玻璃，即平板玻璃窗户的出现是在手工圆筒吹制方法发明之后。

　　19 世纪以后，随着这种新型的制造方法普及，更优质的玻璃板生产有了可能，主要因工艺问题而停滞生产的玻璃现在给建筑领域也带来了硕果。

　　19 世纪揭开了使用玻璃的新序幕，巴黎美术学院（012）出身的建筑师比埃尔·亚历山大·威宁设计了玛德莱娜教堂（1842 年），以此为开端，许多公共建筑为采光而用玻璃的大屋顶天窗。亨利·拉布鲁斯特设计的巴黎国立图书馆（1869 年）也是其中之一。

　　道路两侧店铺排列，道路上方架设玻璃顶盖，格调高雅的拱廊空间——薇薇安穿廊（1826 年）成为拱廊空间的样本，不久在欧洲流行起来。以后被称为"玻璃顶盖街市"（廊道）（069）。

　　巴黎植物园（1836 年）以及伦敦郊外的英国皇家植物园（1848 年），车站屋顶等，大胆使用玻璃的方法层出不穷。约瑟夫·帕克斯顿设计的水晶宫（1851 年）（010）就是这一拱廊空间动向的延长。

　　1857 年德国的季曼斯兄弟发明的"蓄热式加热法"等，使得玻璃熔解技术飞跃进步，分化出玻璃工业这一专业学科，平板玻璃工业独立出来，玻璃消费量大增，价格也下降。经过 1898 年巴黎万国博览会以及新艺术建筑（002）的流行，玻璃成为不可缺少的建筑材料。并且，1902 年"拉巴兹式机械圆筒吹制方法"在新兴国家——美国发明，这一革命性发明，使得玻璃大量生产成为可能。

　　20 世纪初期的建筑中，玻璃所起的作用虽不能比拟从组叠构造到钢结构（010）以及钢筋混凝土（028）柱梁结构的结构形式的全新转换，但是由新的结构形式与玻

设在德绍的公立包豪斯学校校舍　格罗皮乌斯　1926年[2]

法吉斯鞋楦工厂　格罗皮乌斯、迈耶　1911年[1]

璃材料结合形成大的玻璃面成为可能。AEG透平机制造车间（1909年），法古斯制鞋工厂（1911年）以及设在德绍的公立包豪斯学校校舍（1926年）（034）都是玻璃幕墙的例证。

以往在厚墙壁上的小开口，由此可以无限扩大起来，从外部环境中得到身体的保护，在室内可以充分享受光线，还可以连接内外空间，打开了通向透明墙壁的大门。

这是引发出勒·柯布西耶的多米诺体系（1914年）和现代建筑的五原则（1926年）（038）、路德维希·密斯·凡·德·罗的透明建筑——玻璃摩天楼（1921年）（059，060）、弗兰克·劳埃德·赖特的"有机建筑"（026）的构思源泉之一。

另外，作为1910年代的德国表现主义（023）建筑师，布鲁诺·陶特等狂热表现的晶体印象的具体材料，玻璃也受到了注目。

玻璃材料使20世纪的建筑师们再次产生了中世纪包围在棱形玻璃色彩中的幻想空间之梦。除了透明的建筑之外，还有与之相对照的，由玻璃包围的内部空间也成为建筑师的梦想。

德意志制造联盟展　玻璃展示厅　B·陶特　1914年[3]

■参考文献　「特集：ガラス・デザイン事典」『建築知識』、1997年9月号、建築知識/「特集：GLASSガラスの可能性—透明素材の系譜と未来」、『GA 素材空間2』A. D. A EDITA Tokyo、2001年/「SPACE MODULATOR 65（特集：ヨーロッパのガラス建築」日本板硝子、1985年/レオナルド・ベネヴォロ、武藤章訳「第4章　19世紀後半における技術と建築」、『近代建築の歴史』鹿島出版会、1978年

布杂艺术

012

École des Beaux-Arts

尊崇古典主义、历史主义的学院派堡垒

1819年，在法国学士院（1795年设立）的美术部形态学院之下，创设了巴黎美术学院。学院是包括绘画、雕刻、建筑3个部门（以后又增设版画部，共4个部门）的高等教育机构，是世界上最著名的美术学校之一。在建筑领域提到"布杂艺术"，就是指巴黎美术学院的建筑部门。

1968年世界上到处爆发学生运动，巴黎美术学院在巴黎的5月革命中被迫解体。巴黎美术学院约150年间，虽不断改革，但基本维持独自的教育体制，执行基本不变的教育方针。现代建筑运动勃发以后，其影响力逐渐降低，存在感削弱，但直到20世纪初期，巴黎美术学院不仅在法国国内，在全世界都招募学生，具有绝对的权威性。

巴黎美术学院教授建筑专业知识与技能，目标是培养专业建筑师，具有现代建筑高等教育机构的特征。另外，在巴黎美术学院创设之前，也有像1794年开设的巴黎理工学校（001）这样的培养工科技术人员的机构。但是，巴黎美术学院的教育则始终是培养作为艺术家的建筑人员。

巴黎美术学院教育内容之一是如何成为罗马大奖的设计竞赛优胜者，其获奖者可以去罗马的法兰西学院（1666年设立）留学，即：给予数年的罗马古迹及古典建筑调研的权利，保证其将来能成为建筑师。巴黎美术学院使人想起中世纪的师徒制，但最终是以学生为主体的工作室体制，学生在学校里主要是学习理论，在工作室接受建筑师的指导，以获取罗马大奖为目标而努力学习。

罗马大奖的审查由巴黎美术学院的学会会员执行。会员只有8人，并且是终身制。为此，可以说是文艺复兴以后，依然维持传统古典主义（特别是古罗马样式）的据点，反言之，可以说是将古旧的建筑观及兴趣强加给学生，也具有压制进步新生事物的倾向。巴黎理工学校也是置于巴黎美术学院学会会员的独裁统治之下，学院派占了主导。

在学院派对巴黎美术学院的长期统治下，内部要求改革巴黎美术学院学会会员体制的呼声不断提高。年轻的亨利·拉布鲁斯特推崇新希腊风格，希望自由地诠释希腊建筑，怀有理性主义思想的维欧勒·勒·杜克反感古典主义，他们都对一味推崇古罗马建筑的学院派旧习持反对意见。

19世纪后期，历史主义（005）方法普及，巴黎美术学院的烦恼才得以解除。学会会员的古典概念也扩大了容纳范围。为了钢结构等新结构技术的发展，及现代城市对于新建筑形式的要求，他们不得不接受样式折衷主义，不再局限于古罗马样式，把一切古典的有价值的历史样式都作为同等的选择对象。

巴黎美术学院的建筑教育体系之所以能够具有国际影响力，实际上正是因为有可以选择所有样式的折衷主义，有表现自由及表现自由的方法论，这对所谓的系统化的造型教育极为有利。

但各种样式产生于各自的社会背景及意义这一点在此却完全消失了，只有自由表现及其方法论普及起来。例如，1890年代的美国，第3任美国总统托马斯·杰弗逊就曾是建筑师，他的作品与巴黎美术学院出身的麦金米德与怀特事务所及路易斯·亨利·沙利文这些以后被称为美国学院派的人的作品比较一下就可以明白，托马斯·杰弗逊的作品中，贯穿着以民主主义为象征的新古典主义建设国家的意识，而麦金米德与怀特事务所及路易斯·亨利·沙利文的建筑则是对应课题，具有自由而有个性的表现。

回顾一下，巴黎美术学院的学院派的表现自由及不顾社会背景，讴歌个人的艺术表现有其局限性，于是19世纪后期，理性主义（001）、功能主义（020、032）等开始出现，也成为孕育20世纪前卫的现代建筑运动的土壤。

进入20世纪，折衷主义样式的倾向日趋式微，在国际联盟总部的设计方案比赛中（1927年），巴黎美术学院学会会员将保尔（安利·努纳）的方案，即折衷主义的样式方案强行定为一等，这是颠倒是非的象征，表明学院主义与推进现代建筑运动的建筑师们相对立，并且炫耀自己的权威。

巴黎美术学院成为古典主义、历史主义的最后堡垒。

巴黎国立图书馆　拉布鲁斯特
1854~1875年[2]

洛赫特圣母院　鲁巴
1822~1836年[1]

■参考文献　三宅理一编「特集：ボザール―その栄光と歴史の全貌」、『SD』1978年11月号、鹿岛出版会/土居义岳「ボザール」、铃木博之监修『建築知識別冊ハンディ版　キーワード50創刊号：建築思潮の脈絡をたどる用語』建知出版、1982年/ルイ・ピエール・バルタール、白井秀和訳『ボザール建築理論講義』中央公論美術出版、1992年/アニー・ジャック、三宅理一訳『ボザール建築図集』求龍堂、1987年

013 社会主义乌托邦

Utopian Socialism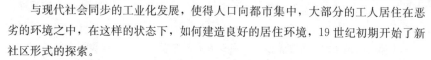

探索新的社区形式

　　与现代社会同步的工业化发展，使得人口向都市集中，大部分的工人居住在恶劣的环境之中，在这样的状态下，如何建造良好的居住环境，19世纪初期开始了新社区形式的探索。

　　新社区形式探索的起点是空想社会主义思想所带来的，试图以工会组织来建造所有居民平等生活的理想社区。这称之为"社会主义乌托邦"。从这一观点出发构筑社区构想的人物可以举出夏尔·傅立叶、罗伯特·欧文。他们获得了思想和行动的机会，他们为追求社会理想率先战斗，不拘于传统和习惯，摸索探求解决方案，这一前卫运动在各国都开始萌芽了。

　　1808年，法国作家傅立叶提出了"法朗吉"，社区最小单位为1620人，共同生活的土地为250公顷，在此，以经营农业为主，成为各自自立、共同生活的场所和设施。

　　这一构想得到广泛响应，作为实施"法朗吉"的场所和设施，19世纪前期，法国、俄国、阿尔及利亚等国建造了50栋左右这样的社区单位。对傅立叶提议的社区单位，勒·柯布西耶通过马赛公寓大楼（1945～1952年）进行了响应。

　　19世纪后期法兰西企业家间·巴迪斯特·阿德列·果丹建造了类似于"法兰西社区形式"的设施，命名为"工人之家"（可兹住宅 1859～1870年），但这种社区成为资本家博爱色彩浓厚的住宅建设事业。

　　1817年，作为英国棉业大王而知名的奥恩制订了在500公顷农地上建造1200人居住的社区规划，但这一规划在英国未被接受。1925年奥恩与大约1千名支持者来到美国，在印第安纳州新哈莫尼村开始建设自己的社区，但在美国也没有取得可喜成果，其计划没能取得成功。

　　另外，19世纪后期，由启蒙的产业资本家博爱事业的住宅建设——"企业城"，十分活跃。资本家在自有工厂邻接处建造企业住宅，这种形式出现的原因之一是1851年伦敦国际博览会所展示的工人住宅的样板，刺激了这一尝试。

　　"企业城"的住宅建设事业是非营利目的的家族主义博爱事业，为此，虽强调以形成家族主义社区作为目标，但实际上却是为提高出勤率和生产率，也对工人进行生活管理为目的。尽管如此，与当时其他工人的居住环境相比，可以说是极为优良的居住环境。这也是不容置疑的事实。

1853年，在法国缪尔兹，当地12名资本家设立了"都市工人协会"，建造了城市住宅区（1854年）；德国的钢铁大王阿鲁夫·莱特库鲁夫在埃森近郊建造了4个

"法朗吉"的示意图的印象图　住宅　食堂　聚会处等复合式Ω型的社区[1]

"工人之家"的中庭　居民进行社会生活的场所[2]

工人住宅城（1863～1875年）；美国铁路大王约翰·布鲁曼在芝加哥近郊建造了布鲁曼住宅城（1880年）；荷兰的酵母、造酒业主亚高夫·克奈里斯·范·马鲁根在地菲特建造阿夫奈特·巴鲁库住宅城（1884年）；英国的肥皂大王威廉·莱维在立维普近郊建造了布道·散莱德住宅城（1888年）；在日本，得知塔布莱德住宅城开发的黑泽贞次郎在东京蒲田建造了黑泽村（1918年）等，这些实例都可作为理想社区列举。

在19世纪，社会主义理想社区的实践活动开始，并在"企业城"的建设中也表现出改善工人的住宅环境的努力，到了20世纪成为"社会住宅"（030）的建设，这都是相联系的。

新哈莫尼村的完成预想图　位于农场中央　设有住宅　食堂　图书馆　工厂等的设施[3]

■参考文献　坂本慶一編『世界の名著 42 オウエン　サン・シモン　フーリエ』中央公論新社、1980年/L.ベネヴォロ、横山正訳『近代都市計画の起源』（SD選書）鹿島出版会、1976年/フランソワーズ・ショエ、彦坂裕訳『近代都市—19世紀のプランニング』井上書院、1983年

014 私人住宅

Dwelling House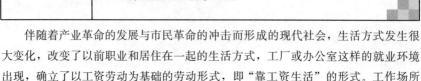

私密生活空间的诞生

伴随着产业革命的发展与市民革命的冲击而形成的现代社会，生活方式发生很大变化，改变了以前职业和居住在一起的生活方式，工厂或办公室这样的就业环境出现，确立了以工资劳动为基础的劳动形式，即"靠工资生活"的形式。工作场所和居住场所明确分离，工厂作为生产场所，家庭作为消费场所的结构形成。其结果，出现了作为私密生活空间的私人住宅需求。

现代社会也确立了在工厂工作的工人阶级和上层资本家阶级的这基本不同的社会阶级，在这两大阶级之间，还生出中产阶级这一新的社会阶级，被称为"绅士阶级"。属于工人阶级的人们不得不在都市内所形成的恶劣居住环境中生活，中产阶级以上的人们在位于都市与农村中间地带的"郊外"寻求生活场所。作为公共交通手段铁路的发展，使得郊外居住生活成为可能。

最先发生这些变化的是工业革命的发祥地，现代社会先驱的英国，19世纪中期开始，为中产阶级郊外居住的"私人住宅"形态已开始，并通过被称为"工艺美术运动"（015）、"住宅复兴运动"的活动进行探索。

工艺美术运动是以威廉·莫里斯为中心开展的工艺运动，是尝试再生现代社会日常生活中已经失去的美，机械生产的日常用品不如中世纪手工生产的同样用品，威廉·莫里斯认为这是现代社会艺术与技术分离的结果。工艺美术运动是为了使艺术与技术再结合。其实践活动通过1861年设立的莫里斯·马修·福克纳公司（1875年改组为莫里斯公司）进行。

基于同样的姿态，私人住宅的形式也在摸索，莫里斯吸收了各地的固有形态，这些住宅形态都表现出生活与造型美结合的真实特点，他提倡复兴民宅。

莫里斯的这种极端的想法通过菲利普·韦伯设计的在伦敦郊外建造的称为"红房子"的莫里斯住宅（1860年）给人们以提示。"红房子"是红砖结构，红砖结构的原样直接作为外观表现。虽然"红房子"也带有哥特余韵，但基本上没有传统样式的装饰，内部也按功能合理布局，这些都可以作为"红房子"特征。因为"红房子"具有这些特点，所以成为现代住宅的样板。

随着郊外宅地需求量的增大，根据这一现状，理查德·诺曼·肖以及埃德温·鲁琴斯等人探索能满足这些需求的住宅形式，并尝试着调整活用住宅内部的空间，将英国固有的住宅（民宅）所具有的乡土化（076）造型要素重新组织，使其成为富有绘画性的"老英格兰风格"，并且根据功能性和日照等需要考虑房间格局。

在20世纪，以营造私人生活为背景的郊外独立住宅，即私人住宅形态，成为超越阶级差异的理想形态被探索、追求。

"红房子"平面图[2)]

"红房子"韦伯　1860年[1)]

"红房子"的室内装饰[3)]

古拉古馆　R.N.焦　1869~1885年　根据老英格兰风格建造[4)]

■参考文献　鈴木博之『ジェントルマンの文化』日本経済新聞社、1983年/片木篤『イギリスのカントリーハウス』（建築巡礼）丸善、1988年/片木篤『イギリスの郊外住宅』住まいの図書館出版局、1987年/藤田治彦『ウィリアム・モリス』（SD選書）鹿島出版会、1996年

015 工艺美术运动

Arts & Crafts Movement

重新构筑舒适生活所表现的日常性美学

　　工艺美术运动是 19 世纪后期以民众生活艺术化为目标的英国工艺品为主的造型运动的总称。名称是由 1888 年设立的工艺美术展示协会而来，并作为一个运动组织而被认可。威廉·莫里斯是领导这一运动的先驱。英国作为产业革命的发祥地，由手工业向机械化生产全面转换过程中，在 19 世纪被称为世界的工厂，达到极端繁荣。相反，伴随着社会产业化，也带来了社会问题，机械化大量生产形成利益优先的局面，劣质产品泛滥市场，生产现场的创意及开发所要求的熟练劳动已面临崩溃，所要求的是千篇一律的单纯作业。工业化带来了无聊的劳动环境，使制造方和使用方、生产者和消费者的立场疏远。

　　面对这种情况，最早敲起警钟的是社会思想家约翰·拉斯金，他提倡有必要重新认识手工业的艺术意义及其精神的重要性，想以此作为解决问题的处方。思想基础是对历史上的范例和想象中的中世纪（共同体）的憧憬，及从未来发展方向和社会主义目标出发的视角。然后，以手工业的高品质作为保持民众生活品位的手段，提倡中世纪的同业行会的再兴，确保美与优质的基础，追求自然的"真、善、美"，要建立没有虚伪的造型。约翰·拉斯金提出了这样由手工业再生为民众的艺术与规范。

　　以约翰·拉斯金这种思想为基础，莫里斯开创了前所未有的"小艺术"领域，在生活艺术化目标之下，开拓具体的实践活动道路。

　　莫里斯以生活艺术这种思想，批判了以往只把绘画、雕刻作为艺术的价值观，提倡以工艺品等装饰日常生活用品的美学必要性。并且，通过自然的"真、善、美"，即实用性与艺术性统一的无虚伪感造型的日用品，即实现艺术包围生活的目标。其结果，工艺作为一个领域，完整地美化生活色彩的艺术价值得到认可。

　　莫里斯实践活动的开端是 1860 年建造的自宅"红屋子"（014），通过当时的设计及室内装饰的共同作业成果，莫里斯感到了创造的成果与使用的喜悦，找到了生活艺术化的道路。

　　第二年的 1861 年，莫里斯与共同建造"红屋子"的菲利普·韦伯、拉斐尔前派画家伯恩·琼斯、但丁·加布里埃尔·罗塞蒂等人组成了艺术工匠团体莫里斯·马修·福克纳公司（1875 年改组为莫里斯公司）"。

绿色居室的内装 韦伯、莫里斯 1866~1867年[1]

公司设立的目的是制造、销售中世纪工匠的传统手工制品,家具、壁纸、壁面装饰材料、纺织品、金属制品、玻璃器皿、毛巾、刺绣等等生活用品,而并非机械大量生产的物品。通过购买使用这些生活用品,构筑民众生活的乐趣。

然而,尽管公司的手工制品非常出色,但结果却是因为高价使民众无力购买,形成了反证。

但莫里斯等人活动的重要一点在于其意识方法,使得日用品的造型无虚伪感,成为生活艺术的作品。使生活艺术化,使整体生活环境变得美好。从易于使用的想法开始,不久发展成为"综合艺术"、"整体设计"的思想。

虽然工艺美术运动含有否定机械的特点,但还是对分离派(002)以及德意志制造联盟(022)的动向,在两次世界大战期间,还对以"公立包豪斯学校"(034)为首的全面肯定机械、技术的现代建筑运动给予了巨大影响。

莫里斯·马修·福克纳公司设计的各种制品[2]

莫里斯·马修·福克纳公司的典型制品系列带肘的椅子[3]

■参考文献 ジョン・ラスキン、杉山真紀子訳『建築の七燈』鹿島出版会、1997年/藤田治彦『ウィリアム・モリス』(SD選書) 鹿島出版会、1996年/ニコラス・ペヴスナー、白石博三訳『モダン・デザインの展開』みすず書房、1957年

花园城市

Garden City

20 世纪的都市印象及郊外生活的图像

1898 年英国的社会改良家埃比尼泽·霍华德的著作《明天——一条真正引向改革的和平道路》中，提示的新的住居环境（社区形式），由此开始了花园城市的方案。1902 年该书改名为《明日的花园城市》重新再版。按照这一构想，花园城市普及起来。

尽管霍华德的提案在第二次世界大战之后"新城区"（061）的开发中，改变了花园城市特点，使之渐渐变形，但花园城市的形象，是整个 20 世纪新城区开发中不可缺少的，花园城市成为新城区开发中的基调。文明评论家路易斯·曼福德赞美道：花园城市与飞机是 20 世纪的最大发明。

霍华德的提案认为原有的都市应改换为花园城市，以提供都市生活的方便性与充满田园自然的健康环境，过二者长处兼备的生活。霍华德提议准备 2400hm² 的公有或与居住者共有的土地，其中中心部 400hm² 的区域中建造可满足 3 万 2 千人社会生活的居住区，周围 2000hm² 的区域作为生活基础的工业、农业并存的区域。既满足都市的生活特点，又享受健康的自然环境，工作、居住都可以在社区内完成。实现自立的生活环境，这就是花园城市构想的主框架。

霍华德的花园城市提案得到许多人的赞同，1899 年第一花园城市协会成立了，1903 年按照雷蒙·温翁与贝利汉格的规划，最早的花园城市在莱奇沃思建成。1919 年在威尔文开始建造第二个花园城市。另外，1906 年开始建造"田园郊区"，所谓"田园郊区"就是把花园城市的构想中的"工作"部分去掉。于是，作为社区，便失去了自立性。

花园城市的构想不仅在英国，也在欧洲被广泛接受。但是，欧洲大陆各国所建造的花园城市，与霍华德提案中的花园城市相比，淡化了满足工作、居住需要的独立都市的特性，而是突出了充满自然情趣的"田园"专用住宅地区。在欧洲大陆各国，如同哈姆斯特德那样，作为建设优质的郊外住宅区范例来解释花园城市。

在德国，1902 年成立了花园城市协会，1906 年按照理查德·雷曼施米特的规划，开始建造最早的花园城市。

在荷兰，将大都市周围地区作为"郊外住宅区"，建造了许多小型版的"田园郊区"（"田园村落"）。如根据海德里克·本德鲁斯·柏路拉的基本规划，建造的弗莱维克（鹿特丹港市郊外 1916 年），以及根据百伦特·托比·柏因哈的规划，建造的奥斯特赞（阿姆斯特丹郊外 1922 年）等。

在法国、俄国等国也以花园城市为模本建造了许多郊外住宅区。

在日本，花园城市作为新的居住环境建设动向，1907年内务部地方局的井上友一等人编辑、出版了《花园城市》（博文馆）一书，介绍、分析了英国及欧洲大陆各国的花园城市潮流，提出了花园城市在日本的应用方案。这是花园城市在日本的启蒙书。由此，花园城市在日本传播开来，并成为日本郊外住宅区建设的固定方法。

被称作日本经济之父的实业家涩泽荣一1918年创建了花园城市股份公司，以花园城市理念开发了田园调布（1923年）住宅区。为了追求理想的郊外住宅区，涩泽荣一的花园城市股份公司还与东武铁道公司、内务部、都市规划东京地区委员会等共同规划了常盘台（1936年）等住宅区。

霍华德的花园城市方案[1]

最早的花园城市在莱奇沃思[2]

德国的花园城市海莱拉[4]

荷兰的田园村落弗莱维克[5]

田园郊区汉普斯特得[3]

参考文献 Eハワード、長素連訳『明日の田園都市』鹿島出版会、1968年/東秀紀・橘裕子・風見正三・村上曉信「『明日の田園都市』への誘い―ハワードの構想に発したその歴史と未来」彰国社、2001年/内務省地方局『田園都市と日本人』（講談社学術文庫）講談社、1980年（文中『田園都市』を改題しての再版）/山口廣編『郊外住宅地の系譜―東京の田園ユートピア』鹿島出版会、1987年/片木篤『イギリスの郊外住宅』住まいの図書館出版局、1987年

未来派

017

Futurism ⓣ

歌颂机械美学的诗人，对资产阶级文化的激烈否定

19世纪末20世纪初的时代，汽车以飞快的速度急驶于大地，1894年以巴黎为起点的汽车竞赛平均速度仅为21km/h，1903年达到150km/h，1899年技术员卡米乐·热纳茨的"永无止境"号最高速度突破100km/h，1909年达到203km/h。

在迎来世纪转换的时期，社会产生出突飞猛进的"速度狂"，不仅是汽车，高架铁道也在蹂躏着城市，面向天空可见飞机交互来往，面向海洋可见巨大的远洋轮穿梭航行，这些充满技术的形象（029）处处映入人们眼帘，技术给都市带来很大变化。

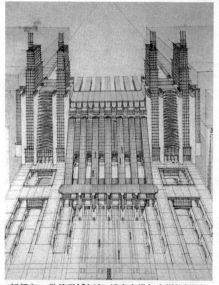

《新都市》 散德里1914年 设有电缆与电梯的3层道路上的空港及铁路车站[1]

1909年在意大利的米兰，一群诗人、艺术家对这些技术中潜着的新的美反应敏锐，他们创立了"未来派"，宣告"发出隆隆响声的赛车比古希腊展翅的胜利女神更美丽"。

"未来派创立宣言"以"我们爱冒险，赞美活力与冲动"开头。未来派的领导人、诗人托马索·马利内蒂受到哲学家乔治·索雷尔的《论暴力》，以及哲学家亨利·柏格森的《生存的哲学》的影响，脱离了无政府主义的思想，开展起斗争的活动。通过称作"傍晚"的诗朗诵演出，以及1905年创刊的杂志《波西雅》，在都市中表现其姿态，描绘出新的感觉形态。电灯、电话、无线电、照片、电影等新的媒体，工厂、造船厂巨大的机器喷吐着煤烟挪动着，对这种轰响的挚爱，脱离了19世纪历史主义（005）色彩的

噪音器乐 路瑟劳 1913年[2]

美学规范,"嗞、咚、咚"等不表达意思的拟声词诗,以及在音乐领域路易吉·鲁索洛使用噪声器乐的"噪声艺术"(1913年)等,都是对小资产阶级艺术表现形式的逆反行为。

另外,未来派的活动还扩展到绘画、雕刻、建筑的造型艺术领域,与印象派、立体派、至上主义等同时存在,追求"动态的"融于事物形态之中的表现,成为"前卫运动"的一部分。

安东尼奥·圣埃里亚描绘的《新都市》(1914年)中,地下、空中奔驰的高速铁道和立体街道,形成垂直的、重叠的城市空间。也成为第一次世界大战后的建筑家们竞相开始描绘的现代城市(053)的形象源泉。

《新都市》赞美堤坝、桥梁、发电厂等土木结构的形态为"建筑美",作者圣埃里亚的速写绘图的冲击力存在于其中。

未来派标榜要改造日常生活的世界,其活动超越了文学、美术等艺术形式,扩及到多种领域。还发表了"政治宣言"、"流行宣言"等,1930年代还发表了"饮食宣言"、"陶器宣言"等许多宣言。

未来派是对20世纪初西欧市民生活中残存的难以忍受的资产阶级文化的否定,这时的技术不仅是现代社会进步与发展的工具,而且是彻底颠覆成熟的资产阶级社会的导火索。在这个意义上,未来派是第一次世界大战后"达达主义"(024)等多种多样"前卫运动"(024)的尖兵。

水上飞机基地与住宅楼
马鲁克 1925~1926年[4]

空间中的一个连接形态
波丘尼 1913年[3]

■参考文献 塚原史『言葉のアヴァンギャルド―ダダと未来派の20世紀』講談社、1994年/田野倉稔『イタリアのアヴァンギャルド―未来派からピランデルロへ』白水社、1981年(2001年再刊)/キャロライン・ティズダル+アンジェロ・ボッツォーラ、松田嘉子訳『未来派』PARCO出版、1992年

思潮·构想　原型·手法　技术·构法　生活·美学

018 几何学

Geometory

从模仿到创造的基础原点

所谓"几何学"是大地的测量术，在古代埃及，尼罗河水每年泛滥，农地的境界消失，为此水灾过后，必须重新测定，这一工作就称为"几何学"。是地面秩序再生的作业。不久这一作业应用于天体观测等，逐渐成为关于自然法则的基本原理。

埃及人将物理的、社会的以及形而上学的含义赋予圆体、正方体、三角形等基本形态之中。希腊人继承了这一切，柏拉图将数字纳入几何学之中，形成本质最为精炼的理想哲学语言，并由此开始了以球体与多面体象征全宇宙协调的世界观，即传统的柏拉图体系。

自希腊神殿以来，西欧的建筑以几何学为基础，即以几何学作为创造的原理，或利用几何学体系来构筑建筑的秩序与美感。但是，18世纪中期，在以古希腊神庙为范本的新古典主义开始的历史主义时期（005），建筑师在历史样式的汇编中，按照不同目的选择样式和形态，曾作为创作原理的几何学，则不知不觉变成了整合这些形式和形态的工具。

直至19世纪中期，因为英国工艺美术运动（015）在工艺领域的展开，才使得几何学再次成为创造的基础，成为适应时代与社会需求的模式。

威廉·莫里斯的老师沃尔特·克莱恩等人不借用、模仿过去的装饰样式及自然形态，不使用摹本，从零开始，运用几何学，摸索创造出多样的装饰造型方法。欧文·琼斯所著的《世界装饰经典图鉴》（1856年）就是其集大成者。

英国的这一动向，通过19世纪后半期与20世纪前期的转换期，传到荷兰及德国，不仅对工艺师，对建筑师也产生极大影响。并且，建筑师们摆脱历史主义，摆脱借用自然造型等的新艺术（002），以实现自己时代和社会的新建筑为目标，出现了使用几何学原理的建筑师。

壁纸的设计 景兹 1860年前后[1]

汉德里克·柏德斯·贝尔拉格在设计荷兰阿姆斯特丹证券交易所（1903年）的前后，以几何学为建筑创造原理，摆脱历史主义，尝试由模仿转换为创造。以此为转换期，荷兰建筑界开始探求以几何学为创造原理和秩序法则的基础设计方法，并且，使之实际上也广泛流行起来。

此后，以表现主义造型（023）而知名的阿姆斯特丹派（030），以及以几何学与色彩为普遍造型语言的"风格派运动"（025）的根源，都来自于贝尔拉格的这些工作之中。

在德国，彼得·贝伦斯在达姆施塔特（德国的"艺术家村"）退离"青年式"（德国式的"新艺术派"），在杜塞尔多夫及柏林为据点展开活动，开展同样的工作。

贝伦斯作为 AEG 电机公司的艺术顾问，在其工作中也可以见到艺术馆（1905 年）这种实例的倾向。

贝伦斯将设计工作与工业化理念相结合。不久，日用品的大量生产，也就是说向着工业设计以及住宅的产业化等的方向发展，并展开了标准化及规格化（021）作业。

在维也纳，从 19 世纪后末期，分离派（003）开始摸索新时代的新建筑形象，特别是奥托·瓦格纳（020），以及约瑟夫·霍夫曼等的工作中，几何学及创造的原理倾向极为显著。

1900 年代初期，在新的时代与社会中，将几何学重新作为建筑原理的动向，在欧洲各地同时出现。由此，从借用、模仿过去样式及自然形态，发展到新样式的创造，20 世纪的建筑历史开始了。

但是，几何学的基础终归是创造的原理，几何学只不过是必要条件，并非是样式创造的充分条件。这在 20 世纪的建筑以及以后展开的过程中，强烈表明并充分证明了这一点。

开普勒之后构成宇宙的5个柏拉图立体图[2]

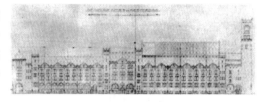

阿姆斯特丹证券交易所正面图　贝尔拉格　1903年[3]

艺术馆　贝伦斯　1905年[4]

■参考文献　濱嵜良実「庭師の幾何学」、『建築文化』2000 年 7 月号、彰国社/ロバート・ロウラー、三浦伸夫訳『イメージの博物誌 24　神聖幾何学』平凡社、1992 年/井上充夫『建築美論の歩み』鹿島出版会、1991 年

019 空间体量设计

Raumplan

从形式到空间

分离派（003）建筑师约瑟夫·玛丽亚·奥尔比利希、约瑟夫·霍夫曼等是维也纳现代建筑的开拓者瓦格纳的弟子，被称为"瓦格纳派"。

新艺术（002）的表现吸引着他们，他们出版了著作《现代建筑》（1896年），设计了"邮政储蓄银行"（1906年）等作品。他们被师傅的华丽造型设计所吸引，继承了其表面的部分，却没有认识到师傅们所传授的最重要的革新意义。

瓦格纳的革新摆脱了历史主义（005），不去追逐模仿外国的新潮流，而是创造与新时代相适应的新建筑，追求作为时代精神的样式。

继承了瓦格纳的革新性，即"实用样式"精神的不是其弟子，而是与他对立的建筑家阿道夫·路斯。

路斯声称"装饰即罪恶"（见《装饰与罪恶》1908年），指名攻击瓦格纳等分离派的建筑师们。他一直在以激烈的讽刺为表现武器，辛辣的语调并不亚于对维也纳社会生活所存在的伪善加以揭露的作家卡尔·库拉斯。

但路斯并不否定装饰，只是从文化角度不断讨伐与生活无关的表面装饰的无意义性。将"美"与"实用"严格区分开来。

他通过无装饰的立面（049）的先驱事例，对脱离现实生活的虚饰的美进行激烈的批判。实际作品有休塔纳住宅（1910年），以及向维也纳富裕阶层与分离派挑战的米夏拉广场的建筑，统称为"路斯的建筑"（1911年）。

路斯这一态度是在到美国（1893～1896年）期间所学到的实利主义精神所支撑的。以后，这形成为一种空间思想。不是作为建筑形式，而是作为立体空间，确保各房间实际所需要的体量。即"空间体量设计"。

路斯自身对这一具体概念以立体的象棋作了说明，但没有留下更详细的记述。只能依从路斯的私人学校毕业生，路斯多年的协作者海因里希·库鲁克的解说。

路斯的住宅建筑　路斯　1911年[1]

根据库鲁克的解说，"空间体量设计"的最早实例有休塔纳住宅（1910年）、卢法住宅（1922年）。特别是休塔纳住宅（1910年）因是既存住宅的改建而受到注目。即，"空间体量设计"正是因为有"量"的状态，才有实效功能。

平面有"布局"的想法，立体则有量态的"空间布局"。即，按照空间需要确保"量"，进行空间安排。

外观简单的立方体本身，也成为建筑框架的"空间布局"。

其建筑外观呈现古典主义的古板，而与外观相反，根据内部空间实用性所必然产生的地板的高低差来分节，同时表现出动态的连续不断的显著变化。实施近乎于超常规的实用（功能）的感官表现（装饰）。甚至可以说是过分的实用表现，给人以精神分裂症的印象。

"空间体量设计"经过自我标榜为"达达主义"（024）的诗人特里斯坦茨拉的巴黎住宅（1926年）、维也纳的莫拉住宅（1928年），到布拉格的米拉住宅（1930年）达到顶点，其独创性别无仅有。

日本土浦龟城的住宅（1935年）的空间与"空间体量设计"相似。这也许是在西塔里埃森（译者注：1938～1959年，美国亚利桑那州西塔里埃森，有赖特工作室及其设计的住宅建筑群）时，在赖特指导下，与同事共同工作，相互之间交换信息的结果。即，也许是经过路斯的私人学校毕业的里希鲁特·诺伊特拉、鲁特鲁夫·辛特拉之手的原因。

米拉住宅　路斯　1930年3)

莫拉住宅　路斯　1928年2)

米拉住宅的主厅可以见到楼梯室4)

■参考文献　O. ヴァーグナー、樋口清・佐久間博訳『近代建築』中央公論美術出版、1985年／A. ロース、伊藤哲夫訳『装飾と罪悪-建築・文化論集』中央公論美術出版、1987年／伊藤哲夫『アドルフ・ロース』（SD選書）鹿島出版会、1980年／S. トゥールミン＋A. ジャニク、藤村龍雄訳『ヴィトゲンシュタインのウィーン』（平凡社ライブラリー）平凡社、2001年

020 外 皮

Skin　Ⓣ

戈特弗里德·森佩尔的建筑理论带来了设计理念向功能主义的转换

　　戈特弗里德·森佩尔在其著作《建筑的四要素》（1851年）中，规定：炉灶、地板、屋顶以及外皮的各部位为建筑造型的基本要素。

　　"炉灶"为第1要素，人们以火为中心，意味着形成家庭及共同体，但森佩尔进一步联系冶金及窑等用火的加工技术，并以"炉灶"为象征。同样，"地板"以石工，"屋顶"以木工，"外皮"以织品的形式，各个要素的技术对应，对照材料加工法来说明建筑物的形成。

　　森佩尔的想法迫使以往的建筑观改变，他的扩大做法，潜藏着巨大的结构体制转换的契机。古典主义的建筑以柱式向外界表达建筑的秩序，体现着某种神话式的规则。

　　长期以来，建筑的存在首先代表着世界而不是人类。森佩尔将构成建筑的材料，以及加工材料的技术，作为建筑存在的依据。建筑不是拘泥于先验的法则及原理，而是根据参与建筑的人的技术能力来定义，引起建筑理论的巨大改变。

　　森佩尔的"Skin"理论提出了"$Y = F\{X, Y, Z\}$"的著名方程式，使其理论特点更为鲜明。$\{X, Y, Z\}$的变数部分中，分类为：

（1）材料与技术

（2）地区、民族的要素

（3）个人因素

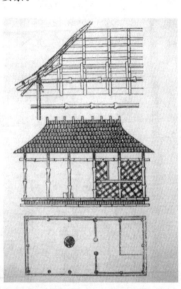

森佩尔的《风格论》（1860~1863年）中的"卡里布人的小屋"版面[1]

卡尔广场车站　奥托·瓦格纳　1899年[2]

这样3个范畴，来带入个别的条件。技术上的制约条件为：气候、风土等自然环境，宗教及政治等社会体制，然后是建筑师及用户的品位、思想。这些变数介入机能（F）这一函数，产生出建筑（Y）这一实体。在此，建筑因时代及社会等文化条件而变化，并形成规范。反映了相对主义的建筑观。把功能作为建筑形成的要因，形成了现代建筑中心概念的功能主义（032）。

《现代建筑》（1895年）的作者奥托·瓦格纳（003）被称为"建筑之父"，在他的理论中也可以见到森佩尔的影响。他主张：正确把握目的，适当选择材料，结构简洁，形态自然。将集中个别条件来自然地决定形态的观念导入建筑学之中。阿道夫·路斯（019）的建筑是衣服的说明，也可以见到对建筑"外皮"的极端化理解。"风格"丧失了文化和社会的作用，建筑作为空间的存在与包装身体的衣服并无不同。

"外皮"的实体是包裹建筑的内部空间，是为了实现这一目的的建筑要素。

奥托·瓦格纳设计的卡尔广场车站（1899年），在钢结构上安装大理石板材，维也纳邮政储蓄所（1906年）也直接外露着大理石板的固定铝材（078），外包铝材直接暴露在人们视线中作为外观。

外皮作为外壁的表现，接受了由砌体结构转换到柱、梁结构的构造形式，以及幕墙（059）式壁体的普及，成为20世纪空间特性的明显特征。正如勒·柯布西耶所说的"自由立面"（038）那样，由支撑荷重的结构制约中解放出来。墙体作为造型对象的可能性迅速增大。以玻璃作为表皮的摩天大楼（060）玻璃幕墙（010、050）就是其中一个典型的例子。

维也纳邮政储蓄所　奥托·瓦格纳　1906年[3)]

■参考文献　大仓三郎『ゴットフリート・ゼンパーの建築論的研究-近世におけるその位置と前後の影響について』中央公論美術出版、1992年/土居義岳『《様式》の誕生と合理主義』、『言葉と建築』建築技術、1997年/ケネス・フランプトン、松畑強・山本想太郎訳『テクトニック・カルチャー　19-20世紀建築の構法の詩学』TOTO出版、2002年

021 标 准 化

Standardization

现代生产体系与"设计"的连接点

1907年彼得·贝伦斯就任总部设于柏林的 AEG 电机公司的艺术顾问,导入实施了"标准化"(规格化)的思想,使得该公司的产品造型印象焕然一新。

贝伦斯着手的产品多种多样,除了有名的透平机车间等一系列工厂建筑外,还有弧光灯、电水瓶、电风扇等工业制品,以及广告画、日历、邮票等平面设计。是当今工业设计的先驱,贝伦斯在这些制品的造型方法中把这些作品的特色发挥到极致。

贝伦斯就任于 AEG 电机公司的艺术顾问时设计的弧光灯,其造型手法就极为典型,弧光灯主要由光源部与反射镜部构成,贝伦斯设计了可以装在相同光源上的各种形状的反射镜。按用途和使用场所灯罩可进行调节,能产生出各种色彩。即作为霓虹灯的造型形式。于是生产量剧增,形成大量生产的方式。产品的标准化方法可以提高生产率,AEG 电机公司的技术员也说:"某一天,需要一种单开关底座,第二天,另一种底座的需要量更大。"贝伦斯要面对这样的状态进行造型。

在这一过程中,产品的形态简单化,排除了过去的装饰要素。出现了设计师这一职业的萌芽,他们不需要像艺术家那样再设计中表达个性和情感,他们的设计既体现现代化生产系统的特征,又可以大量投放生产。

贝伦斯还作为企业内设计师,设计出了 AEG 电机公司新的综合形象,也可以看作是 CI(企业形象策划)的先驱。

贝伦斯曾被称为"制造联盟先生"。工业与艺术的统一为目标的德意志制造联盟(022)的思想,在贝伦斯的尝试中也表现了出来。以几何学形态(018)为基础的造型通过 AEG 电机公司的产品普及到各家庭,促进了室内空间及人们的生活空间的现代化。

AEG 电机公司虽然是大量生产的方式,但最终的组装阶段还是依靠各个职工的手工作业。第一次世界大战后,传送带流水作业的制品组装方式普及。1914年,美国企业家亨利·福特将 T 型福特汽车生产方式转换为流水线作业。汽车车架、发动机、电动系统等各个部位的组装,按照各自的标准化流水作业,分工组装成为可能。其结果,不再需要熟练工人,实现了生产效率高速发展,达到汽车的低价大量供应,促使社会向大量消费转化。根据机械师弗莱德·库维兹路迪拉的"科学管理法",导入 8 小时工作制和 1 天 5 美元的最低工资制。实施了改善工人生活，更新劳动环境等的实践。通过这些产业合理化运动的尝试，在第一次世界大战后欧洲的复兴过程中，将这一思想应用于社会各部门的重组与重建。

在建筑领域，1920 年代后半期的规划居住区的建设中，恩斯特·梅（037）等人导入了用工业生产规格化标准的组合式混凝土结构建造法。另外，沃尔特·格罗皮乌斯（034）尝试用移动式吊车组装规格化的混凝土结构标准构件的方法，以及尝试使用"干式预制装配构造法"（040）。法兰克福式厨房（043）等的室内设备的标准化。家具、用具的工业化大量生产的进步，对生活方式的改革、现代标准化思想的普及起到了很大作用。

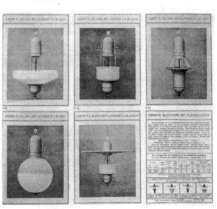

AEG电机公司的间接光用弧光灯制品　贝伦斯　1907年[1]

1930 年代，日本商工部工艺指导所等设计研究机关推进产业合理化运动，改善日用品及战争期间的代用品（054）制作等，规定了第二次世界大战后日本住宅形式的方向，日本住宅公团（现在的都市基础整备公团）的 2DK（2 间卧室＋客厅 Dining room、厨房 kitchen）（062）标准型平面等就是这一标准化思想的鲜明例证。

规划居住区(设计)的建筑工地　标准化构件的拼装[2]

■参考文献　アドリアン・フォーティ、高島平吾訳『欲望のオブジェ—デザインと社会　1750-1980』鹿島出版会、1992 年/柏木博『デザインの20世紀』日本放送出版協会、1992 年/ジョン・ヘスケット、榮久庵祥二＋GK 研究所訳『インダストリアル・デザインの歴史』晶文社、1985 年

022 德意志制造联盟

Deutscher Werkbund

探寻"设计"与现代社会关系的跨领域组织

　　1907年10月，德意志制造联盟的成立大会在慕尼黑市内的宾馆举行。广泛领域的各种职业者出席了成立大会。参加者中有特奥多尔·菲舍尔（第一任会长）、彼得·贝伦斯、布鲁诺·保罗等艺术家、建筑师、银行家、企业家、评论家、政治家以及从事制造的作坊工匠、老板等。

　　超越各个职业领域，结成这样的多领域组织的背景，是因为当时低劣品质产品泛滥，社会对手工业界的保守体制不满。

　　当时，各个作坊老板根据工艺制品设计样式装饰集《设计图鉴》随意决定制作方式。机械化的普及也招致职工技术低下，这些现象导致产品无法适应时代新的要求。

　　主宰德累斯顿工坊的卡尔·休密特想打破这一状况，请艺术家设计制品，根据设计进行制作，导入了新的制造体制。德累斯顿工艺展（1906年）就是为了推广德国工艺界的这一新试验成果。休密特还聘用理查德·雷曼施米特制作机械造家具等，这些都是当时的代表事例。

　　但是，当时的制造业界并不欢迎这种动向，不断进行反对活动，德累斯顿工坊及慕尼黑工坊等进步的作坊团体退出了反对的业界团体，与艺术家携手建立新组织，德意志制造联盟就是在这种业界重组的浪潮中诞生的。

　　德意志制造联盟设立时打出"艺术、工业、手工业的共同体"理念，打破各领域相互无交流的僵硬的状态，横向联合，达到设计创新、品质提高的目的。

　　建筑师赫尔曼·穆特修斯对德意志制造联盟的创立参与很多，他是商务部地方产业局所属的官僚，他推进德国工艺学校的教育改革、工艺品制造等，还提出振兴出口产业的国家课题。

　　穆特修斯1896年起7年间曾在伦敦的德国大使馆任技术官员，调查工艺美术运动（015）等英国的工艺、建筑改革运动的最新动向。1904年出版的《英国的住宅》就是集其大成，对德国的建筑界有很大影响。

　　政治家弗里特里希·纳曼作为德意志制造联盟的理论家而著名，他为解决德国面临的国内工人运动问题，

里马休特制作的机械造家具
《德莱斯蒂造家具 价格目录》[1]

设法在对外扩张政策中寻找答案。1916年他出版了《中欧论》，主张将东欧的谷仓地带纳入德国，提出以德国为中心的中欧广域经济圈的主张，把促进贸易产业活动作为重要课题之一。德意志制造联盟的构想中也具有这种作为国际政治战略据点的特性。

1914年在科隆召开德意志制造联盟展览会，由此，沃尔特·格罗皮乌斯的示范工厂（029）、布鲁诺·陶特的玻璃房（011）等建筑广为人知。展览会也成为将德国最新设计成果向整个欧洲展示的场所。在科隆召开的德意志制造联盟展览大会上，穆特修斯在演说中说："创造各种制品的固定形态才是艺术家的使命。"

对此，亨利·凡·德·威尔德反论说："艺术家的创作活动归根结底是以其个性表现为目的。"以后，这一争论作为规格化争论（021）而著名，成为现代艺术是以社会经济体系为前提，为其机构服务的，还是艺术家与社会隔离的个人活动，这一现代社会中艺术的地位的问题。

德意志制造联盟要消除工程师、实业家、艺术家之间的鸿沟，反而使这一鸿沟更加显露出来。通过德意志制造联盟这样的争论，以后通过"公立包豪斯学校"（034）的活动，表明了"艺术与技术统一"的现代"设计"活动的意义。现代设计活动的意义直至现在也没有根本性的变化，只是基本范围更为明确。

德意志制造联盟的理念超越国界广泛传播，奥地利制造联盟（1913年）、瑞士制造联盟（1913年）相继设立，日本也出现活动形态略有不同的日本工作文化联盟（1936年）等，表现出其部分思想。

科隆的德意志制造联盟展　示范工厂　格罗皮乌斯　1914年[2]

科隆的德意志制造联盟展　展馆的玻璃房1914年[3]

■参考文献　池田祐子編『クッションから都市計画まで－ヘルマン・ムテジウスとドイツ工作連盟：ドイツ近代デザインの諸相』京都国立近代美術館、2002年/藪亨『近代デザイン史-ヴィクトリア朝初期からバウハウスまで』丸善、2002年/マーティン・ゴーガン「ドイツのモダニズム・インテリアの文化政治学」、ポール・グリーンハルジュ編、中山修一・吉村健一・梅宮弘光・速水豊訳『デザインのモダニズム』鹿島出版会、1997年

思潮·构想　　原型·手法　　技术·构法　　生活·美学

023 表现主义

Expressionism

追求目的与功能的符合

建筑的"表现主义"词语出自德国美术评论家阿道夫·贝宁，1912～1913年贝宁在《伴》杂志上刊登"表现主义建筑"一文，提出了这一概念，以"表现主义"与"印象主义"建筑对峙。

所谓"印象主义的建筑"是指"以非本质的使命观念和理念为基础，纯属艺术创造的建筑"。譬如，历史主义（005）的建筑样式。对此，"表现主义"的建筑摒弃"特定的秩序及特定的形态化观念"，"完全是出自自我内部的创造"。在论坛中被定义为："独一无二"的"有机的产物"。

贝宁对这里所说的"有机的产物"的解释，敷衍说是指"特定目的及功能为背景，考虑完全发挥作用的符合目的性"。按照贝宁的定义，所谓"表现主义"的建筑是趋向某种特定的艺术形式。对此，不是加进目的及功能，而是相反，充分考虑追求符合目的性的结果，必然导致"独一无二"的形式。

据说在贝宁的思维中，有布鲁诺·陶特的作品。但是最符合贝宁定义的是后来出现的"有机建筑"，即雨果·哈林设计的迦高农场规划（1922～1926年）、汉斯·夏隆设计的柏林爱乐音乐厅（1963）等例子。

但是，只从表现主义的定义来看，很容易与功能主义（032）混淆。为何如此，其原因在提倡者贝宁。

贝宁在主要著作《现代的符合目的建筑》中（1926年），直接将"符合目的建筑"的定义，由"表现主义"改换为"功能主义"。

这一改名的背景是因为贝宁很快发觉作为艺术运动，"表现主义"自身有衰退的时代趋势。尽管贝宁是以一名评论家的姿态出现，但这其中依然有战略意识。

贝宁将"表现主义"改换为"功能主义"，设法使之与理性主义（001）重新对峙。沃尔特·格罗皮乌斯、哈林、陶特等大概是因为在"11月组织"等方面从事活动，被僵硬地认定为"功能主义"的柏林建筑师组织。

勒·柯布西耶是理性主义的代表建筑师。认为理性主义者有将建筑作为"造型的游戏"的倾向，将其作为视觉艺

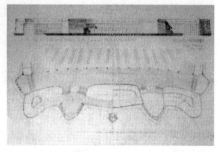

莱比锡车站设计竞赛方案　赫林科　1921年[1]

术范畴。结果将建筑再次归结到形式的问题上。

以后围绕着"功能"这一概念的解释,哈林与勒·柯布西耶产生对立,也被称为是"表现主义"与"理性主义"的对立,或"有机的建筑"与"理性主义"的对立。这只是功能主义与理性主义围绕功能与形态的争论,发展成这种形势也早有预示准备。

今天,一般被划分为表现主义的建筑师除了陶特、哈林、夏隆,还有设计爱因斯坦天文台(1924)的埃瑞克·门德尔松、设计智利屋(1924年)的弗里茨·赫格、设计柏林大剧场(1919)的汉斯·派鲁茨西、留下建筑幻想(1919年)等线描图的赫尔曼·福因斯特林等德国强有力的建筑师的名字联系起来。

达姆施塔特自宅(1901年)等,以及彼得·贝伦斯的初期作品也显示出表现主义的立场。进而,还有荷兰阿姆斯特丹派的建筑师米歇尔·库莱·鲁库、赫德利库斯·德奥特鲁斯、韦德福鲁特等。以及,在瑞士多纳赫设计歌德讲堂的鲁道夫·史代纳(104)等都列为表现主义建筑师。

日本的现代建筑运动中,山田守、崛口舍己等"分离派建筑会"(1920年创立)成员的早期作品与"表现主义"近似。即,由形态来判断建筑的造型表现是否是"表现主义"。

"表现主义"本来是以否定形式主义为目的,却按照形式进行分类、解释,这本身便存在着问题。

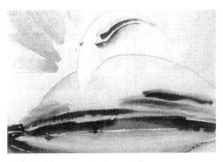
音乐厅设计方案　夏隆　1923年2)

爱因斯坦天文台　门德尔松　1924年3)

玻璃梦想　芬斯特林　1924年4)

■参考文献　W.ペーント、長谷川章訳『ドイツ表現主義の建築(上・下)』(SD選書)鹿島出版会、1988年/山口廣『ドイツ表現派の建築』井上書院、1972年/「特集:ドイツ表現主義の建築」、『SD』1987年8月号、鹿島出版会/濱寄良実「摩り替えられた『機能主義』という切り札」『建築文化』2001年10月号、彰国社

024 "达达主义"

Dadaism

试图推翻现有价值与秩序的国际运动

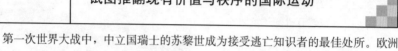

第一次世界大战中,中立国瑞士的苏黎世成为接受逃亡知识者的最佳处所。欧洲各处来的自命贵族、革命家、艺术家等等聚集于此,这里成为放荡不羁的艺术家的温床。

进入18世纪后,基于启蒙主义,受到理性万能主义所支配的现代社会,使得他们感到绝望,个人陷入不安的漩涡之中。

1916年,德国表现主义诗人富高·巴鲁开办文艺"伏尔泰酒馆"(伏尔泰是批判现代文明的启蒙思想家),这里成为向各国来的艺术家们表现"出色事物"的俱乐部、剧场、实验室。由此,诞生出了"达达主义"。

开店当天,大厅里有罗马尼亚来的诗人特里斯坦·茨拉、画家马塞尔·詹可、巴黎来避难的艺术家汉斯·阿尔普等。

"达达主义"这一名称的由来无法考证,据说是茨拉用裁纸刀插入词典,偶然看到幼儿语汇"马儿达达"于是便用"DADA"一词。斯拉夫语系中是"对"的意思。但具体真相无人知晓。

"达达主义"诞生后不久,文艺沙龙不断有过激的表演,一边挥鞭,一边抽动鼻孔、吊竖眉毛、敲鼓、怒喝、口哨、嘲笑的诗朗诵。插进的大鼓、口哨,以及未来派(017)的无意义的"碌碌"拟声词,以法语、德语、英语三人同时读诗等,令场内十分混乱。但这并非是逃避现实的骚乱,目的是破坏以理性达成的现有价值观和秩序。想由零开始,再重新摸索文学、艺术的可能性。演出像是将过去切断的驱魔仪式。

这就是"达达主义"被称为"前卫艺术运动"的原由。但"达达主义"并非是完全革新一切的,只是参考未来派,大胆使用"表现主义"绘画,构成主义(033)艺术,以及毕加索等的立体派方式等最先出现的艺术手法。

"达达主义"的独创性,首次将各类艺术纳入一个整体,确立为综合性的整体表现。然而,却是割断历史的片面无效的活动。正如表现主义的绘画是在文森特·梵高等人的技法上成熟的,中世纪的哥特式建筑具有历史上的正统性。

"达达主义"原本就具有国际性特点,所以其活动瞬间就传至纽约、巴黎、巴塞罗那、柏林、汉诺威、科隆等地。第一次世界大战后到1920年代前半期,"达达主义"的活动显现出国际化展开状态。在日本,大正末期到关东大地震前后,也卷起过"达达主义"的旋风。

1923年,村山知义(042)从柏林回到日本,以他为中心结成了"玛维"。村山

朗读诗"商队"的巴鲁[1]

开展了集中表现欧洲新倾向的""达达主义"活动，由表现主义到构成主义都包括在内。

同年，今和次郎还结成"巴拉库装饰社"（042），以其活动对应现实社会。以后，作为考证现实主义的学问，注重现实社会的庶民生活，其中可以看到"达达主义"追寻现实价值观和根源的特征。

在建筑领域，"风格派运动"（025）的主导者泰奥·凡·杜斯伯格，以及"构成主义者们"（033）与"达达主义"的联系也不可忽视。其虽然以不同的名字出现，却暗中带有"达达主义"色彩，对"达达主义"活动带有亲近感。

特别是作为"达达主义"的建筑实验，在德国汉诺威建造的梅尔茨建筑（1920～1933年）由库尔特·施威特斯设计，这是进行室内雕塑与色彩的连续构筑作业，其中设置了柏林"达达主义"的汉斯·利希塔的头发，以及与其有交流、有关系的建筑师、艺术家的作品等，是与以往的装饰形式完全不同的抽象造型作品。

"达达主义"将所有事物、思想的意义颠倒、嘲笑、废弃。然后，在此之上，再探索出新生路的艺术实验，不仅以理性，还包含着肯定无意识及偶然性等人类生活的一切表现。从这个意义上看，"达达主义"并不是玩笑，而是一个事件。"达达主义"彻底审视社会，重新评价小资产阶级市民社会的既成价值观和秩序，将社会现状和标准置于光天化日之下的姿态，也可以说是破坏的创造行为。

"达达主义"具有事件性，其后不久便被忘却，但在1950年代却有重新评价的要求，在美国出现了"新达达主义"。

"新达达主义"对大众消费社会（077）的价值观和秩序重新评价。1960年代的以杂物为题材的流行艺术、电影、戏剧、诗的世界性动向，可以看作是"达达主义"隔代遗传。此后，"达达主义"成为了历史事件。

梅尔茨建筑1924年的样态　施威特斯[2]

■参考文献　フーゴー・バル、土井美夫訳『時代からの逃避』みすず書房、1975年/ハンス・リヒター、針生一郎訳『ダダ―芸術と反芸術』美術出版社、1977年/平井正『ダダ・ナチ』せりか書房、1993年/トリスタン・ツァラ、小海永二・鈴木和成訳『七つのダダ宣言とその周辺』土曜美術社、1994年/塚原史『言葉のアヴァンギャルド』（講談社現代新書）講談社、1994年/リヒャルト・ヒュルゼンベック編著、鈴木芳子訳『ダダ大全』未知谷、2002年

025 "风格派"运动

De Stijl

几何学抽象表现中的人与自然协调形态

1917年,在第一次世界大战中的中立国荷兰,以泰奥·凡·杜斯伯格为中心的艺术家创刊了名为"风格"的前卫美术杂志,以后沿用这一称谓指这一新的造型运动。

与现代社会成长的同时,重新组合偏离现代的生活与艺术作为"风格"的使命,追求新造型表现作为画家、建筑师的共同目标,"风格"作为这一国际活动、运动的信息源,不断扩大影响。"风格"对应新的时代,确立谁都可以理解的客观造型,使得运动不断壮大。

荷兰语中,"风格"(Stijl)一词前加"这"(De)这一定冠词来表示其名称。"风格派"运动的目的是批判只能导致世界大战悲剧的现代社会。换言之,就是批判培育出资产阶级的社会的弊病。并且尝试从与此社会相对的视角出发进行修正。

"风格派"运动认为现代社会弊病的根源在于过分强调个人主义。为克服这一弊病,"风格派"运动打出了"普遍性"的旗帜。排除主观嗜好所左右的装饰性,同时,作为客观造型语言提出几何学和抽象表现。1920年代,"风格派"普及扩大而成为主导运动。

"风格派"造型表现的核心是画家皮尔特·蒙德里安提倡的"新造型主义"绘画理论,这一理论成为"风格派"运动的理念基础。

"新造型主义"的理念是不允许掺入个人主义,目的是绝对追求人与自然普遍协调的姿态。"水平"象征自然原理,"垂直"象征人类理性,组合形成几何学造型要素,再由红、蓝、黄三原色与无色的色彩要素与之结合,构成绝对抽象的造型,由此来表现其思想。这就是"风格派"运动造型的原点。

杜斯伯格是"风格派"运动的发展动力,杜斯伯格追求从"新造型主义"出发,将这一方法论扩展到建筑及环境领域。到了1920年代,"风格派"运动还积极争取与"达达主义"(024)、俄罗斯构成主义(033)以及"公立包豪斯学校"(034)等,不同的运动进行合作与联合。

"风格派"运动在国际上的普及,表现出其成为现代建筑运动的主磁场,起着凝聚作用。"风格派"运动的活跃扩大为国际运动,到了1920年代前期,"风格派"运动达到最高潮。

日本也有山越邦彦为首的众多建筑师购买阅读《风格》杂志。

成为"风格派"运动建筑雏形的是杜斯伯格与克鲁奈里斯·凡·埃斯特里共同

完成的3个住宅规划案，"巴黎模式"（1923年）。

这3个住宅规划案看上去也许会被其沿袭"新造型主义"规范的抽象几何学形态所吸引，但其自一开始便舍弃了模式的传统造型思想，注重按照功能性等程序，根据必要进行空间分节，最关键的是以立体组合来实现造型。

即作为前提条件，否定了"风格性"、"装饰性"，排除功能性等的作用。其结果是将直至造型完成的过程，作为"风格派运动"显现出来，在此之前与之后划出一条界限。

吉瑞特·托马斯·里特维德设计的施罗德住宅（1924年）就是按照这一思想方法操作的成果。

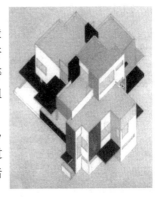

"巴黎模式"　杜斯伯格、埃斯特里 1923年[1]

杜斯伯格领导的"风格派"运动并没有停滞在此，而是不断与其他现代建筑运动以及前卫艺术运动交流。不久后，1925年又提出了"要素主义"。在"奥比特咖啡馆"（1927年）中所表现出的"对角线"要素，就是新导入的内容。

这是按照爱因斯坦的相对论等，吸收了"动力主义"，提高了新造型主义的基本标准，为20世纪以前所未曾想到的解释世界的方法（事物中所包含的规律）。

杜斯伯格的遗作，未完成的自宅（1931年）是"风格派"运动的最终作品。这是向"具体艺术"为主题前进的实践。在此，杜斯伯格要进一步创造不同性质的造型，看上去造型像是与国际式（049）近似，但从功能分节、空间的重新布局等方法来看却印刻着"风格派"先驱的特征。

施罗德住宅　里特维德　1924年[2]

1931年杜斯伯格去世，"风格派"运动也随之终结，但"风格派"的遗传基因转入各种各样的运动之中，寻求进一步的转换，而传承下去。

奥比特咖啡馆　杜斯伯格　1927年[3]

■参考文献　「特集：ダッチ・モダニズム」、『建築文化』2001年8月号、彰国社/山縣洋『オランダの近代建築』（建築巡礼）丸善、1999年/カタログ『デ・ステイル1917-1932　オランダ新造形主義の実像』セゾン美術館、1997年/矢代眞己「転倒された"様式"という規範」、『建築文化』2000年11月号、彰国社/ラオ・ファン・ドゥースブルフ、宮島久雄訳『新しい造形芸術の基礎概念』中央公論美術出版社、1993年

026 有机建筑

Organic Architecture

与"机械模式"和理性倾向的对立

"有机建筑"一词在专家中也经常随意使用,"Organic"译为"有机的"本身就有问题,如果避免先入为主,对"有机的"按字义直接理解,可以避免误解。

这里"有机的"意思是像"有机体一样,许多部分强劲地结合成一体,部分与整体有着必然的关系"。例如,人体就是各个特定作用的"器官(Organ)"部分组成的"有机体(Organization)"。

像这样有机体的建筑,在建筑中称为"有机建筑"。有机体(生物)的形态有曲线、曲面,并不是指建筑要有动植物的形态。

尽管有有机体形态的建筑或有机体造型的建筑,但所谓"有机建筑"并非是指建筑的形态特征,而是指"有机化的建筑"。称为"像器官组织的建筑"也许更准确。"有机建筑"并非是指建筑的造型,而是指建筑的"功能"。因而,称为"有机建筑"经常被误解为"非功能的"(032)、"非理性的"(001),这种想法误入了歧途。相反,没有"非功能的""反合理的"有机建筑。

将"有机的建筑"解释为与"几何学"形式相对立的构图,这实在是愚蠢至极。坦率地说,从理想的角度讲,所有建筑必须是"有机建筑",从希腊神殿开始就没有改变。

那么,又何必要倡导"有机建筑"呢?其实也有其理由。

20世纪初期,工业化迅速发展,现代建筑运动也随之展开,建筑迅速趋向合理化、规格化等重视效率的方向。以机械为样本,所谓与机械类似的标准,成为建筑理念的主流。不考虑自然(环境、人),只追求"合理性"的僵化理念开始出现,建筑理性的水平到达点只是停留在形象(视觉化)上,也产生出桌上的空谈和形式化的建筑教义。

结果,出现功能主义实际走向功能表现主义,理性主义实际滑向理性表现主义的现象,而经济性的力量使其加速。被功能、效率的(狂乱)理念束缚的理性建筑的出现,而有必要提倡"有机的建筑"。将依附于功能的形态还原为抽象的几何体,难道真是功能主义者的态度吗?

"有机建筑"应按照这样的方式解释,也应这样去理解。

最初标榜为"有机建筑"的还有美国芝加哥建筑师路易斯·亨利·沙利文,他

迦高农场规划轴测图[2]

迦高农场规划　哈林　1922〜1926年[1]

留下了"形式追随功能"的现代建筑格言。其弟子弗兰克·劳埃德·赖特终生按照师嘱，实践"有机建筑"，追求自然与建筑的融合。

还有德国的雨果·哈林，他也被称为"表现主义"（023）建筑师，但他创造发展出独自的功能主义理论，探索"有机建筑"的理想模式，作为理论家的同时，也是积极活动的建筑师。正是因为哈林的理论与实践的成果，才出现了迦高农场规划（1922〜1926年）。

继承哈林事业的有参与柏林爱乐音乐厅建造（1963年）的建筑师汉斯·夏隆。北欧芬兰的建筑巨匠阿尔瓦·阿尔托也是"有机建筑"的伟大实践者。

柏林爱乐音乐厅　夏隆　1963年[3]

■参考文献　フランク・ロイド・ライト＋エドガー・カウフマン編、谷川正巳訳『ライトの建築論』彰国社、1970年/S. Kremer，"HUGO HÄRING（1882-1958）— Wonungsbau: Theorie und Praxis", Karl Kramer Verlag, Stuttgart, 1985/Hugo Haring, Peter Blundell Jones, Menges, Stuttgart/London, 1999

027 民族浪漫主义

National Romanticism

传统与革新间的震荡

19世纪后期，欧洲北部斯堪的纳维亚地区结束国际政治动乱时代，经济、社会开始发生转变，迎来了新的发展时期。芬兰的艾里阿斯·隆洛特的民族叙事诗《卡莱瓦拉》出版（1849年），提高了民族主义感情和意识，并与1880年代的民族复兴运动有密切联系。进入1890年代，英国的工艺美术运动（015），以及当时席卷整个欧洲的新艺术运动（002）随之掀起了高潮。

在这样的状况下，北欧的建筑迎来了摆脱历史主义的新时期。从外国借用的风格，即直接导入新潮流的造型，开始受到怀疑，要求确立象征民族复兴的本国风格开始出现。为此，北欧产生出与先进的各国动向保持一定距离，称为"民族浪漫主义"的建筑。

确立这种憧憬旧时代的独自文化的建筑样式，是在强烈的现代化意识下，又具有独自传统文化的狭窄空间，才使这成为可能。这是在传统与革新的震荡中，巧妙地保持平衡所产生的。

现代建筑是由铁、玻璃、混凝土等现代建筑材料，以最新的技术所支撑的。在斯堪的纳维亚所见的这一潮流归根结底是地区主义的。使用传统材料，在传统的土地、气候、风土条件下，以及地域民族生活中产生出的个别实例，即追求本国文化表现的结果。

"民族浪漫主义"的建筑大多建于1890年代～1910年代。其代表事例有马丁·纽阿普设计的丹麦哥本哈根市政府（1905年）、拉斯·斯诺克设计的芬兰坦佩雷大教堂（1907）、埃利尔·沙里宁设计的芬兰赫尔辛基火车站（1914年）、拉格纳·奥斯柏格设计的瑞典斯德哥尔摩市政厅（1923年）。

所有的作品都使用他们喜

丹麦哥本哈根市政府　马丁·纽阿普　1905年[1]

欢的民族性象征的花岗岩材料、圆木，还可以看到对手工的强烈偏好。为此，带有中世纪主义的近、现代印象，形成了在那片土地上的有说服力的、独特的存在感。

另外，不是将浮雕及绘画的装饰镶嵌于建筑，而是建筑与装饰形成一体，作为不可分割的要素形成整体造型。在这个意义上，可以说是实现了"建筑与各艺术融合"的理念。这是当时北欧建筑的普遍特征。

"民族浪漫主义"建筑所表现的理念与特征一方面产生出埃利库·古纳尔·阿斯普朗德的浪漫古典主义，以后又连续有巨匠阿尔瓦·阿尔托·莱玛·皮埃特拉等的作品，一直延续至今。1980年代，在"地域批判主义"（088）的论争中，北欧"民族浪漫主义"建筑再次受到注目，并被重新评价。

"民族浪漫主义"的思想方法也并不仅仅限定在北欧地区，在综合了解早期现代建筑的动向时，也是有效的概念。例如，多被列为新艺术建筑家的西班牙的安东尼奥·高迪、匈牙利的莱希纳·艾丁、苏格兰的查尔斯·列尼·玛肯陶希等的作品及其活动，也可以作为"民族浪漫主义"的概念来充分说明。在日本，设计"筑地本愿寺"（1934年）的伊东忠太郎的作品也属于这一系列。

瑞典斯德哥尔摩市政厅　奥斯特柏格　1923年[4)]

芬兰坦佩雷大教堂　斯诺克　1907年[2)]

芬兰赫尔辛基火车站　沙里宁　1914年[3)]

■参考文献　エリアス・コーネル、宗幸彦訳『ラグナール・エストベリ』相模書房、1984年/『PROCESS architecture68 現代スエーデン建築』プロセスアーキテクチャー、1986年/A.ハディック、伊藤大介ほか『レヒネル・エデン』INAX出版、1990年/K.フライグ編、武藤章訳『アルヴァ・アアルト』ADA. EDITA Tokyo、1975年/N.ペヴスナー、小林文次ほか訳『新版ヨーロッパ建築序説』彰国社、1989年

028 钢筋混凝土

Reinforced Concrete Rigid Frame Structure

支撑"现代建筑"造型原理的建筑材料

钢筋混凝土与钢铁、玻璃并行，是20世纪主要的建筑材料。混凝土使用天然水泥，在公元前2世纪时已在古罗马的万神庙等一些建筑物中使用，但作为建筑材料广泛使用是在19世纪后期，"波特兰（硅酸盐）水泥"（1824年制造专利）所代表的人工水泥普及之后。

当时，混凝土的耐压力、耐火性都很强，但张力却很弱。而钢材耐火性弱，张力却很强，通过技术开发，使混凝土与钢材的优缺点互补，产生出"钢筋混凝土"。由此，开拓了钢筋混凝土作为建筑材料更为广泛的可能性。

另外，其自由造型的可塑性、作为整体结构无须连接的一体性、墙体面（壁）由传统的砌筑结构中解放出来，实现线（柱、梁）的结构成为可能。以往的建筑材料中所见不到的这一独特特点，使得钢筋混凝土倍受人瞩目。

钢筋混凝土作为建筑材料进行开发利用的中心地点之一是法国。工程师交泽夫·莫尼埃发挥了开拓者的作用，1867年他将铁丝网加入到水泥中，制成栽种花木的盆，以后又应用到桥梁建设等方面，并取得了钢筋混凝土板的专利。

但积极开拓钢筋混凝土材料，将其应用于建筑领域的人是由石匠转为建筑业者的弗朗索瓦·埃纳比克，1892年他发明"埃纳比克体系"使柱、梁结构系统化，将钢筋混凝土用于工业化、体系化的建筑物中。据说其一年建造1500栋钢筋混凝土建筑物。

20世纪初期，开始进一步追求活用钢筋混凝土材料的造型方法，也包括在美学的可能性上，从而产生出追求钢筋混凝土美观、实用、耐久三要素统一的形态，最先表现钢筋混凝土材料应有形态的是奥古斯特·佩雷设计的弗兰克林路25号公寓（1903年），此后，经过香榭丽舍剧场（1913年），直到鲁·兰西设计重建的巴黎圣母院教堂（1923年）等。

弗兰克林路25号公寓所表现的是一定间隔的柱体组成的结构（柱、梁结构）与非结构体（外壁墙面体及开口部），这种明快的表现具有创造思想。即，除柱、梁结构部分以外，外层嵌入结构体框架之中。在以后勒·柯布西耶的"现代建筑五原则"（038）中也提倡这一方法。这样传统的砌筑结构墙面体变为钢筋混凝土的结构体，按照需要在内部或外部设置间隔壁面、窗户，使建筑形态发生了变化。

另外，阳台的造型，通过使用钢筋混凝土，也出现悬挑式(039)。钢筋混凝土（钢结构也同样）这一材料使得悬挑式出现，这是第一次从重力下解放出来的结构。钢筋混凝

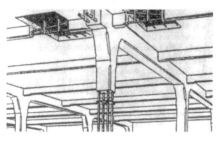

埃纳比克1892年专利的钢筋混凝土柱、梁结构概念图1)

弗兰克林路25号公寓　佩雷　1903年2)

土材料的出现使得空间设计领域中，现代设计成为核心。即佩雷所提示的造型手法，潜在着新的飞跃的可能性，即将外壁如同窗帘般吊挂在结构框架上，不作为结构体发生作用，而只是将其作为外装的"幕墙"(059)。

巴黎圣母院教堂　鲁·兰西　1923年3)

香榭丽舍剧场　佩雷的钢筋混凝土柱、梁结构概念图　1913年4)

19世纪末，"埃纳比克体系"所代表的钢筋混凝土结构也传入日本，地震多发的日本也注重这一抗震、防火性能好的材料与建造方法。在日本，钢筋混凝土主导者是佐野利器。

■参考文献　吉田鋼市『オーギュスト・ペレ』（SD選書）鹿島出版会、1993年/R. E. Shaeffer, "Reinforced Concrete: Preliminary Design for Architects and Builders", McGraw-Hill, 1992/藤本盛久編『構造物の技術史―構造物の資料集成・事典』市ケ谷出版社、2001年/H. シュトラウプ、藤本一郎訳『建設技術史―工学的建造技術への発達』鹿島出版会、1976年

029 机器美学

Machine Aesthetics

脱离历史传统未知形态的可能性

第一次世界大战中许多市民成为牺牲者，人们居住的城市成为战斗的舞台。大战中投入了坦克、飞机、潜艇等新式武器，人们直接见识到了机械（技术）的破坏威力和技术威力，迫使人们对艺术的意识彻底转变，未来派（017）赞美机械和速度的美，追求动态主义表现。德意志制造联盟（022）在《德意志制造联盟年鉴》（1914年"交通"）中提出新的技术形态中的"即物性"这一新感性。

获得过巴黎美术学院（012）的罗马奖并留学意大利的托尼·加尼尔，反对艺术学院坚持"风格造型"的方针。出版了《工业都市》（1901～1904年，1917年出版）一书，书中描绘出炼钢厂、仓库、工厂、堤坝等巨大形态的绘图，将工业发展带来的机械形态进行造型，以取代因纪念碑性建筑（006）的作用产生出历史及文化固有性的历史主义（005）建筑，普及作为现代社会动力而开创的技术，在"机械"的新形象中产生出象征性的联想图像。

在美国新大陆（044）以钢筋混凝土建造的谷仓、工厂、钢结构的高层大楼（007、060）不断出现，这些巨大的建筑通过照片、媒体传向欧洲。亲自进行法古斯鞋楦厂（1911年）以及德意志制造联盟的示范工厂（1914年）等。工厂设计的沃尔特·格罗皮乌斯（034）进行了题为"工业建筑与艺术纪念碑"讲演（1911年），在"德意志制造联盟年鉴"《工业与商业中的艺术》上发表论文《现代工业建筑的发展》（1913年），其中，格罗皮乌斯热情赞颂美国出现"与古代埃及建筑相媲美"的建筑形态，是"史无前例的纪念碑"。

进入1920年代，埃瑞克·门德尔松（023）的《美国》（1926年）一书，以及布鲁诺·陶特（011、050）的《欧洲与美国新的建筑技术》（1929年）一书等，表明美国由欧洲的建筑传统中解放出来，以及对未知建筑形态可能性的关注。

勒·柯布西耶（033）称这种工业的、技术的建筑形态所具备的力量为"高贵的野蛮"，表现出与现代"机械"所表现的新神话的时代精神开战的姿态。他在《走向新建筑》（1923年）中，赞赏在谷仓与工厂所见到的"工程师的美学"，并将特兰杰公司的跑车与帕提农神庙置于同一页，作为现代标准形态介绍汽车，表示这是"令人吃惊的机械"（《东方之旅》）。勒·柯布西耶形容其与帕提农神庙在同一水平，是深含寓意的表现。

这样建筑与机械的类似模拟，实施机械承担特定功能的符合目的性这一点上，柯布西耶也具有"功能主义"（032）的思维模式。柯布西耶在《雅典宪章》（053）中展示的现代都市形象中，分为工作、居住、休闲等各个区，犹如机械部件那样，将都市功能分化，这是机械印象的重复与再生产。

工业都市　T·加尼尔　1901~1904年[1]

1960年代，在新粗野主义（064）中再次出现注重工业形态的潮流，詹姆斯·斯特林设计的莱斯特大学工业系楼栋（1963年），以锯状的玻璃房顶结构形态使人联想工厂及温室。建筑史学家杰慕兹·马蒂里切斯总结的《早期工业建筑中的功能主义传统》（1958年）中，介绍了英国工业革命时期的仓库、造船厂、纺织厂、酿造厂等照片，展现了去除了装饰的风土建筑（076）的魅力，在技术形象中感受到美的意识，高技派（090）建筑中也可以看到这样的典型表现。这成为了1980年代后建筑设计的主要潮流。

南美的谷仓　格罗皮乌斯的讲演《工业建筑与艺术纪念碑》　1911年[2]

大型巡洋舰根倍　布罗姆、福斯公司《德意志制造联盟年鉴》"交通"1914年[3]

■参考文献　J. M. リチャーズ、桐敷真次郎訳『近代建築とは何か』彰国社、1952年/ル・コルビュジエ、吉阪隆正訳『建築をめざして』鹿島出版会、1967年/八束はじめ『テクノロジカルなシーン』（INAX 叢書）INAX出版、1991年/片木篤『テクノスケープ-都市基盤の技術とデザイン』鹿島出版会、1995年

030 社会住宅
Social Housing
彻底改变工人生活环境的动力

进入20世纪后，在英国、德国、法国中间夹着的欧洲小国荷兰作为新建筑的先进国家引起世界的关注。荷兰在1910年代的第一次世界大战中保持中立，没有中断建筑活动而成为先进国，并受到高度评价。

这种评价集中于先进的创造性造型方面。如同埃瑞克·门德尔松（023）称之为"火的阿姆斯特丹"、"水的鹿特丹"那样，以米歇尔·德·克勒克为中心的"阿姆斯特丹派"开展表现主义（023）的造型工作；以皮特·奥德为中心的"鹿特丹派"以理性主义（001）的造型为主。创造性造型分成截然不同的两派，追求新的建筑造型，因而受到高度评价。

重要的是不论哪种动向都以建造优质的工人集合住宅建筑为中心，其背景是"国家"的意志在驱动。19世纪改善工人居住环境成为一部分资本家和博爱主义慈善家的事业，主要以个人的努力为主（013），但行政积极参与，以"公共行政机构参与的非营利租赁住宅"的形式进行住宅建设。

荷兰这一动向的基础是《住宅法》，《住宅法》于1901年制定，次年实施。工业革命后，城市开始形成。城市中混乱无序，恶劣的居住环境令人窒息。《住宅法》试图改善这一切，为引导城市的发展、规划，《住宅法》做了最低限度的综合规定。其主要有以下4点：

1）各自治体有义务制订建筑条例（规定住宅的最小规模及性能等）。

2）由国家确定住宅建设的财政补助范围及其认定标准（确定非营利住宅建设业主如建筑工会等）。

3）对人口1万以上，或过去5年间增加20％以上人口的自治体制订城市扩大计划，有10年修订1次的义务。

4）各自治体有义务劝告或强制改善恶劣住宅（提高原有住宅的性能）。

通过这一系列的规定，作为国家明确的意识和理念，规定改善占全国大多数人的工人的居住环境。与此同时，要保证达到一定水准的居住环境，促进优质住宅的建设方法，确立资金援助的规则，限制无序及投机的开发等，建立了制度的明确标示。

另外，过去并没有考虑将"工人集合住宅"作为设计对象的职业建筑师，现在积极参与"工人集合住宅"设计,起到了触媒的引发作用。

作为结果,1910年代以后的荷兰,先进的"工人居住环境"引导的,由底层掀起巨大动力的建筑作业,引起全世界的关注,以后迎来1920年代,欧洲各国都探求"工人集合住宅"的应有形态(037、045、051)。

德·德赫拉特集合住宅 M.德·克莱鲁克 P.L.库拉玛 1919~1922年[1]

在日本,这种尝试意识并不高(031),1920年代前期金井谦次为先驱的崛口舍己、村野藤吾等为主力的促使日本现代建筑运动发展的众多建筑师们,去欧洲学习新的建筑动向,荷兰成为必去的地方。崛口捨己著《现代荷兰建筑》(1924年岩波书店)、《荷兰的现代建筑 上、下》(1925年 洪洋社)、川喜多炼七郎编著《新兴荷兰建筑》(1930年洪洋社)、山肋严著《荷兰新建筑》(1934年 洪洋社)等有关荷兰建筑的书,短期内大量出版,证明了日本对荷兰建筑的关心。

斯巴根集合住宅 J.J.P.奥德 1918~1920年[2]

《住宅法》制定前建造的密集居住环境的一例[3]

按照《住宅法》规定1917年建造的阿姆斯特丹南部新区,基于城市扩大计划建造的市街。 贝尔拉赫[4]

■参考文献 ドナルド・I・グリンバーグ、矢代眞己訳『オランダの都市と集住』住まいの図書館出版局、1990年/八木幸二+矢代眞己+ハンス・ファン・デイク編「オランダの集合住宅」、『PROCESS ARCHITECTURE112』プロセスアーキテクチュア、1993年/P.パヌレほか、佐藤方俊訳『住環境の都市形態』(SD選書)鹿島出版会、1993年

031 客厅中心形式

Trials for The Unification of Dual Life

大正民主主义影响下产生的各种住宅改良运动

　　日本明治维新以后，随着西欧文明的流入，日洋结合，即传统与新的规范不同性质的东西相互融合起来，最先是仿洋派的建筑（008）等，作为造型创意出现，不久，上流社会的住宅开始出现日洋并用的现代日式风格，地板上放置床、椅子等，摸索两种起居形式并用的生活方法。

　　进入大正时期后，又进一步开始探讨家庭关系等生活形态的问题。为此，与生活文化整体相关的住宅现代化，住宅改善的运动高涨，不仅上流阶级，还扩及中流阶级和下层阶级的住宅。

　　城市中心地区的薪金阶层，即受过高等教育的白领阶层的增加，这一社会结构的变化，以及大正的民主主义风潮之下，民主主义、工人运动、妇女解放运动等出现，西方的合理主义、个人主义思维方式等普及，是这些运动的起因。另一方面，在这样的社会状态下，救济在都市内居住的下层阶级的意识产生。其结果，中流阶级要求改善住宅生活、丰富文化、全家团圆。于是带来了"中央走廊形式"、"客厅为中心形式"等新的布局形式。

　　自治体开始为下层阶级建造公营住宅，并进一步设立国家水平的住宅供给机构"同润会"。

　　为消除起居形式日欧双重化，推进中流阶级住宅改良的启蒙活动，由国民新闻社策划的家庭博览会（1915年），以及文部省主办的家务科学博览会（1918年），生活改善博览会（1919～1920年），以及《住宅》等专业杂志进行的出版活动，都是以此为目标展开的具体活动。另外，还设立了住宅改良会、生活改善同盟等启蒙团体。

　　还有输入美国商品住宅进行销售的公司，美国屋的店主桥口信助以及女教育家三角锡子为中心1916年设立的住宅改良会通过出版《住宅》专门杂志，举办住宅设计竞赛，作为中心活动。另外，接受文部省援助，佐野利器、田边淳吉、今和次郎等建筑师及女教育家等为中心，1920年设立的生活改善同盟，组织多个全面调查生活的委员会，各自总结出改善方针。作为住宅改良的具体目标，提出6项鼓励目标：
1）坐椅；2）以家庭为中心的住宅布局；3）实用设备；4）实用庭院；5）实用家具；6）奖励建造共同住宅和田园城市。

　　这些活动的结果，导向了"走廊居中"的布局。南侧客厅为中心，北侧为厨房、浴室等，各居室房间有一定的保护私密的"中央走廊形式"布局。

　　迎来昭和时代后，城市中层阶级的住宅成为主流，为积极对应坐椅生活，设计了"坐椅式的客厅为中心",其他房间配置客厅周围,成为"客厅为中心"的新布局形式。但这一形式的实际普及却是在二战以后。

另外,随着现代化社会的发展,社会问题及城市问题也越来越严重,下层阶级的住宅改良运动也开始出现。1917 年,以池田宏为中心的内务部少壮派官僚结成了"都市研究会",佐野也参加了策划。其活动的结果,1919 年公布了《都市规划法》与《市区建筑物法》,确保了都市建筑物的质量,抵制了都市无序的扩大。

以后 1920 年又在内务部设置了专门提供下层阶级房产、福利的社会局。

大阪及横滨从 1919 年、东京从 1920 年开始了各自的公营住宅建设,虽然规模不大。1924 年开始,作为社会局的外围团体,政府设置了最早的住宅供给机构——财团法人"同润会"。

"同润会"的活动以佐野为中心,内田祥三作为建筑部长,职员有川本良一、拓植芳男等。建造了深川的猿江裹町共同住宅(第 1 期 1927 年、第 2 期 1930 年)等,清除旧市街散在着的贫民区、都是其实施的事业。还在山手线沿线建造了青山共同住宅(1927 年)、代官山共同住宅(1927 年)等针对中、下层居民的都市型住宅。也建造了江户川共同住宅(1934 年)这些针对中、上层居民的都市型住宅。

由"同润会"开始的具有国家性质的住宅供给活动,以后发展成设立住宅营团(1941 年)。第二次世界大战后,又由日本住宅公团(062)继续住宅供给的活动。

根据"中央走廊形式"平面图改良的中层的都市型住宅设计比赛当选方案　剑持初次郎　1917年[1]

东京和平博览会住宅展示会展出的"客厅为中心"布局形式的小住宅平面图　小泽慎太郎　1922年[2]

"同润会"的江户川共同住宅(1934年)[3]

■参考文献　内田青蔵『日本の近代住宅』鹿島出版会、1992 年/太田博太郎『住宅近代史』雄山閣、1979 年/マルク・ズルディエ『同潤会アパート原景』住まいの図書館出版局、1992 年/佐藤滋『同潤会のアパートメントとその時代』鹿島出版会、1998 年/藤森照信『日本の近代建築(下)』(岩波新書)岩波書店、1993 年/内田青蔵『あめりか屋商品住宅』住まいの図書館出版局、1987 年

032 功能主义
Functionalism
围绕"功能"意识建筑师们的争斗舞台

19世纪历史主义（005）的建筑物在外观与用途之间，存在着与记忆、历史联想的对应关系。譬如，教会有中世纪的哥特式，市政府大楼有从古希腊借鉴来的新古典样式，但建筑物外形与用途根据表现形式结合的这一方法，在摸索现代建筑方向的同时，逐渐失效了，其意义丧失殆尽。建筑师们放弃了"样式"这一工具，在外观与用途之间必须构筑新型的关系，二者相连的线路就是"功能"，由此开始了建筑形象的转换。

戈特弗里德·森佩尔（020）在《风格论》（1860-1863年）中认为社会文化的各种条件制约着建筑。奥托·瓦格纳（003）在《现代建筑》（1895年）中提出自律地把握"目的"。这都是对"功能"的认识萌芽。在世纪转换期，通过路易斯·亨利·沙利文（007）的语言"形式服从功能"，"功能"是建筑的决定因素的认识才逐渐普及。

迎来1920年代，出现了在个别空间中按照人体活动尺度来安排功能的方法。重视效率与经济性指标，在"合目的性"的价值规范之下，重新构筑"功能"与"空间"的对应关系，并进一步与"立体派"、"风格派"（025）、"构成主义"（033）等前卫艺术运动融合，有意识地导入"几何学形态"（018），把握"功能"这一关键，开始了新的"功能主义"这一建筑形象，也就是说开始了"现代主义"的潮流。

但建筑师们尽管思考着"功能"这一核心概念，而实际上却建造着各种不同形象的建筑物，有时甚至是持对立的态度，表现出对"功能"的多种解释。

勒·柯布西耶发现了现代社会中建筑的作用与机械相同，曾论述道："住宅是居住的机器"。

"机器"具有特定的目的，以效率为第一意义，部分与整体有机联系并动作，这一技术形象在建筑中就是"功能主义"。像"机器"般具有合理性和目的性。

勒·柯布西耶的代表作萨伏伊别墅（1931年）（033）使用白色箱体形态，即勒·柯布西耶的建筑外形上具有还原纯几何学形态的特点。柯布西耶表现的"机器美学"（029）实际上是滑向抽象形态的美感意识，内部包含着形态的修辞学。

雨果·哈林对这一点进行了激烈批评，雨果·哈林提出了建筑是有机的组织体（生物体）（026）。否定勒·柯布西耶的纯几何学形态的形式性，提出了彻底掌握

"功能"的方法。满足建筑"功能"的必需形态,要把"部分"与"整体"的关系在外形上直接表现出来,雨果·哈林的想法排除了与内部"功能"无直接关系的形态进入建筑的步骤。

1928年沃尔特·格罗皮乌斯的后任汉内斯·迈耶就任"公立包豪斯学校"(034)校长,他也是批判具有自律建筑形态的审美性及艺术性的建筑师。迈耶以"功能×经济=现代建筑"(035)的公式来表示新的建筑形象,以左翼思想为背景,规定了建筑在社会框架之中的地位。

"功能"成为建筑形成要因的思想,不仅应用在建筑,还应用在都市之中。"CIAM(国际现代建筑协会)"(046)第4次会议(1933年)以后作为《雅典宪章》(053)被格式化。基于"功能主义"思想,摸索现代都市的形象。

"CIAM(国际现代建筑协会)"第4次会议提出的都市形象,不久便由勒·柯布西耶的"300万人的现代都市"(1922年),以及"光辉都市"(1935年)等城市规划方案表现出来。

勒·柯布西耶表现出来的基于"功能"的新建筑形象,大胆横跨建筑与都市的专业领域,由明快的理论形态,成为现代建筑的代名词,直到1960年代,已传遍全球。1920年代开始的围绕着"功能"多样化的建筑师们的构思被盖上了封印。建筑领域中"现代主义"作为象征而广泛流行起来。

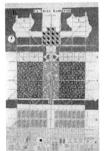

光辉都市　勒·柯布西耶　1935年3)

迦高农场　哈林　1925年1)

国际联盟总部大楼设计应征方案　迈耶　1926~1927年2)

■参考文献　S.ギーディオン、太田實訳『空間・時間・建築』丸善、1969年/レイナー・バンハム、石原達二・増成隆士訳『第一機械時代の理論とデザイン』鹿島出版会、1976年/八束はじめ『近代建築のアポリア』PARCO出版局、1986年

033 构成主义

Constructivism

带着狂热的革命性，奔走在"希望"的磁场上

"构成主义"概念1913年始于帝政时期的俄国，弗拉基米尔·塔特林将自己的浮雕作品命名为"构成主义"而开始的。但"构成主义"成为对世界产生影响的潮流时，是在1917年俄国革命洗礼之后。

"构成主义"主张所有人都在平等的立场上参与社会活动。"构成主义"对未来社会主义社会的诞生充满希望，并狂热宣传，成为对未来社会的生活及艺术方式具体化的推动力量。"构成主义"作为提供新价值观的手段在历史上具有地位，是作为真正的思潮而确立的。

"构成主义"发展的动力是俄国革命后重新编制的艺术教育机关——艺术文化研究所及国立高等艺术技术工房等，由这里提供具体的造型方法及理论基础。以后，塔特林的第三国际纪念塔（1919年）成为核心造型，阿拉库瑟甘所著的《构成主义》（1922年）成为理论基础。

"构成主义"目标是建立为所有人的艺术及生活蓝图，拒绝装饰性、非实用性等主观喜好所左右的非合理性的传统造型，以及与其相关的生活方式。提出了"功能性"、"符合目的性"等可以客观评价的标准，造型的所有部分都无浪费，具有有机的关系。"构成主义"要建立以此为背景的新的生活方式。

不久，康斯坦丁·米利尼科夫设计建造了鲁萨科夫工人俱乐部（1927年），以鲁萨科夫工人俱乐部为代表的新建筑形态，莫塞格斯布鲁库的人民经济委员会建筑物（1930年）所代表的"集体生活性集合住宅"（051）。"构成主义"准备了这样的"生活容器"形式。以后，由艾伦斯·特麦等设计的基本规划（1930年）还应用于钢铁城市马格尼托哥尔斯克等新城市的建设。

"构成主义"展示以社会主义为背景的新型社会状况与目标，以此作为宣传手段，1920年代初，开始向西欧世界宣传"构成主义"。"构成主义"燃起了"第一次世界大战结束，小资产阶级社会灭亡，大众社会到来"的希望与意识。

"构成主义"与开始积极活动的"风格派"（025）及"达达主义"（024）等西欧前卫运动共振，形成扩张的磁场。当时起主导作用的，苏联一方以埃尔·李西茨基为主要代表，西欧一方以泰奥·凡·杜斯伯格为主要代表。李西茨基眼中的"国际构成主义"、杜斯伯格眼中的"国际风格派"运动，都是不可轻视的势力。

1924年，西欧的李西茨基、马特·泰格、汉内斯·迈耶等策划结成了ABC俱

第三国际纪念塔　塔特林
1919年[2]

《构成主义》封面　A·甘著
1922年[1]

乐部,这可以称为"构成主义的嫡系"。由此,"构成主义"与"建造"(035)思想接轨。第一次世界大战后,新兴国家捷克斯洛伐克诞生,品评了苏联与西欧双方的情况后,选择了"构成主义"作为新国家的方向指针来发展,并开创了独自的建筑发展方式。

"构成主义"的意识形态来自卡列·斯坦。斯塔姆、迈耶、泰格等。在"CIAM(国际现代建筑协会)"(046)、"公立包豪斯学校"(035)等现代建筑运动的神话般组织中,他们也起了左右方向的作用。

苏联是"构成主义"的轴心,在日本也有其影响。山口文象等也于1923年成立了创宇社建筑会。1930年,以山越邦彦、石原宪治等为中心结成新兴建筑师联盟,但活动并不大。

1920年代中期起,"构成主义"像磁场般具有影响力,并成为现代建筑运动的一支重要力量。但1930年代中期起,世界社会右倾化(047),即意大利法西斯、德国纳粹、苏联斯大林主义、日本军国主义抬头,使得"构成主义"迅速失落,在发源地的苏联、在西欧、在日本都迅速失去影响力。

鲁萨科夫工人俱乐部　K·米利尼科夫设计　1927年[3]

■参考文献　八束はじめ『希望の空間』住まいの図書館出版局、1988年/八束はじめ『ロシア・アヴァンギャルド建築』INAX出版、1993年/エル・リシツキー、阿部公正訳『革命と建築』彰国社、1983年/矢代眞己「エル・リシツキー」、『作家たちのモダニズム』学芸出版社、2003年/矢代眞己「カレル・タイゲ」、『建築文化』1999年5月号、彰国社/矢代眞己「石原憲治」「山越邦彦」、『建築文化』2000年1月号、彰国社

| 思潮·构想 | 原型·手法 | 技术·构法 | 生活·美学 |

公立包豪斯学校

034

Bauhaus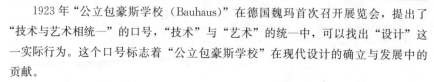

技术与艺术的矛盾，前卫运动与现代设计的连接点

1923年"公立包豪斯学校（Bauhaus）"在德国魏玛首次召开展览会，提出了"技术与艺术相统一"的口号，"技术"与"艺术"的统一中，可以找出"设计"这一实际行为。这个口号标志着"公立包豪斯学校"在现代设计的确立与发展中的贡献。

1919年魏玛工艺学校与当地的工艺大学合并为"国立魏玛建筑学校"，这就是"公立包豪斯学校"。公立包豪斯学校从20世纪初开始由商务部地方产业局管理，在产业局主管赫尔曼穆特吉斯的号令之下，进行工艺教育的改革。这一政策的主要基础是将称为"作坊"的产品制作场编入学校教育，学习机械操作等进行实际技术的训练。改变过去模仿装饰的习惯，导入了设计这一基本的造型手法。

引导建立"公立包豪斯学校"组织的沃尔特·格罗皮乌斯作为校长接受建筑工艺学校的改革潮流，设置了从预科课程再经过作坊教育，最后学习各艺术的核心——建筑。这样的教学过程由同心圆状的图示表现出来，这一同心圆状的图示由穆特吉姆斯带到德国。可以说这是把威廉·莫里斯等为中心的"工艺美术运动"（015）理念，以及"德意志制造联盟"（022）的"艺术、工业、手工业协会组织"形式提示出的设计框架，作为工艺教育的理念而视觉化的图示。预科课程中，设置了由约翰尼斯·伊顿等进行造型、色彩教育的基础教育班。作坊教育中，分设陶器、编织、金属、家具、壁画、版画、舞台等各作坊，聘请熟练工匠为教师进行技术指导。这种教育方式至今依然有广泛影响。作为设计领域教育机构的原型，"公立包豪斯学校"的特色是"技术"与"艺术"相结合的课程结构。

"公立包豪斯学校"与1920年代欧洲兴起的前卫艺术运动协调步调，推进艺术与建筑的改革，学校性质变化为支持艺术运动的机构。格罗皮乌斯的《"公立包豪斯学校"宣言》装帧了里奥乃尔·凡尼卡所描绘的中世纪大教堂的版画，显现出"公立包豪斯学校"设立之初，在革命的狂热中，受表现主义（023）浓厚影响的色彩。

但是，1920年代以埃尔·李西茨基及泰奥·凡·杜斯伯格访德为契机，吸收了俄国的"构成主义"（033）、"风格派"（025）等新的抽象主义动向。1922年在魏玛召开了"构成主义者会议"，"构成主义"开始形成国际化运动，这时"公立包豪斯

学校"联合了东西欧洲产生的前卫运动，起到了联结点的作用。

在这一时期，匈牙利出生的拉斯鲁·康定斯基代替伊顿教授预备课程，也反映出"公立包豪斯学校"的造型教育受"构成主义"的影响。

1925年，校址迁到德绍，作为市立造型学校重新开始。这时，格罗皮乌斯设计的新校舍具有新的造型特点，以后，其国际式（049）作为定型化的新造型，视觉上具有近代建筑的印象。几何学形态（018）为基本形态，从门把手、照明器材到室内空间、建筑结构都要求造型的统一。在此，提示出只有改革人们的生活世界才能有新的社会与文化存在的根据，其中乌托邦（013）的意识隐约可见。威廉·莫里斯整个生活环境都是艺术化对象的观念引导了"综合艺术"的想法，可以见到其具有深远的影响。

格罗皮乌斯1928年辞去校长职务，汉内斯·迈耶继任后，为"公立包豪斯学校"提出了新的方向性，迈耶对建筑重新定义为"功能＋经济"，否定了美学为主的观点立场，提出了基于"科学的"、"社会的"分析精神的"建造"（035）的建筑形象。

但是，1930年迈耶因为鲜明的左翼政治立场而被解任，路德维希·密斯·凡·德·罗（041）继任校长，对学校组织重新编制，在盟友鲁特维希·斯尔巴萨马的协助下，设立了都市建筑课程。

这一时期，"公立包豪斯学校"具有建筑学校的特点。1932年"公立包豪斯学校"迫于纳粹（047）的压力而停课关闭，迁移到柏林，作为私立学校重新开始。但次年，1933年"公立包豪斯学校"的活动被完全停止。

日本的水谷武彦在1927～1928年，山胁严及大人道子在1930～1932年都曾在"公立包豪斯学校"留学过。

设在德绍的公立包豪斯学校校舍　格罗皮乌斯　1926年[1]

■**参考文献**　ギリアン・ネイラー、利光功訳『バウハウス-近代デザイン運動の軌跡』PARCO出版、1977年/杉本俊多『バウハウス-その建築造形理念』鹿島出版会、1979年/マグダレーナ・ドロステ『バウハウス　1919-1933』TASCHEN、1992年/セゾン美術館編『バウハウス　1919-1933』セゾン美術館、1995年

思潮·构想　　原型·手法　　技术·构法　　生活·美学

035 "建造"

Bauen

反艺术的朴素美学

德语中"Bauen"一词的原意是"建筑",1920年代中期,一群建筑师将这一词作为"建造"的总称使用。这些建筑师在政治上左倾,认为必须救助生活挣扎在资本主义这一现代社会底层的工人群众,建筑要作为工人群众的生活器具,要刷新形象。并且,建筑必须成为社会上人人均可受到的恩惠之物。对当前"只是建筑"的行为,要从根本上彻底思考。

当时,最大的课题,是现代社会发展的动力,这同时也是第一次世界大战这一惨祸的起因。个人性、主观性被排除。为此,历史主义建筑(005)所代表的注重表面的装饰性、风格性,具体表现艺术性与纪念碑性的建筑(006),即基于个人行为的作品成为批判对象,要排除"建筑"一词所表现的"建筑艺术"的"审美性"、"艺术性"传统内涵,提出反艺术的建筑形象。明确提出现代建筑的特性不同于传统建筑形象,要求具体表现美感作为目标,引入"建造"一词,意味着所有的方面都以"客观性"、"符合目的性"作为目标。

现代建筑的特征多以"功能主义"(032)、"理性主义"(001)来进行说明。"现代主义精神"使一切事情都计量化、数值化,集中体现了要求"客观性"的意识。"建造"的思维方法的基础中,活跃着这种精神。即,不要求实现无法客观化的"美感"造型。"功能"、"结构"以及"造型"必须组织成为"符合目的性"的构造。要建立建筑的整体性。由此所引导的建筑造型称为"形成"。达成"形成"的姿态称为"建造"。

以"建造"的思维方法规划、建造的建筑也称为"新即物主义"或"超功能主义"。

"建造"为适应资本主义社会生存竞争原理的严酷现实,提出了适者生存的手段。经过生存竞争才可进化的程序淘汰一切无用的造型,并具有美感,同时具有进一步进化(变化)的可能性。以"蒲公英"的自然野生形象为范例,不仅是外形的模仿,其生态原理的野生美学就是"形成"的具体体现。为此,"建造"的思维方法是基于对应未知的将来的变化。这一特征成为超现代建筑先驱"可动建筑研究小组"以及"代谢主义"(066)的先导。

形成"建造"萌芽观点的是1920年路德维希·密斯·凡·德·罗,他设计的新

建筑形象 李西茨基 1924年3)

钢筋混凝土办公楼规划方案 密斯·凡·德·罗 1920年1)

国际联盟设计竞赛方案 迈耶 1927年4)

鲁基地区再开发规划方案 斯坦 1926年2)

办公大楼,虽还没有达到称为"建造"的程度,但建筑的新颖造型摆脱了来自传统美学思维的装饰性等,转变成为追求"符合目的性"为主的"形成"意识。

这样的思维与革命后的俄国以及西欧流行的"构成主义"(033)理念结合,共鸣,扩大。1924年,以埃尔·李西茨基、马特·斯坦、汉斯·施密特、汉内斯·迈耶等人为核心的提倡"建造"的 ABC 小组在瑞士成立。对于"建造"的特征,斯坦描绘说:"从更广泛的意义实行功能主义";施密特说:"建造×重量=纪念碑性的建筑"、"建造÷重量=技术"。轻松表明"没有虚饰性的新建筑的特征"。迈耶更极端地说:"功能×经济=建造"这样的方程式。

1930年在日本,山越邦彦使用军队用语"构筑"来表现"建造",提出了与"现代建筑"类似的"现代建筑形象"。

提倡"建造"的建筑师们通过"CIAM(国际现代建筑协会)"(046)、"公立包豪斯学校"(034)、威森霍夫住宅展(049)等现代建筑运动和神话般的组织,起到了重要的作用。但因其政治立场的原因,被1930年后的世界趋势所限,不得不退出了历史舞台。

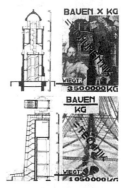
"现代建筑×重量=纪念碑性的建筑"、"现代建筑÷重量=技术"形象图 施密特 1926年5)

■参考文献 矢代眞己「"近代建築(モデルネス・バウエン)"という叙事詩」、『建築文化』2001年8月号、彰国社/シーマ・イングバーグマン、大島哲蔵・宮島照久訳『ABC:国際構成主義の建築 1922-1939』大龍堂書店、2000年/K. マイケル・ヘイズ、松畑強訳『ポストヒューマニズムの建築』鹿島出版会、1997年/矢代眞己「マルト・スタム」、『建築文化』1999年5月号、彰国社/矢代眞己「"バウエン" IN NIPPON」、『SD』2000年9月号、鹿島出版会

| 思潮·构想 | 原型·手法 | 技术·构法 | 生活·美学 |

036 装饰艺术风格

Art Déco

奉献给城市大众文化的简明记号

称为"装饰艺术"的风格与"哥特风格"不同,"装饰艺术风格"没有造型的统一性,与"新艺术"(002)流利的曲线对照相比,是粗糙的直线造型。

"装饰艺术风格"是引用埃及、阿兹特克文明等非西欧式造型,或是引用流线型等造型,充满着多样的形态。"装饰艺术风格"还多用各种各样的镀铬装饰等方法。其他还有用涂漆、贴石面来增加高尚感的倾向,但这些也都没有特定的原理和原则。因而,"装饰艺术风格"主要是1920~1930年代世界上流行的装饰风格的名称。

1925年巴黎举办"现代装饰·工业艺术国际博览会",通称"装饰艺术展",以此为契机,此后便称这类装饰为"装饰艺术风格"。但这样说明好像还不够,与其说"装饰艺术风格"是第一次世界大战后,都市产生的大众文化现象、装饰风格,还不如将其看作是一种文化现象更接近其实际形象。

在第一次世界大战胜国法国都市巴黎,大众意气风发,人类史上大众第一次成为社会的主宰阶层,"装饰艺术风格"成为大众市民易于接受的样式。收音机的商业广播是1920年前后开始的,新时代是电波的时代,波纹的印象任何人都很容易理解。交通及信息网的发展更促进了这些。没有高深的理论及难以理解的事物。单纯的几何学表现,如同易于记忆的符号,很快在全世界传播开。广告画、商业杂志等在大众领域中,活跃传播着"装饰艺术"的图形风格。

在这种状况下,艺术家们积极接近大众,以勒·柯布西耶、罗伯特·马莱·斯蒂文斯、艾琳·格雷等人的作品所表现的立体派风格,或金属材料装饰倾向也同时出现,这些时代的精华不断加入,作为智慧的简练表现而流行起来。这些活跃的文化在世界上传播,一直延续到1929年的世界大饥荒。

在日本,1920年代后期也掀起"装饰艺术"现象,从大正到昭和初期的图形等在广泛的领域可以看到其影响,其美学的结晶有1933年的朝香宫邸,现在的庭院美术馆。

1930年代以后,"装饰艺术"现象的主要舞台移到美国。首先要提到的是1920年代纽约的摩天大楼(060)。1920年代末,在美国提到"装饰艺术",首先是坛状金字塔造型的摩天大楼。这是"区域法"(1916年)所引发出的现象,并非西欧吸收而是美国独自摸索出的表现。对大众具有强烈宣传力,正因为有高楼林立的造型，所以才被广泛普及并应用。

在大萧条后，新的摩天大楼规划消失了，1920年代繁荣象征的坛状金字塔造型被流线造型所取代，特别是在建筑领域，纽约的现代美术馆的"国际造型展"（1932年）（049）脱离意识形态，作为视觉表现而被接受的现代建筑风格的背景下，强调曲线及水平线的形态流行起来，被广为应用。洛杉矶以及迈阿密有很多流线建筑，就是实例证明。

特别是在工业设计领域，流线造型更为流行，莱蒙德·劳文的著作《从口红到火车》（1951年）其题目就包含大量生产的照相机、冰箱、汽车等大众日用品，以通俗易懂的方式来表现。

"装饰艺术风格"是以大众的标准产生出的现象，是对摒弃抽象表现、暗示或象征的现代建筑的最初逆反现象，以后在1960年代"流行文化"（077），以及1980年代"后现代"（087）的出现，其中都回顾并反复参照了"装饰艺术风格"。

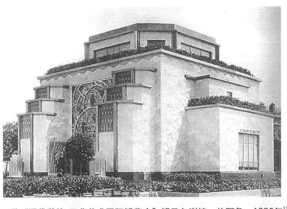

巴黎 "现代装饰-工业艺术国际博览会" 博马尔谢馆　伯阿鲁　1925年[1]

麦格劳-希尔　大楼　布德　1930~1931年[3]

克莱斯勒大厦　凡·阿伦　1930年[2]

■参考文献　小林克弘『アールデコの摩天楼』（SDライブラリー）鹿島出版会、1990年/増田彰久・藤森照信『アールデコの館-旧朝香宮邸』（ちくま文庫）筑摩書房、1993年/渡辺淳『パリ1920年代-シュルレアリスムからアールデコまで』（丸善ライブラリー）丸善、1997年/レーモンド・ローウィ、藤山愛一郎訳『口紅から機関車まで』鹿島出版会、1981年/「特集：ART DECO NEY YORK」、『SD』1983年1月号、鹿島出版会

037 开放街区

Open Block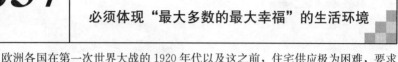

必须体现"最大多数的最大幸福"的生活环境

欧洲各国在第一次世界大战的1920年代以及这之前，住宅供应极为困难，要求迅速而大量地提供住宅。为此，作为解决这一难题的政策，行政参与建造的住宅（030）起着重要作用，也成为从未有过的重要事项。

作为行政住宅的样式，建筑师们要以全新的方法处理。即，要求确立新的设计方法。过去按照特定客户的具体要求进行的建筑设计的传统做法消失了，要求建筑师们对将来不固定的众多居住者的未知需求要有了解。其结果，给予客观合理性的科学设计方法以具体样式。"最大多数的最大幸福"、"最小限度的费用，最大限度的效果"、"体现平等的生活环境"前提下，测算出人体的尺寸及活动尺度，基于动线规划平面、以日照时间为依据，规划配置楼栋等。由此，确立起了计量化及普遍化的公共住宅规划学。

象征这种新的设计路线的是"开放街区"。这是从科学的立场出发，否定以"口"字形包围中庭的传统"中庭形态"住宅楼栋配置形式，而采用一定间隔楼栋的开放街区形式。

开放街区形式所代表的新的设计方法被积极导入，同时，从综合的视点进行行政住宅的建设。德国法兰克福自治体积极进行住宅建设挑战，来自社会民主党的市长兰德曼（1924～1933年在任）主持行政，重新调整1920年代后期的法兰克福这一德国西南部经济、文化的中心都市。进行"新法兰克福"的建设。

其中心课题之一就是工人集合住宅区的规划、建设。其总指挥是该市的都市建设局长埃鲁斯特玛依。该部门具有该市规划与住宅建设相关的全部权限。

其结果，1925年至1930年期间建造了"福兰住宅区"、"莱玛休特住宅区"、"西住宅区"、"汉拉赫福住宅区"等36处工人集合住宅区，提供给1万2千户住户。

这些住宅区的主要特征是：

1) 导入新的都市形象（建造位于郊外，绿树、阳光、空间充分的卫星城住宅区，并在公共交通上与市中心连接）。

2) 建设工程工业化（引入法兰克福式板壁组合结构法）。

3) 住宅设备的配套开发（壁橱、收放式床铺、浴池、法兰克福式厨房（043）及其他国家认定的法兰克福规格产品和推荐产品）。

汉拉赫福集合住宅区　斯达姆　1928~1930年[1]

4）住户平面规划的合理性（追求类型化及其最小实用面积）。

5）新的住宅楼配置方式（导入开放街区形式）。

为实现这样大规模的住宅供给，提供平等的生活环境，要求积极综合导入合理的新思维方法。通过整体的活动，体现出了"新法兰克福"的形象。20世纪的生活与居住环境形象清楚地展现出来了。

1929年，这一挑战成为在法兰克福当地举办以"最小限度住宅"（045）为主题的"CIAM（国际现代建筑协会）"（046）第2次会议的动力。法兰克福与柏林并肩成为德国现代建筑运动的圣地。

杂志《法兰克福》（1926~1931年）逐一报道了这一综合性的理念，以及具体的作业内容与成果。将其向世界传播，与世界共享。该杂志在世界的读者中，日本的读者最多。法兰克福建设工人集合住宅区时，日本的藏田周忠、山田守等访问当地，并向日本国内作了大力介绍。

法兰克福推荐产品收放式床铺的设备配套住宅内[4]

杂志《法兰克福》　1930年7月号[5]

法兰克福推荐产品——带淋浴、浴池的浴室[2]

法兰克福式板壁组合结构法[3]

■参考文献　P. パヌレほか、佐藤方俊訳『住環境の都市形態』（SD選書）鹿島出版会、1993年/Perter G. Rowe, "Modernity and Housing", The MIT Press, 1993

038 现代建筑的五项原则

Five Principles of Modern Architecture

20 世纪建筑造型方法的结晶

"现代建筑的五项原则"是 1926 年勒·柯布西耶提倡的。在钢筋混凝土（028）与新技术体系内蕴藏着建筑的可能性，在这样的思维方法框架内，在合理的视点下，扼要提出了"现代建筑的五项原则"的综合性提案。提出"现代建筑的五项原则"是确立现代建筑造型原理的重要契机。

钢筋混凝土这一新建筑材料，用于框架结构（梁柱结构）的前提下，提出了底层的独立支柱、屋顶花园、自由的平面、横向长窗、自由的立面五种造型特征。

总之，在过去砌体结构为主的技术体系不可能实现的方式，在钢筋混凝土的柱、梁结构中都成为可能。并且，其造型上、结构上、功能上，要集中达到有机综合的形体，形成具体而普遍的形态。其原型可以追溯到 1914 年提出的"多米诺体系"。

"现代建筑五项原则"的造型特征在罗切·珍妮若特之家（1923 年）开始萌芽，此后，库克住宅（1926 年）、斯坦因宅邸（1927 年）、威森霍夫集合住宅展的 2 户式住宅（1927 年）逐渐显现出其技术体系的形态，到萨伏伊别墅（1929 年）则显示出极其完全的形态。

"现代建筑五项原则"的提案并没有停滞在理念方面，而是通过具体的实例操作显示其可能性。即，理念与实践相结合。为此，"现代建筑五项原则"带来了冲击性。其显示的造型方式成为必须学习的教科书体系和必须遵从的主要规范（059）、（067）。也是勒·柯布西耶被评价为 20 世纪最杰出的建筑师的主要原因。

勒·柯布西耶曾经有过"住宅是居住的机器"（029）、（032）这样的强烈言辞。可以说这是勒·柯布西耶对现代建筑的态度，以及其背后支持的代表性思维方式，以此集中概括出了"现代建筑的五项原则"。

汽车、汽船引起工业革命的进步，在某种意义上说，按照要求的程序，提供居住空间的机械，而使之成为完全令人满意的形态。在合理的理论指导下所设计的居住空间，其结果提示了新的优美表现和功能美感。然而，在住宅领域，比合理性更注重传统性和习惯，停留在旧态依然的状况之下。

勒·柯布西耶以"住宅是居住的机器"这样强烈的言辞对这种状况提出疑义。基于与汽车等生产同样的姿态，利用新材料和工业化生产，即大量生产的可能性等，来重新看待住宅与美感表现。

显示这一姿态的是与"多米诺体系"并列的另一具体原型,用法国大众化汽车品牌"雪铁龙"名称来命名的一系列"雪铁龙住宅"(1920~1922年)。寻求以钢筋混凝土材料用于组合壁结构的可能性,也作为集合住宅住户的基本单位来考虑。

　"雪铁龙住宅"构想在佩萨克集合住宅(1925年)、威森霍夫集合住宅展的独立住宅(1927年),以及适用集合住宅的住户单位来作为示范实例的新精神馆(1925年)等都可以看到其结晶的硕果。

让纳雷宅邸　勒·柯布西耶　1923年[2]

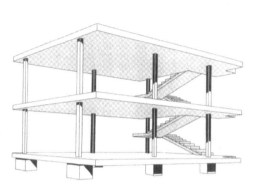

"多米诺体系"　勒·柯布西耶　1914年[1]

"雪铁龙住宅"　勒·柯布西耶　1920~1922年[5]

萨伏伊别墅　勒·柯布西耶　1929年[3]

威森霍夫集合住宅展的独立住宅(左:雪铁龙住宅形式)与2户式住宅(右:多米诺体系形式)勒·柯布西耶　1927年[6]

萨伏伊别墅内的装饰[4]

■参考文献　スタニスラウス・フォン・モース、住野天平訳『ル・コルビュジエの生涯』彰国社、1981年/チャールズ・ジェンクス、佐佐木宏訳『ル・コルビュジエ』鹿島出版会、1978年/ウィリアム・J.R.カーティス、中村研一訳『ル・コルビュジエ―理念と形態』鹿島出版会、1992年

039 悬挑式

Cantilever (Y)

凝结着现代设计的精髓与可能性的造型

在造型方面，明确表现现代设计可能性的原点，可以说是"悬挑式"的创意设计。

勒·柯布西耶提出的"现代建筑五项原则"（1926年）（038）的形态语言，由亨利－罗素·希区柯克等人定义为"国际式"（1932年）（049），成为现代建筑造型的特征。

使用"幕墙"（059）的"玻璃箱"式办公大楼的创意，可以说是"国际式"的最高形态，承担了现代设计造型特点的一个方面，是运用"悬挑式"来实现的。

基于现代社会的现实状况，要求表现工业化生产的美感方式。作为重新组织现代美学（022）（034）精髓的结果，在1920年代后期，诞生了理念上、造型上都显示出单纯形态的钢管制"悬挑式"的椅子，被称为"现代设计的古典式椅子"。

通过使用钢管这一现代的材料，充分发挥其材料特性，省去椅子后部支柱，只用前部2条支柱使其自立的造型成功了。在此，革新了椅子至少3条腿，基本为4条腿支地的传统概念，并且完全达到椅子的功能。这是充分发挥钢管特性而形成的造型。

现代设计的精髓根据所要求的功能，彻底追求"形态、材料、技术"关系的相互整合，钢管制"悬挑椅子"的革新创意，充分显示出其效能与成果。

1916年吉瑞特·托马斯·里特维德发表"红与蓝的椅子"以来，给陷入死胡同的椅子设计带来了新的生机。

"红与蓝的椅子"是基于生产理论，将椅子必需的造型要素还原到椅腿、座面、靠背、扶手等根本要素。显示去除表面的装饰性，而追求相关的根本要素，及其美的可能性的革新概念。但是，造型的还原陷入僵局，看不到前途。

红与蓝的椅子
里特维德　1918年[1]

1927年德国斯图加特举办威森霍夫集合住宅展（049），作为其室内设计，路德维希·密斯、马特·斯坦、马歇尔·布劳耶、皮特·奥德等众多的建筑师们展示了用钢管制造的家具。

其中，斯坦与密斯各自发布了悬挑式的设计。不久后，1928年布劳耶也发布了以钢管材料的悬挑式的设计。

设计钢管椅子的先驱是布劳耶，1925年他受到自行车钢管扶把的启示，设计了钢管椅子。第1个客户是画家瓦西里·康定斯基，于是命名为："瓦西里椅子"。但这只不过是将"红与蓝的椅子"的材料由木材换为钢管。将后脚去掉的革新创意，是由"建造"（035）思维方式，以及追求新造型的斯坦所启发。斯坦1926年在祖国荷兰试着用煤气管制作了椅子，在威森霍夫集合住宅展准备会议时，斯坦将这一创意画图作了展示，这也启发了密斯。

于是，以一根钢管制作椅子的原理在世界上诞生了，并直接反映其功能。显示了发挥材料特点的造型才具有的美感。这是凝结着现代设计的精髓的造型。威森霍夫集合住宅展所展示的可以理解为是"时代精神的诞生"。

在日本，曾留学"公立包豪斯学校"的水谷武彦和弗兰克·劳埃德·赖特的学生土浦龟城等1930年设计了钢管制作的悬挑式椅子。

"瓦西里椅子" 布罗伊尔 1925年[2]

"悬挑式椅子" 斯坦 1927年[3]

"悬挑式椅子" 密斯 1927年[4]

"悬挑式椅子" 布劳耶 1928年[5]

■参考文献　海宮博光「一九三〇年代日本の国産鋼管椅子とバウハウス周辺」、デザイン史フォーラム編『国際デザイン史』思文閣出版、2001年/レイナー・バンハム、石原達二・増成隆士訳『第一機械時代の理論とデザイン』鹿島出版会、1976年/柏木博『家具のモダンデザイン』淡交社、2002年

040 干式预制装配建造法

Trocken（-montage）Bau ⒽⓇ

住宅生产合理化的施工法

"干式预制装配建造法"是在德国开发的建筑施工法，英语中称为"Trocken（-montage）Bau"等。在日本，称为"干式组合"、"干式构造"、"干燥结构"等。

第一次世界大战后，欧洲各国的城市被战火破坏，有着住宅严重不足的问题。必须迅速而大量地向中、低收入者提供低廉价格的住宅（030）。因而，找出迅速而大量地建造住宅的方法成为建筑师们的首要任务。

看一下住宅建设工程可知内外墙壁的抹灰作业等使用工地的水，通常作业完了后，无法马上转入下一工序，必须要等施工处干燥后才能继续，多需一定的养护时间。从建筑作业效率化的观点来看，养护时间是浪费，于是为了节省施工现场的工作时间，不使用工地的水，在工厂预先制造建筑构件，在工地只是组装，使工程可迅速结束。按照这一想法，进一步将建筑构件规格化、标准化（021），即模数化（058），工厂的预先制造建筑构件可大量生产，因而，可迅速大量地提供住宅。

在这样的思维之下，使用工厂生产的规格建筑构件，通过简便的"干式建造法"，迅速地组合建造住宅。这一思维使建造过程高效率、合理化。

"干式预制装配建造法"的雏形是1927年威森霍夫集合住宅展展出的沃尔特·格罗皮乌斯设计的"住宅17"。

建造法是地面在工程现场用钢筋混凝土灌注，设定模数为1.06m，以Z型轻钢组成笼状构架，贴上1.06m×2.50m的壁板。外装壁板厚6mm，是沥青石棉混凝土制造的。内装用厚11mm纤维板。现在，因为石棉含有引发癌症的物质，已经不再用于建筑材料。当时，因其隔热、隔音性能而作为新型建筑材料受到瞩目，并将其纳入规格化建筑材料体系。总之，这一实验住宅，即组合住宅在当时是划时代的新方案。

1930年代，纳粹抬头，西欧基本是社会住宅（规划住宅区）（030），独立式住宅的需求原本就比较少，一户独立式组合住宅的发展逐渐销声匿迹。

格罗皮乌斯为中、低收入者设计的轻钢结构材料的住宅，凝聚着称为"干式预制装配建造法"的新设计技术。进入1930年代，这一新设计技术传入日本，在日本，产生出新的称为"干燥施工法"、"干式建造法"等的独特建造法。称为"昭和初期的现代主义"的木结构白箱式住宅等，就是依靠这种建造法。

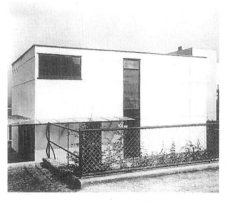

"住宅17" 格罗皮乌斯 1927年[1]

最先导入日本"干式预制装配建造法"的建筑师有土浦龟城、市浦健、藏田周忠,以后又有川喜多炼七郎加入。以这4人为中心,积极向民众普及这一新的建筑施工法。移植到日本的"干式组合法"以轻钢结构材料为前提,为对应木造结构,组合壁尺寸体系都有缩小,在日本,轻钢结构材料当时价格昂贵,并非现实的转换选择。

组合壁为2尺×3尺（市浦）,3尺×3尺（市浦）等,是日本工匠等施工人员习惯的尺寸体系,这是考虑作业方便。外装壁板使用石棉板材,这应在工厂预先制造,在工程工地贴上即可。然而实际上,木匠等施工人员在工地现场按照建筑师的尺寸要求加工材料。建筑师提出的为解决经济性、施工性的问题而建造的实验住宅,成为日本上流社会少爷、小姐的住所,对普通大众来说只是可望不可及的高级住宅。

土浦、市浦等建筑师在第二次世界大战前的尝试结出果实。但是,实际上任何人经过努力都可以买到住宅的梦想实现,是在1950年后期组合住宅企业出现以后实现的。

现在,销售的组合住宅最早的A型商品房是积水公司1959年开发的。

土浦龟城自宅　土浦龟城　1935年[2]

杏仁所宅邸　藏田周忠 1936年[3]

■参考文献　Winfried Nerdinger, "WALTER GROPIUS", Gebr. Mann Verlag, Berlin, 1985/矢代眞己「『バウエン』IN NIPPON」、『SD（特集：木造モダニズム1930s-50s）』2000年9月号、鹿島出版会/西澤泰彦「建築家土浦亀城と昭和初期モダニズム」、『SD（特集：昭和初期モダニズム）』1988年7月号、鹿島出版会

041 少即是多

Less is More

追求要素还原主义造型
密斯·凡·德·罗的建筑

"少即是多（Less is More）。"密斯左右摇晃着巨大的身躯，在回答着提问。"我到彼得·贝伦斯的设计事务所工作时，最先听到的就是这句话。"

"我在设计电机公司 AEG 工厂建筑的立面时，想不出好的主意，画的图堆成了山。那时，贝伦斯对我说：'少即是多（Less is More）'。"

"为了提高设计效率，要抓住要领。上司这样忠告我。"这是广为人知的有关现代建筑"箴言"的最真实纪事。

但是，这话从密斯口里说出，其含义和内容却完全不同，"少即是多"。密斯通过这句话，表明现代建筑追求要素还原主义造型的特点，最重要的是把握现代这一时代的固有特性及精神。这句话作为现代主义设计特点的象征而广泛普及。

贝伦斯的盟友赫尔曼·穆特杰斯（022）也在 1907 年发表论文《什么是建筑的现代性》中说："比艺术更为重要的是实际内容。"这与"少即是多"似有相通之处。

19 世纪的艺术主要是代表着中产阶级及贵族阶层的价值观，逐渐丧失了表现社会及世界潮流现象的原有功能。像"新艺术"（002）那样，是艺术家兴趣在造型中全面表现的形式，这一表现形式的抬头，包含着个人主义的志向。穆特杰斯想克服这种状态，在《样式建筑与建筑技术》（1902 年）中提出"即物性"理念，推动了"历史象征体系艺术"与"个人主义艺术"的解体。"样式建筑"（005）的艺术审美意识形态失效，现代生产技术直接引导的"建造"形象被描绘出来了。

密斯在 1920 年代的活动中，也表现出批判"艺术"的思想。第一次世界大战后，密斯在柏林重新开始设计活动。当时，柏林集结着欧洲的前卫艺术家，密斯在这些关系网中摸索着新的建筑式样。密斯与"达达派"（024）的艺术家汉斯利希特、"风格派"（025）运动的主导者泰奥·凡·杜斯伯格、将俄国"构成主义"（033）传到欧洲的埃尔·李西茨基等保持着交流。

密斯还创刊了前卫艺术杂志《G》。"G"是德语中 Gestaltung（形状、形成）的头一个字母。在这一杂志中，密斯宣告："拒绝所有的美学思辨，拒绝所有的教义，拒绝所有的形式主义，我们拒绝这一切。"否定作为美学形式所主导的建筑。同时也拒绝作家个人随意的审美批判介入。表明"建造"（035）中的现代时代精神。

第2期《G》杂志封面 1923年9月[1]

1920年代初期，密斯发表了主导20世纪大楼形态的"摩天办公大楼"（060）（048）、"郊外住宅"（014）等设计方案，带来了造形表现的革新。

在"摩天办公大楼"的设计方案中，以玻璃（011）皮膜覆包钢结构体，排除一切装饰要素，追求光的反射体表现。

在"郊外住宅"设计方案中，以砖石建造的田园住宅，平面构成像抽象绘画一般，壁体分散配置，由此使内外空间相互贯入。

发展、实现这些构想的是巴塞罗那博览会德国馆（1929年）、吐根哈特住宅（1930）等作品。在独立柱支持的水平延伸的空间里，各种肌理的壁体分散配置。玛瑙纹及大理石、玻璃材料也处理使用，形成多彩的装饰。还将十字形柱体覆上镀铬钢板。在吐根哈特住宅作品中，以弯曲的黑檀做壁体来分划居室与餐厅的空间。

各式各样的材料屹立于空间中，表现出各自不同的存在感。彻底限定要素的同时，以精密的细部处理，赋予每一个要素以丰富的材质感。由此，使材料与空间、细部相呼应，相共鸣，使空间产生强烈的象征性，使密斯"少即是多（Less is More）"所表示的建筑形象更为具体。

巴塞罗那博览会德国馆 密斯·凡·德·罗 1929年[2]

■参考文献 フランツ・シュルツ、澤村明訳『評伝ミース・ファン・デル・ローエ』鹿島出版会、1987年/「特集：ミース・ファン・デル・ローエ Vol.1、2」、『建築文化』1998年1、2月号、彰国社/田中純『ミース・ファン・デル・ローエの戦場-その時代と建築をめぐって』彰国社、2000年/八束はじめ『ミースという神話-ユニヴァーサル・スペースの起源』彰国社、2001年

042 广告牌式建筑

Apron Architecture

消费社会的都市写照

在 1923 年日本关东大地震之后的复兴期，东京主要商业区出现了商住两用的木造建筑，房檐突出部不起眼，立面几乎是平板，覆着砂浆、铜板、瓷砖或装饰板等，形态奇特，巧妙模仿西洋式建筑造型的外装，看上去像是"仿洋派风格"(008)的建筑。

实际上，这并非是建筑师的作品，而是当地的建筑木匠、泥瓦匠等建筑工匠的创作。其手工技巧与智慧的表现让所有见到的人都露出微笑，感觉像是覆了假面的虚假结构的外层，完全是在起着广告牌的作用。

日本社会以重工业为主导，推进工业化，完善国家基础设施。从大政末期到昭和初期发生了迅速变化，城市化与消费社会的激浪冲来，从 1910 年代后期开始，追求生活、工作、娱乐的人们涌到城市。人口开始向城市迅速集中。东京这样的大城市里，聚集着各种各样的人，越来越繁华。在人口过密的区域，又进一步流入大量工人等，使居住环境恶化，产生出极为深刻、严重的"贫民窟化"(031)事态。

在这种背景下，内务大臣后藤新平为会长的"都市研究会"(1917 年)组成，内务部地方局的年轻官员、建筑师佐野利器等开始着手制定新法制，以代替"东京市区改正条例"。其成果有 1919 年公布的《都市规划法》以及《市街区建筑物法》。

《都市规划法》不同于"东京市区改正条例"，可以适用于日本全国。因为经济不景气，所以没有财政援助，其实施也只是局限于一部分地区。但是，通过规定土地用途和区域，对住宅、工业、商业的土地利用作了规定；通过土地划区整备，完善都市近郊农村区域的道路、公园等，同时，促进郊外住宅区的开发，以此为新的基轴，引导形成了良好的都市环境。

《市街区建筑物法》中也对区域用途作了规定，不仅对道路、邻地界限作了规定，还对建筑物的高度、面积、结构、设备及防火作了规定。

内务部委托佐野的弟子内田祥三起草木造建筑物的防火项目规定。俗话说"火灾和吵架是江户常开的花"，内田是深川米店主的儿子，从小就爱看东京的火灾，常常获准进入警察设置的禁入线，到现场观察木造房屋燃烧的情况，由内田的经验引导出的结论是：土、砂浆、瓷砖以及金属板装饰过的木造房屋，不易燃烧，简单的防火层也会延迟燃烧，以阻止大火蔓延。由此，木造房屋外壁层防火材料的"准防火"方法成为《市街区建筑物法》防火规定的要目。

该法改变了日本木造城市的情况。关东大地震之后，在东京，房檐突出的商店

泽书店　1928年[2)]

武居三省堂　1927年[1)]

不见了，砂浆、铜板、瓷砖以及装饰板装饰过的平板房屋，在商店街几乎是毫无空隙地排列着，这种过挤的差异化现象产生出了丰富的夸张城市面貌，吸引阔步都市的众人的眼睛。铁路列车、公共汽车、出租车匆匆行驶，爵士乐、咖啡厅、舞厅等美国文化（036）、（044）流入，流行起"摩登"、"尖端"等词汇，社会变化成为这样的流行时代。

　　广告牌式建筑是"标准防火"法规，以及地震、消费社会所要求的产物，是早就出现了的"少则无聊（Less is More）"（078）精神的具体体现。也成为都市出色的信息装置，即都市特征的写照。

　　日本关东大地震之后，与广告牌式建筑同时出现的还有"巴洛克建筑"。银座等商业街店主希望尽早开业，请建筑师设计临时店铺的样式，由"考现学"得知："巴洛克装饰社"的今和次郎以及柏林回国的"达达主义者"（024）村山知义等人在简易装修的同时，也建造了魅力充分的表现主义（023）、构成主义（033）风格的建筑。

　　村山等人不断受到"分离派建筑会"（1920年成立）成员的批判。以后，查尔斯·莫尔作品中用油漆表现大众艺术的手法（077）在村山等人的作品中也可以看到。这可以令人联想到1960年代后期到1970年代，日本社会状况与建筑的关系。

　　"巴洛克建筑"已全部破坏掉了，广告牌式建筑在神田、须田町周围仅有少量存在。在东京都江户东京博物馆分馆的江户东京建筑物园里还可以看到移来的广告牌式建筑。

咖啡店　麒麟　巴洛克装饰社、曽根中条建筑事务所　1923年[3)]

■参考文献　越沢明『東京の都市計画』（岩波文庫）岩波書店、1991年/越沢明『東京都市計画物語』（ちくま学芸文庫）筑摩書房、2001年/藤森照信『看板建築』三省堂、1999年/藤森照信『日本の近代建築（下）』（岩波新書）岩波書店、1993年/村松貞次郎『近代建築の歴史』（NHKブックス）日本放送出版協会、1994年/大川三雄ほか『図説　近代建築の系譜』彰国社、1997年

043 法兰克福式厨房

Frankfurt Kitchen

"生活功能"的表现——小而全的空间映照着设计"效率"

要改革人们每天生活的空间，使其现代化才是现代建筑项目的远大目标之一。不是教堂和宫殿，建筑师们以住宅（014）（030）为时代课题，以住宅为舞台，反复不断地进行各种思索、构想，这样的状态才是"现代"这一时代的明显特征。那么，以怎样的方法才能引导出建筑的革新，带来生活的现代化呢？当时的目标就是"厨房"。

生于奥地利的女建筑师马尔格莱特·休特，1920年代后期在法兰克福开展的大规模重建（037）时，设计、开发了规格化（021）的整体厨房，称作"法兰克福式厨房"，这个厨房宽1.9m，深3.5m。在这个空间中，装备了橱具、煤气炉、金属水池、炊台、餐具棚架以及铝制的调味料容器等。另外，熨烫衣物的台子、小桌也都规格化、体系化。三个壁面集中了炊事及家务所需要的设备，是过去带餐桌厨房的一半面积，但却实现了高功能性的空间。

动作空间仅仅86cm，但是各种作业的动线距离只是过去的一半，并且，邻室的餐桌到厨房的任何位置步行距离都不超过3m，使得作业效率极大提高。

当时，一般带餐桌的厨房实际上也具有居住空间的功能，家庭成员在狭小的空间聚集，其居住性绝不会好，因为充满菜味和体臭，装饰品以及家庭成员喜好、兴致所在的种种物品充斥，一般都会成为杂乱、肮脏的空间。但在每户的居住面积都受到限定的公共住宅中，导入法兰克福式厨房，用可能的最小面积作为厨房，使其从居住空间中分离、独立出来，实现了居住滞留空间的现代化。同时减轻了家务劳动，没有必要雇用佣人。这样，家庭主妇可以专心在这狭小的空间作业，成为家庭主妇的工作室。对法兰克福式厨房的这一批判也是一种反证。

当时，法兰克福正在进行大规模的重建，在都市建设局长埃鲁斯特·玛依的指导下，平行配置形态的住宅楼区在法兰克福市周边开发。导入钢筋混凝土板

法兰克福式厨房　休特　1926年[1]

壁组合结构建造法，推进建筑材料规格化、工程机械化等。设计法兰克福式厨房是对应公共住宅的建设，满足厨房量产化的要求。

1920年代，以福特主义等为范例的产业合理化运动高涨，在任何领域的生产活动都推进合理化的规格化、分工化。马尔格莱特·休特将机械师弗利德利克·文则劳·特拉的科学管理法应用到家务。其中也参照克里斯丁·弗利德利克《新家务——家庭管理的效率化研究》等。

在日本可以看到女教育家三角锡子的"动作经济"，以及三越住宅设计部的冈田孝男设计的"移动式厨房"，这些都是同样的尝试。

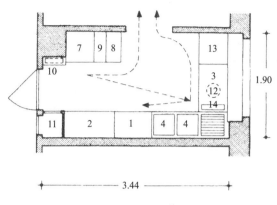

法兰克福式厨房平面图(尺寸以m为单位)[2]

法兰克福式厨房的调味料容器[3]

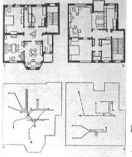

库拉因的住户平面研究 引自《小住户平面研究的新手法》1928年[4]

在生活空间合理化的潮流中，不仅是厨房，还产生出了由阿里山大库拉因研究的动线规划，从科学和功能的角度把握建筑空间，在不满 $7m^2$ 的小空间（045），法兰克福式厨房达到设计的"效率"指标，也体现出现代设计功能主义（032）用于生活空间的一个侧面。

■参考文献　牧田知子「フランクフルト・キッチン」、『10＋1』No. 16、INAX出版、1999年/柏木博『家事の政治学』青木社、1995年

044 美国主义

Americanism

未来社会的另一路标

美国主义是在欧洲与美国都可以看到的对"美国式"的憧憬现象。

所谓"美国式",是指进取、创造、讲求实利、不拘泥于过去等的精神特性。与欧洲的特性形成对照。美国主义是在美国当地培育出的追求具体成果的特性。这样的美国特性,在欧洲被鄙视轻慢,而欧洲人到了美国,则是只有遵从,对美国主义的感情表里不一,感觉也爱憎各半。

19世纪初,美国独立后不久,欧洲开始出现"美国主义"的词语表现。例如,黑格尔、马克思等对在欧洲无法期望的美国式的发展与可能性,寄予希望。赞赏从传统习惯、宗教等桎梏下解放出来的自由新天地。

进入20世纪,美国主义逐渐增大,特别是第一次世界大战后,重新组合的世界形势中,美国超越各国的资本主义力量为国际所承认。因而,美国主义也越发高昂。

第一次世界大战中,美国与经过革命而成立的苏联(033)同样,成为未来社会的标志和样板,甚至成为"圣地"。尽管社会结构不同,却是可以实现人人平等的社会。总之,不存在出生便是特权阶层者的传统。

在这种状态下培育起的爵士乐、电影等大众文化受到赞赏。但美国主义诞生的源泉更主要的因素是"技术"。

在美国,生产工程改换为直接的形态,造型简洁而无浪费的粮库、工厂(029)等引起当时欧洲建筑界的注目。但不久,其注目的焦点便集中到了纽约及芝加哥等大城市耸立的摩天大楼,这都是美国优秀"技术"的成果。

以美国大城市的摩天大楼为中心的建筑成果,有大量对此介绍的著作出版,如,理查德·努特拉《美国如何建造》(1927年)、《美国》(1930年),埃利希·门德尔松《美国》(1926年)、《俄国、欧洲、美国》(1929)等作品。其中不仅仅是单纯的赞赏,也有批判的姿态,两种视线交错观察。例如,孟德尔松的书中描述道:苏联以理念为先行,技术落后。美国

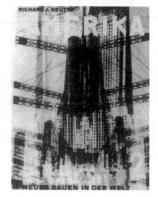

诺拉著作《美国》(1930年)的封面 设计:利希克[1]

技术优秀，但缺乏理念。并展开结构的对比，认为二者的融合才是欧洲未来的道路。

1935年勒·柯布西耶访问美国，不断赞赏摩天大楼与生活密切联系的姿态，但恐怕他头脑中依然存在"CIAM（国际现代建筑协会）"的现代都市形象（053），批评说：摩天大楼还太小，过密。

孟德尔松著作《美国》(1926年)中的纽约街景照片[2]

尽管美国主义反复表现，但在欧洲，"现代建筑运动"实质上主要是在探索和建设工人阶级的住宅及生活环境的方式。欧洲基本上强烈表现出了与社会主义的共同感觉。其中，提倡"建造"（035）形式的埃尔斯特·麦、汉内斯·迈耶、马特·斯坦、汉斯·施密特等人，1930年前后，将活动场所移到了"圣地"——苏联。

1930年代中期，人们对苏联的实际情况开始产生怀疑，这时，纳粹（047）抬头，西欧社会右倾化等。在这样的情势下，欧洲的现代建筑运动开始转向。沃尔特·格罗皮乌斯、路德维希·密斯·凡·德·罗，以及称为"现代建筑史的《圣经》"——《空间、时间、建筑》（1941）的作者、建筑史学家希格弗莱德·吉迪恩等，将活动场所转移到了另一个"圣地"——美国。

在第一次世界大战和第二次世界大战之间，欧洲以社会主义为基础展开的"现代建筑运动"，结果在第二次世界大战之后，却在民主主义旗帜下的美国结出了丰硕的成果（056）、（059）、（060）。

曾在"公立包豪斯学校"学习的画家西德勒恩作品《城市交通》 1923年[3]

■参考文献　Jean-Louis Cohen, "Scenes of the World to Come",『Flammarion, 1995／ル・コルビュジエ、生田勉・樋口清訳『伽藍が白かったとき』岩波書店、1957年／Erich Mendelsohn, "Russland, Europa, Amerika", Birkhauser, 1989 (Reprint) ／Neues Bauen in der Welt, "Rassegna", No. 38, June 1989, C. I. P. I. A.／奥出直人『アメリカン・ポップ・エステティック—「スマートさ」の文化史』青土社、2002年

045 最小限度的住宅

Civil Minimum Dwelling

维持人类正常生活的最低住宅尺度

第一次世界大战后，欧洲各国，以直接遭到战火破坏的国家为中心，面临着住宅严重不足的局面。特别是城市工人的住宅更为困难，为尽快解决这一问题，必须迅速而大量地提供低收入者有支付房租能力的住宅。

一些社会主义国家，或是议会保持强势的城市，积极果断地对应这一课题，寻找方法建造供工人使用的低房租住宅（030、037）。例如，德国的马格德堡、塞尔、法兰克福、柏林，荷兰的阿姆斯特丹、鹿特丹，奥地利的维也纳等许多城市。并且，这些城市自治体在规划、建设低房租住宅区时，极力推进现代化建筑的建筑师发挥了重要作用。

马格德堡有布鲁诺·陶特，塞尔，法兰克福有埃尔斯特·麦，柏林有马丁·瓦格纳，阿姆斯特丹有米歇尔·德·克勒克，柯鲁奈里斯·封·埃斯特伦，鹿特丹有皮特·奥德，维也纳有卡尔·恩等。

提供这些低房租住宅的尝试，基本是政府投入资金进行建设，以这样的体制为背景，所以，要求任何人都可以达到平均人的生活水平。即，要实现可以维持基本人权的优质的居住环境。作为其一环，就是要尽可能地提供宽敞户型的居住空间。但又是在有限的预算范围内，必须向更多的人提供住宅。在这样的户型规模与建设经费的情况下，"最小限度住宅"作为费用与效果比的最佳方案，成为了当时的课题。

1929年10月在法兰克福召开的"CIAM（国际现代建筑协会）"第2次会议（046）上，"最小限度住宅"作为主题提了出来。由此，各城市自治体的单独作业课题成为了国际议题，引起了人们的关注。"CIAM（国际现代建筑协会）"第2次会议提供了问题意识共有化、相对化的契机。

通过"CIAM（国际现代建筑协会）"第2次会议的讨论，对"最小限度住宅"的基本姿态是采取"功能主义"（032）方法，以现代建筑运动的核心观点，抽出、整理生活中最小限度的必要因素，去除浪费而又维持人的基本生活，计算出恰当合适的住户规模。

因为要解决住宅难的课题，要大量建造尽可能的低租金住宅，不仅要大量，还

卡尔·马克思住宅城 K·恩 1927年[1]

要在日照、通风、使用方便（功能性）等方面确保高质量。

于是，居住面积在可能的限度内缩小以减低房租。推进住宅建设合理化及计划性，以此来提高住宅"居住性"。提出在这两项条件的前提下，妥当而合适的规模。即，所谓的"最小限度住宅"。

"最小限度住宅"绝非规模上的"最小限度"，而是要维持人的生活所必需的各种标准，合理地综合衡量，客观地解决社会实际问题，即要求"规模适当的住宅"。

"CIAM（国际现代建筑协会）"第2次会议的报告书由拓植芳男翻译成日文，1930年5月以《生活最小限度的住宅》（构成社）为题在日本出版。

1941年，日本以"最小限度的住宅"为主题，作为"国民住宅"来操作，设立了"住宅营团"，由西山卯三等人负责。

第二次世界大战之后，日本再次出现的"最小限度的住宅"主要是清家清设计的"森博士之家"（1951年），增泽洵命名的"最小限住居"的自家住宅（1952），以及池边阳的"住宅No.1"（1950年）等。

出现这一系列立体最小限度的住宅，克服了狭窄限制的创意，探索生活所必需的最小限度的面积空间。

日本住宅公团的2DK住宅（062）也是最小限度住宅开发的延续。

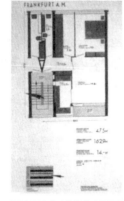

"最小限度住宅"的住户平面图[3]

格奥鲁库斯伽尔住宅区 海次拉 1927年[2]

与"国际现代建筑协会"第2次会议同时召开的"最小限度住宅展"展场[4]

■参考文献　Auke van der Woud, "CIAM Housing Town Planning", Delft University Press, 1983/Eric Mumford, "The CIAM Discourse on Urbanism, 1928-1960", The MIT Press, 2000

CIAM

Congrès Internationaux d'Architecture Moderne

"现代建筑·城市"争论的指南针

"CIAM（国际现代建筑协会）"是建筑师为建立超越国家界限的国际联系网络而于1928年设立的组织。在第一次世界大战后，第二次世界大战前的这段时间里，为解决社会现实生活环境，反对传统的艺术性（装饰美）建筑观念，以"功能主义"（032）为核心，确立新的建筑、城市形象的普及活动。各国建筑师以此作为共同目标。

从会议创设阶段，欧洲八个国家的24名追求现代化新建筑形象的建筑师参加了活动，为此，能够集中各国的动向和课题，以问题意识共有的姿态，提供了国际讨论的平台。而且，不久这一国际网络扩大，超越了欧洲，勒·柯布西耶、路德维希·密斯·凡·德·罗、沃尔特·格罗皮乌斯等著名建筑师也都不同程度地参加了活动。

"国际现代建筑协会"组织直到1959年崩溃，共召开了11次会议，通过这一系列会议，围绕着"现代建筑、城市"的命题，在召开会议的同时，举办展览会，出版学术报告，提出具体解决方案。代表着"现代建筑"的方向性指针。

例如，会议创设所发表的"拉萨拉宣言"强调了建筑社会性的必要，提示了以功能性为中心的新建筑形态的必然性。使"现代建筑"概念的基础首次定型。

第四次会议讨论结果所发表的《雅典宪章》(053)，提示了都市环境结构的生活机能类别，这一现代城市规划理念是第二次世界大战后城市规划的基本点（061）。

"CIAM"从创设形成与确立都并非是岩石般坚强团结的神话般组织。在第二次世界大战以前的阶段，虽然最终目标是共同的，但其内部围绕着具体的实现方法，存在着激烈的对立。最显著的是以勒·柯布西耶等人为主导的"新艺术"（029），提倡"功能美"的建筑师集团，与汉内斯·迈耶、马特·斯坦、卡列·泰格等否认任何艺术性的建筑师集团（035）围绕领导权的争斗。另外，阿尔特·范·艾克、彼得·史密森等人组成的"十次小组"（063），对功能性的绝对化，机械地看待建筑、城市形象持怀疑态度，使"CIAM"组织从内部崩溃。

日本在第二次世界大战以前，建筑师们便关注"CIAM"的动向，前川国男曾在勒·柯布西耶的属下工作，并出席了"CIAM（国际现代建筑协会）"第2次会议。山田守也作为来客参加了"CIAM"第2次会议。其报告书由拓植芳男翻译成日文，1930年5月以《生活最小限度的住宅》（构成社）为题在日本出版。

拉萨拉城[1]

参加创设"CIAM"的建筑师们[2]

"CIAM"年表

次数	召开时间	地点	主题
第1次	1928年6月	瑞士 拉萨拉	"CIAM(国际现代建筑协会)"创设会议
第2次	1929年10月	德国 法兰克福	最小限度的住宅
第3次	1930年11月	比利时 布鲁塞尔	合理建设的要领
第4次	1933年7~8月	希腊 雅典	功能化城市
第5次	1937年6~7月	法国 巴黎	住居与消闲
第6次	1947年9月	英国 布里奇沃特	欧洲的复兴
第7次	1949年7月	意大利 贝尔莫	住宅的可持续性
第8次	1951年7月	英国 豪特斯顿	城市中心
第9次	1953年4月	法国 普罗旺斯 艾克斯	住宅宪章
第10次	1956年8月	南斯拉夫 杜布罗夫尼克	聚居与迁移
第11次	1958年9月	荷兰 奥特洛	解散通告

各次"CIAM"的会议内容,在《建筑时潮》《建筑世界》等杂志都有详细报道。另外,石本喜久治等人为中心还结成了"CIAM"日本支部。前川国男1933年曾成为"CIAM"的正式会员,板仓准三1937~1939年也曾成为"CIAM"的正式会员。

第二次世界大战以后,丹下健三、吉坂隆正等人都参加过"CIAM(国际现代建筑协会)"。

第3次会议上格罗皮乌斯提出以高层住宅楼推进住宅建设的构想[4]

第1次会议上勒·柯布西耶提出的"CIAM"活动纲领[3]

■参考文献 黒川紀章『都市デザイン』紀伊國屋書店、1965年/矢代眞己「闘争するCIAM/逃走するIKfNB」、『建築文化』2002年2月号、彰国社/Eric Mumford, "The CIAM Discourse on Urbanism, 1928-1960", The MIT Press, 2000/Auke van der Woud, "CIAM Housing Town Planning", Delft University Press, 1983

047 法西斯建筑

Fascism

建筑作为意识形态工具　再次转向"历史"寻求出路

⊤

会场回荡着希特勒的怒号，直射空中的无数光束，沉醉在民族舞蹈中神志恍惚的民众，柏林广场召开的 1937 年的党大会是纳粹德国的宣传战略的最重要的象征性场面之一。收音机、电影、画面设计等手段，都被希特勒作为巩固政权的工具，而彻底运用。工程师菲卢蒂纳特·坡尔谢设计的富库斯威根国民车对在物价飞涨下喘息的人们来说，像是生活解放的征兆。巧妙运用新技术（020）的同时，执拗地宣传民族主义，使象征新国家的图像烙入人们的意识之中。建筑也作为这种意识形态的工具，成为纳粹德国宣传战略的一部分。

设计柏林广场的 32 岁建筑师阿尔伯特·斯佩尔，受到希特勒的信任，就任建筑总监职位，着手柏林、慕尼黑等城市改造规划，在这一系列城市改造规划之时，修派采用远远超出人的尺寸，将古典主义（005）造型夸大化的手法，表述了夸张、狂妄的城市形象。最大限度地利用纪念碑性的建筑（006）造型以直接唤起集体性的意识。

巴鲁·修尔茨（纳姆布鲁克）像是呼应农业大臣威鲁塔·达拉的著作《血与大地》以木造民舍风格的设计为典范，以乡土保护论为名，推进住宅建筑现代化。威鲁·海尔姆克莱·伊茨还在扩张的第三帝国领土各地设置烈士塔纪念碑等。

纳粹德国这样使古典主义复活，同时使"乡土"形象化，作为德意志民族复兴的象征描绘建筑形象。表明其妄图切断 1920 年代的现代建筑运动，回归到历史的、地区的思路。

意大利较早地实行了法西斯体制，与德国不同的是工会等组织介于中间，使推进现代住宅建设的建筑师们得到参与国家的建设事业的机会。墨索里尼也表明了对现代主义建筑的支持态度，说："所谓法西斯主义就是让人

被无数探照灯包围的柏林广场　斯佩尔　1937年[1]

们可以看清内部的玻璃屋子"。但阿达别多·里贝拉设计的 EUR42 大会会场（1942）却是以古典主义为基调，极力追求纪念碑效果的造型。也正如朱赛普·特拉尼在卡萨德尔时装店的设计中追求"地中海风格与国际式的融合"，都明显带有历史性和地域性的一面。

在日本，1930 年代的军人会馆（现在的九段会馆，1934 年建）等称为"帝冠样式"的复古造型也流行起来。称"帝冠样式"为"日本形式"的议论越来越高。这是接受西方传入的"现代意识形态"与崇尚"日本传统"思想的对立与矛盾。

这些现象不仅仅是意味着被现代主义建筑取代的历史造型、风格再次被唤起和推崇，还意味着这样的复古造型建筑风格有可能孕育出现代主义建筑发展的另一条道路。对自由主义阵营标榜的"国际式"（049）、"普遍性"具有极大的威胁。

建筑史学家希格弗莱德·吉迪恩在他的著作《空间、时间、建筑》中，运用"空间"的概念，尝试把现代建筑在西欧建筑的历史过程中所占有的地位标示出来，这可以理解是对这一威胁的战略对应。

现代建筑经过 1920 年代的黄金时期，到了 1930 年代，要再次面对被自己取代的与历史主义有所不同的变异形态。连接过去的时间轴与道路，这是现代建筑必须要面对的现实。

"罗马国际博览会"（EUR42大会）
会场 立柏拉 1942年[4]

埃根塔鲁的希特勒青年式建筑
复鲁特曼 1939年[3]

柏林城市改造规划方案模型
修派 1938年[2]

■参考文献　アルバート・シュペール、品田豊治訳『ナチス狂気の内幕』読売新聞社、1970 年/ブルーノ・ゼヴィ、鵜沢隆訳『ジュゼッペ・テラーニ』鹿島出版会、1983 年/八束はじめ・小山明『未完の帝国——ナチス・ドイツの建築と都市』福武書店、1991 年/鵜沢隆ほか『ジュゼッペ・テラーニ—時代（ファシズム）を駆けぬけた建築』INAX 出版、1998 年

048 "通用空间"

Universal Space

摆脱"功能"概念的结果产生出的"通用空间"

"功能主义"（032）的观点认为建筑的"功能"与"造型表现"之间有一定的关系，建筑的客观化、方法化，已经深入建筑者的意识当中。但是，现代社会技术进步，使其体系不断转换，作为前提的"功能"也在日新月异地变化。"功能"与"造型表现"之间很难单相情愿地设定"静止"的关系。预先设定的"功能"作为前提，单方面地决定建筑物的使用方法，便无法对应时间带来的变更及改变。

路德维希·密斯·凡·德·罗（041）在 1920～1930 年代的工程项目中，萌发出"通用空间"的想法，解决了这一问题。

通常空间的功能，由"房间"这样的单位来分割、分节。将这些"房间"再次统合而形成建筑物整体。但密斯不使用这一"房间"单位，而是使用大开间（086）的形式，没有柱、间隔等的遮挡，构想出了开放的、非限定的空间。因为不预先设定房间，实际使用时，由使用者自己按照功能配置间隔、隔障或家具来控制空间。

建筑物一旦建成，不可能简单解体。创造出这样的空间，使得单一用途的空间终结了。像重置开关一样，可以重新对应不同的用途，实现了建筑物的高可变性。不必预先想定建筑物的"功能"、"用途"，而是对应所有"功能"，很好对应了现代社会"高功能性"建筑空间的需求。这种反向的空间原理，产生出了"通用空间"。

1920 年代后期，密斯在巴塞罗那的博览会德国馆（1929 年），以及吐根哈特住宅（1930 年）中，展示了主空间为大开间房间，壁体在室内分散配置的空间形式。密斯在 1928～1929 年期间，建造的城市中心区高层建筑项目中，都还未曾使用过这种形式。在柏林的阿达姆高层大楼（1928 年）中，柱子集中于外围部分，楼梯及电梯间设在主空间外侧，构思出不分段的单一空间。这是为对应商场摆设面积大幅度变化的百货店功能。

在斯图加特银行及办公楼的设计比赛方案（1928 年），以及柏林亚历山大广场的重新开发规划的设计比赛方案（1928 年）的项目设计中，全都提出了复合功能的建筑方案。使用玻璃（011）的幕墙（059），以简单的形式实现复数的功能。富里德利希街的办公楼设计比赛方案（1929 年）中，提出了在三角状地域中央大厅里设置电梯和楼梯，使用不妨碍主空间的平面规划设计。起功能作用的办公室、餐厅、宾馆、店铺等分置于 3 个侧翼部分，采用曲面墙壁，设有水平的连续窗环绕周围。

柏林的阿达姆高层大楼设计方案
密斯·凡·德·罗　1928年[1]

正如这些项目中所表现出来的那样，达成了一体性的"通用空间"。动线及设备等固定要素作为核心而独立，与主空间产生分离。"通用空间"的实现，在于这一"核心"的空间装置的发明，以及不即不离的关系。这一"核心"想法的萌发，构筑起与主空间"功能"的互补关系，这一点可以在1920年代后期高层建筑的项目中，看到"通用空间"思想的原型。

在第二次世界大战以后，其代表作品的范斯沃斯住宅（1951年）是作为周末别墅，厨房、浴室、厕所等各设备室以及橱柜都采用一体式，建成"设备核心"的形式，其他部分的间隔墙壁完全取消，"房间"这样的单位被彻底消除了。

在西格拉姆大楼（1958年）使用I形钢外壁的设计，展示了高层办公楼（060）的规范造型。成为普及"通用空间"想法的契机作品。在世界任何地方都可以建造，并且内部空间因空调系统和人工照明技术的提高，在任何场所都能保证环境性能（075）的等质状态。这样，"通用空间"在双层意义上不必拘泥于"场所性"（097），成为1950年以后建筑与城市的形态。

吐根哈特住宅　密斯·凡·德·罗
1930年[2]

柏林亚历山大广场重新开发规划的设计方案　密斯·凡·德·罗　1928年[3]

■参考文献　山本学治・稲葉武司『巨匠ミースの遺産』彰国社、1970年/ケネス・フランプトンほか、澤村明訳『ミース再考-その今日的意味』鹿島出版会、1992年/原広司「均質空間論」、『空間　機能から様相へ』岩波書店、1997年/八束はじめ『ミースという神話-ユニヴァーサル・スペースの起源』彰国社、2001年

049 国际式

International Style ⒣

概括 1920 年代的欧洲建筑风格的标识
——向形式回归的多样建筑理念

1932 年纽约现代美术馆举办"现代建筑艺术展",该展的管理者亨利－拉塞尔·希区柯克和菲利普·约翰逊以展出的成果内容编成《国际式》出版。两人将过去 10 年间的现代建筑运动主流,即传播到世界的新倾向的共同造型特征定义为 3 个原理,命名为"国际式"进行宣传。

3 个原理为:

1) 建筑不是"体块",而是表层所包裹的"体量"。
2) 以与对称轴线不同的方法寻求有秩序的"规则性"。
3) "忌讳附加的装饰"。(1966 年以后,修改为"结构的分节"。)

1920 年代中期,在"表现主义"(023)风潮开始沉静的欧洲,"国际式"登场了。"功能主义"(032)、"理性主义"(001)理念的建筑师们的作品,都是无装饰的、几何学(018)的、抽象的箱体建筑风格。将这些以"国际式"之名来总括。

沃尔特·格罗皮乌斯曾经提出过"国际式"这一概念,1925 年格罗皮乌斯在值得纪念的"公立包豪斯学校"(034)丛书第 1 卷《国际建筑》中,曾经预言:"根据世界的技术与交通发展,冲破个人、民族的框架局限,人类共通的客观世界必定会到来。"对统一的世界形象进行了论述。然后,提倡具有国际视野和普遍特性的新"国际建筑"形象。

在《国际建筑》中还以图版方式介绍了"德意志制造联盟"(022)的工作,荷兰马特·斯坦的设计方案、俄国沃斯宁 3 兄弟、弗兰克·劳埃德·赖特、埃利希·孟德尔松等人的作品。格罗皮乌斯在德骚的"公立包豪斯学校"校舍(1926)也是其自身提倡的"国际式建筑"的具体体现。

日本的本野精吾、石本喜久治、上野伊三郎等参加"国际建筑协会"(1927 年设立),就是"国际建筑"理念的影响所致。1927 年其召开的威森霍夫集合住宅展活动,表明"国际式"已生根、发芽。

这是"德意志制造联盟"在德国斯图加特市策划举办的"住宅展览会",宣传住宅事业政策、发展市营住宅区的影响结果。

1925 年,担任"住宅展览会"规划总指挥的路德维希·密斯·凡·德·罗在德国、荷兰、奥地利、法国、比利时及欧洲各国选出勒·柯布西耶等16名1920年代具有指导性建筑师，进行设置和整体规划。

两年后的1927年，在威森霍夫的丘陵上出现散在的平顶的抽象箱体建筑群，作为"国际式"的样板展区呈现出来。有许多作品明确地传达了当时的情景。

希区柯克与约翰逊的《国际式》比题目更注重介绍实际建筑，德国建筑实例多有介绍。其中，以柯布西耶的作品为首，收入了包括英国、东欧等德国之外的欧洲各国及苏联、美国、日本的建筑实例。日本的建筑实例是山田守设计的"电气试验所"（1929年）。其他，还有日本的"国际式"初期的实例，崛口舍己设计的"吉川屋"（1930年）等。

1930年代以后，"国际式"建筑的实验阶段结束后，在世界各地开始了"国际式"建筑的建造。第二次世界大战后，"国际式"建筑的名字广泛普及，成为了"现代建筑"的代名词。

休塔因住宅　勒·柯布西耶　1928年1)

正因为"国际式"这一命名，在1920年代，欧洲建筑师们称之为"功能主义"、"理性主义"等的各种建筑理念被捆绑在一起，其意识形态被剥夺，或被改色。然后，形成了只作为"造型"，即作为新形式＝新风格被广泛接受，成为统一的成果模式，在二十年代广泛流传。

吐根哈特住宅　路德维希·密斯·凡·德·罗　1930年2)

威森霍夫集合住宅展　1927年3)

■参考文献　H.R.ヒッチコック＋P.ジョンソン、武澤秀一訳『インターナショナル・スタイル』（SD選書）鹿島出版会、1978年／W.グロピウス、貞包博幸訳『国際建築』（バウハウス叢書）中央公論美術出版、1991年／Karin Kirsche, "Die Weissenhofsiedrung" Deutsche, Verlags-Anstalt, 1987

050 玻璃砖

Glass Block Ⓗ

建筑新元素——发光墙面、面光源

1930 年代建筑师为玻璃砖所迷惑引起强烈的创造欲望。玻璃砖不同于透光、透视的玻璃板（011）。玻璃砖块只透光却不透视。受光时，玻璃砖块在视觉上传达光线，但自身内部却滞留光线，成为发光的实体。玻璃砖发出的光不是"量"，而是"质"。成为构成内部空间的新要素，即发光的墙壁。其效果及其形成独特光线空间的可能性，引起建筑师的极大兴趣。

玻璃砖的最早形态是箱体形玻璃砖块，弗兰克·劳埃德·赖特在美国鲁克斯法普利兹穆公司办公楼（1894 年）设计方案中最先发想，但却没有成功。现存最早的事例是赫克托尔·吉玛尔设计的巴黎的新艺术（002）杰作——贝朗榭公寓（1889 年）。奥古斯特·佩雷的福兰克林街公共集合住宅（1903 年）。不太为人熟知，都使用在楼梯室。贝朗榭公寓的玻璃砖块是凸面镜，像是眼球般的外形，曲线的造型。福兰克林街公共集合住宅的玻璃砖块是六角形的块体，这两种形态在墙面施工上都有难度，所以看不到继续这种玻璃砖块的建筑实例。

我们所看习惯的四角形玻璃砖块用于建筑的事例是"分离派"（003）时代的奥托·瓦格纳的邮政储蓄银行（1912 年）、德国表现主义（023）建筑师布鲁诺·陶特的"德意志制造联盟"的"玻璃房"（1914 年）、汉德瑞克·彼图斯·伯拉吉设计的荷兰巴库教堂（1926 年）等作品。

除此之外，也有一些革新的实例。但总的来看，在这一时代，由玻璃砖块建造的建筑很少，只能说是实验性阶段。

玻璃砖块真正作为工业产品，高精度、大批量投入市场是从 1920 年代后期开始的。此后，使用玻璃砖块的实例连续出现。例如，在 1925 年召开的"装饰艺术展"（036）罗伯特·马莱·史蒂文斯与皮埃尔·夏洛等建筑师协作的"观光馆"（1925 年），以及勒·柯布西耶设计的巴黎救世军会馆（1929 年）等。

进入 1930 年代后，建筑师竞相使用玻璃砖块型材，甚至称：1930 年代为使用玻璃砖块的时代。受这种诱惑力的驱使，采用玻璃砖块型材的建筑作品涌现，其中，出现了可以称为象征性作品的是夏洛的达鲁则思住宅，通称"玻璃住宅"（1931 年）。半透明的玻璃砖块（凸面状玻璃镜头、玻璃墙面）形成巨大的面光源，由人所在的不同位置，产生各种不同的感觉。展现了丰富的空间表情，呈现出极佳的建筑效果。

"玻璃住宅"使用的玻璃砖块型材是当时世界上最大的法国玻璃厂家"圣戈班"名为"内华达"的产品。

这种过于大胆的设计和对产品的使用，据说就连"皮埃尔·夏洛"厂家也没有给予产品的质量保证。

建筑家朱赛普·特拉尼特别擅长用玻璃砖块造型，他设计的"卡萨德尔时装店"（1931年）、"艺术家之家（1933年）"、"米兰的集合住宅"（1936年）等作品，高频度使用玻璃砖块型材，并且创作手法大胆，充分利用、发挥了面光源的效果。

1933年美国首次制造出中空的玻璃砖块型材，因而，在此之前的玻璃砖块型材称之为"实心玻璃砖块"。

日本1937年由村野藤吾设计的宇部市渡边翁纪念馆是日本最先采用玻璃砖块的实例之一。其他还有吉田铁郎设计的马场住宅（1938年）、土浦龟城设计的强罗宾馆（1938年）、崛口舍己设计的若狭住宅（1939年）等。

日本也有许多建筑师想尽早设计出发光墙面的建筑作品，实现表情丰富的建筑空间。但是，由于当时玻璃砖块型材产品的精度多少有些问题，有漏雨现象，有中空玻璃砖块内部存留雨水等投诉，1930年代后期，日本虽然跟着世界潮流用起了玻璃砖块型材建造建筑，但玻璃砖块建筑热并没有持续多久。

1970年代后期，日本又突然掀起了第二次玻璃砖块建筑的热潮。

达鲁则思宅邸的2层居室[2]

"玻璃住宅"达鲁则思宅邸　夏洛　1931年[1]

■参考文献　長谷川堯・黒川哲郎『建築光幻学』鹿島出版会、1977年／「特集：住宅とガラスブロック」、『住宅建築』1978年6月号、建築資料研究社／松井篤「ガラスブロッケを知る」、『建築知識』（特集：ガラスデザイン事典）1997年9月号、建築知識

051 集合住宅

Collective

体现社会主义生活的形式

1917年俄国革命的结果，世界诞生了第一个社会主义国家苏维埃联盟。随着崭新的社会体制出现，对新的社会生活环境的探索也开始了。在资本主义社会，被榨取、受虐待的下层工人阶级一跃而成为社会的主人，为此，作为社会主义国家基础的居民们的生活形式，以及具体化的住宅、城市的形式成为中心问题（033）。

对于住宅与城市（社区）等的形式，以所有国民都是劳动者（没有阶级的社会）这一理想为出发点，探索体现社会主义思想的生活形式。所作出的规范就是"集合住宅"的思想方法。具体方法就是居住环境中可能的部分共有化，即，提供集体的共同生活场所。

作为建筑单体水平上的方法，摸索"共同生活体之家"意义的"考木那大厅建筑"为具体目标。作为提供给全体居民平等生活的手段，提出了住户之外的设备有食堂、托儿所、读书室、体育室等，各种公共设施集中一体，即"集体生活型集合住宅"。1930年由毛赛根斯布鲁库设计的，在莫斯科建造的人民经济委员会大厅建筑就是其代表实例。设置了共有设施部分，最大限度地缩小了住户部分的面积。

1930年代初，苏联具体规划并开始实施建设钢铁城市马谷尼德高鲁斯库，作为城市生活环境的综合开发，与建筑单体水平上的摸索方法同样，追求具体实践社会主义特性。从事一系列新城市规划、建设的是从事过法兰克福城市建设的埃尔斯特•麦（037）为首的西欧建筑师们。埃尔斯特•麦等人导入混凝土板组合建造法（040），发挥了西欧的经验，表现了社会主义城市的具体形象。并且，他们还具体制定了马谷尼德高鲁斯库（1930年）、马科埃富克（1933年）、奥鲁斯库（1934年）等城市的规划方案。

这一系列的规划方案都具有两个特征：
1）使用环绕城市整体框架的格子状街路网。
2）附随住宅与生活的集体共有设施部分混在的生活基本单位，采用像葡萄串一样集中化的"近邻生活设施区"。

"近邻生活设施区"可以解释为大规模的"拱顶大厅建筑"。格子状的街路网起着"近邻生活设施区"设置单位功能的同时，也用以确保向外缘发展。

这一系列的规划方案中，导入"居住群体"（061），从"对应发展"（063）的观

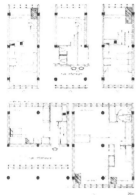
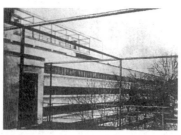

人民经济委员会大厅建筑 根斯布鲁库 1930年 从共有设施楼栋看到的住户楼栋[1]

人民经济委员会大厅建筑平面图 以大厅形式构成的住户群 以在共有设施餐食为前提，最大限度地缩小了住户面积[2]

点来看，在第二次世界大战之后成为主要课题的"城市规划"，在苏联得到优先考虑，并选择了先进的内容，但是，因为当地的熟练工人不足，以及建筑材料为主的资材不足等状况，只能局限于部分的建设。

苏联进行住宅与城市建设的实际情况，日本的《建筑时潮》及《建筑世界》等杂志都作了许多介绍。"考木那大厅建筑"这一居住形式，在先进国家"少生育"、"高龄化"日趋严重的北欧各国是适合于高龄者相互照顾的极佳形式，去掉政治色彩的这些建筑形式会重新发出光彩。

建设中的马谷尼德高鲁斯库市街 1932年时因为建筑材料，以及熟练工人不足，由最初规划的5层改为3层，平顶改为坡顶[3]

奥鲁斯库市规划的"近邻生活设施区"。平行配置的5层楼栋与直交的3层楼栋，托儿所、幼儿园、小学、体育场、食堂、商店等"集体设施"混在[5]

埃鲁斯库城市的基本规划方案 市街整体设置格子状街路网形成城市框架。各个格子作为生活圈的单位，与"近邻生活设施区"相一致[4]

■参考文献　八束はじめ『希望の空間』住まいの図書館出版局、1988年／八束はじめ『ロシア・アヴァンギャルド建築』INAX出版、1993年

052 "庸俗艺术"

Kitsch

反衬"现代"的词语和概念

1860～1870年代，德国慕尼黑的画家和美术商人开始使用"庸俗艺术（Kitsch）"一词来指低廉的艺术品。起源是慕尼黑的美术家误发了英语"Sketch（速写）"音而成。英美旅游客购买美术品时，轻蔑小而简单的画时使用的词语。也有人说是从德语的"收垃圾（Kitschen）"，或德国的部分地区使用的方言"便宜（ver-kitschen）"而来的。总之，"庸俗艺术（Kitsch）"一词是指艺术价值低、通俗、低趣味物品或模仿品之类。从专业艺术观点来看，是"不值得一提"等批判性的贬义词。

进入20世纪以后，"庸俗艺术"一词普及成为国际通用词。随着新的艺术欣赏者、小资产阶级市民中"庸俗艺术"持有者的出现，以及艺术大众化的推进，通俗艺术开始流通起来。与此同时，"庸俗艺术"一词的使用空间逐步扩大起来。

"庸俗艺术"一词及其概念可以说是社会的副产物。"庸俗艺术"一词所指的批评对象存在本身，从反义角度理解，即现代大众消费社会存在的例证。

1927年在日本关西组成了"国际建筑协会"，作为从事普及现代建筑运动的据点，并于1933年聘请了现代设计的巨匠布鲁诺·陶特来到日本。此后，布鲁诺·陶特在日本度过三年半的岁月。但是，这期间布鲁诺·陶特没有得到过设计工作，只得到过两件装修工作，有一件是热海日向别墅地下室的内装修。陶特形容在日本的岁月为"建筑师的假日"。

在仙台、高崎，布鲁诺·陶特对日本传统工艺品的现代化有过贡献，并留下许多著作，特别是《日本美的再发现》中的"桂离宫礼赞"，由此产生出了"桂离宫神话"。布鲁诺·陶特赞赏日本民间艺术品，对日光东照宫则批评为"庸俗艺术"。陶特的影响力不低于阿奈斯特·弗兰西斯克·费那鲁萨，以及拉夫卡·德汉。而陶特来日本不久，便使用"庸俗艺术（Kitsch）"一词批评日本建筑之类，使得"庸俗艺术"一词在日本普及流行起来。

日本有"如何物/伪物"一词，其意为"很像是真的，但仍是假的"。不知是否有人教过陶特"如何物/伪物"与"庸俗艺术（Kitsch）"一词词义完全相同。由此，"庸俗艺术"一词不仅成为建筑、美术领域的批评词语，也成为了一般人的用词。

塔特对日光东照宫批评为"庸俗艺术（Kitsch）"，是为了与桂离宫对照，不能只对这一批评语断章取义。其实，对许多建筑物或其中一部分，陶特都一刀两断地评价为"庸俗艺术",对弗兰克·劳埃德·赖特设计的日本帝国饭店,实际上对桂离宫也不例外,陶特都曾说:虽是艺术志向,但艺术性不足。被美、实用、强韧的指标之外的非本质因素搅乱,这些东西被称为"庸俗艺术"。

当时,现代大众消费社会快速发展,日本文化倾向"俗气"。"庸俗艺术"开始充斥社会。因此,"庸俗艺术"的批评功能极有效。当然,"庸俗艺术"一词自身的产生也是准确表达了现代文明所产生的现代社会现状的词语。

陶特赞赏日本民间艺术品,高度评价为:具备朴素的"美、实用、强韧"风格。又同时频繁地使用"庸俗艺术"一词,使现代设计标准更为明确。

现代大众消费社会,包括建筑在内,所有的创作行为稍有差错便会堕落为"庸俗艺术"。从这里也可以看到塔特自身对"庸俗艺术"的恐惧。

陶特的恐惧,或是不良的预感猜中了。现代大众消费社会在第二次世界大战之中、之后,快速高度发展,"庸俗艺术"在城市泛滥,1960年代的20世纪现代大众消费社会的圣地——美国,乡土派(076)持有与陶特对民间艺术品相同的观点。然而,建筑表现(罗伯特·文丘里)(078)及"大众文化"(查里斯·穆尔)(077)等,则肯定了现代消费社会大众文化,这引起瞩目。新的建筑文化的尝试成为1980年代在后现代(087)的要素之一。

日本桂离宫1)

日本日光东照宫2)

日本帝国饭店　赖特　1923年3)

■**参考文献**　マティ・カリネスク、富山英俊・栂正行訳『モダンの五つの顔』せりか書房、1995年/高橋英夫『ブルーノ・タウト』新潮社、1991年/B.タウト、篠田英雄訳『タウトの日記(全3巻)』岩波書店、1975年

053 《雅典宪章》

Charte d'Athènes

决定现代城市规划未来的构想

1933年7月末到8月初,从马赛港出航开向雅典的客轮"巴特里斯2号"上,"CIAM(国际现代建筑协会)"第四次会议召开。在这次会议上,讨论在过去成果基础上,作为生活基础的城市形态问题。以"功能城市"为主题,就现代城市的规划方法展开了讨论。

1928年在瑞士的拉萨拉召开了"CIAM"成立会议。在这次会议上,提出全面推进"功能主义"(032)思维,反对不顾住宅难的现实社会生活环境,单纯追求艺术性,即批判了对现实社会生活环境束手无策的学院派态度(012)。宣布:以恢复建筑的社会意义为目标。根据"功能主义"(032)的观点,开始讨论具体方法。并且,在1929年德国法兰克福举办的"CIAM"第二次会议上,以"最小限度住宅"为主题,讨论如何抽出、整理生活中最小限度的必要因素,维持人的基本生活所需的适当的住户平面规模。

不久,1930年又在比利时的布鲁塞尔召开"CIAM"第三次会议,以"合理的建设要领"为题,讨论平等居住环境的保证,合理住居集合体的建造方法,即住宅楼栋适当的配置规划及形式(低层、中层、高层住宅的可能性和妥当性)。

"CIAM"通过3次会议,围绕其目的,进行了一系列关于建筑形态、住宅规模以及住宅楼栋的配置的具体内容的讨论。进而议题发展为"城市"这一包括生活整体环境的应有形态,现代城市的具体规划方法。即"功能化城市"这一主题。

"CIAM"第四次会议的讨论成果以后作为《雅典宪章》而有名。其内容主要整理分类为"住居"、"工作"、"娱乐"三个功能。而这三点由"交通"这一功能联系起来。即按用途划分框架,以实现"绿、光、空间"为目标。

按用途分类的城市功能的想法,可以追溯到托尼·戈涅的《工业城市》(1901～1904年)(1917年出版)的规划方案。

为世人所知的"雅典宪章"作为"CIAM"第四次会议的讨论成果报告并没有即时出版,其思想首次为世人所知是在1940年代以后。当初,第四次会议的讨论成果简洁地命名为"结论",在一部分专业杂志上公布。以后,一直努力想作为正式报告书出版,但因"CIAM"各国支部的意见不统一,其编辑工作迟迟无法进行,直到1937年在法国召开以"住居与消闲"为题的第5次会议时,才将第4次会议的讨论

在"CIAM"第四次会议上发言的柯布西耶[1]

成果报告整理,首次以《雅典宪章》之名表现出来。此后,也一直为出版在继续组织工作。但因第二次世界大战爆发而不得不中断。

然而,在世界大战的情况下,霍塞普·路易斯·塞尔特和勒·柯布西耶两位"CIAM"会员依靠个人工作,终于归纳整理完了"第4次会议的讨论成果报告"。1942年霍塞普·路易斯·塞尔特在美国出版了《我们的都市能否留存》。1943年柯布西耶在法国出版了《雅典宪章》。特别是后者的柯布西耶,以《雅典宪章》的题目和绝妙的笔致,表现了现代城市规划的可能性和明确的姿态。使《雅典宪章》宛如公告书一般广为流传。

但是,将柯布西耶出版的《雅典宪章》与当初一部分杂志发表的"结论"相对照,会发现一些不同之处。柯布西耶出版的《雅典宪章》可以看出其对导入高层建筑的积极态度等。这是因为从第四次会议召开到柯布西耶出版《雅典宪章》,已经过了10年多的时间,可以看作是柯布西耶对现代城市规划看法的追加。总之,柯布西耶的《雅典宪章》不是"现代建筑国际会议"组织公认的内容,而是其个人的主张。

塞尔特《我们的都市能否留存》封面 1942年[2]

"CIAM"第四次会议的成果,形成为《雅典宪章》尽管有着上述的背景,但第四次会议的《雅典宪章》所展示的思想具有普遍意义,即其提案可以适用于世界的任何地方。第二次世界大战结束后,这一思想作为现代城市规划理念的基本点影响波及全世界。在进行新的城市规划(061)时,宛如戒律和规范。

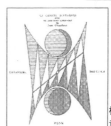

柯布西耶《雅典宪章》封面 1943年[3]

■参考文献 ル・コルビュジエ、吉阪隆正訳『アテネ憲章』(SD選書)鹿島出版会、1976年/黒川紀章『都市デザイン』紀伊国屋書店、1965年/John R. Gold, "The Experience of Modernism: Modern Architects and The Future City, 1928-1953", E & FN Spon, 1997/Eric Mumford, "The CIAM Discourse on Urbanism, 1928-1960", The MIT Press, 2000

054 代用品

Substitutive Products

清贫的美学　战争体制下的现代设计实验场

1938年日本公布了"国家总动员法",进入了战争体制。其中,"资财管制令"限制使用铁、铜等主要金属,以及皮革、橡胶等重要物资。眼见人们的生活日日变化。进口限制,使得原材料必须国内自给。以日用品为中心的原材料改换,即推进"代用品"的开发。代用品工业协会、国策代用品普及协会、战时物资活用协会等组织接连设立。代用品工业要作为新的产业振兴。

工商部1938年开始每年举办"代用品工业振兴展",向一般人普及认识。例如展品中有"硬化木材的旋转板与合成树脂滚珠制成的厨房旋转椅"、"硬纸板、木头与玻璃制成的天花板照明灯具"等等。

使用合成树脂、硬纸板等新材料制成的试制品、木合板及竹制家具等都出现了。竹木家具及照明灯具等是每天生活中所不可缺少的,并且是以大量生产为前提的制品,适合于"代用"的想法。在进入1940年后这一动向加剧了。

举办"代用品工业振兴展"的工商部里有称为"工艺指导所"的设计研究机构,进行代用品的开发与商品化。1928年设立的"工艺指导所",当初是为了发展贸易产业的,以提高出口海外的工艺品质量为目标。推进传统工艺品和民间艺术品的现代化。请到日本的布鲁诺・塔特作为顾问,导入规格型家具(021)的想法。还请勒・柯布西耶(038)的同事夏洛特・贝里安视察地方工艺品,以宣传发掘日本的传统造型。

不久这就发展为"简朴美"的国民生活用品运动,与"方便实用"、"经久耐劳"、"材料纯正"、"价格低廉"等口号标语一同,通过"日用品改革"(015、022、034),提出了改良生活的方向性。纯化铝制的炊具、餐具等也是在这样的潮流下开发出来的。

《工艺指导》、《工艺新闻》等杂志也通过"国民生活用品展"等展览会广泛进行启蒙运动。战争色彩更为浓厚的时候,"工艺指导所"积蓄的技术全都应用于代用品开发上,战争末期,扩大到木造飞机制作等领域。

"工艺指导所"培育了战后日本代表性的设计师们,剑持勇、丰口克平等在以后发表的谈话中介绍了当时的情况,说:"因为是代用品,用竹、木等来替代橡胶、皮革。对代用品充满热情、兴趣。这正是以技术为中心,对功能的挑战。"超出代用品的作用，冲破材料、技术的限制和束缚，才有可能实践"功能主义"（032）、"技术至上主义"的设计方法论。追求达到极限的"效率性"、"功能性"，因此驱逐了习惯、传统的因素，合理化过程更彻底。所谓"代用品"与其词义的印象相反，尽管是在战争的背景下，作为技术（029）的乌托邦表现，实践了现代设计的多种实验。

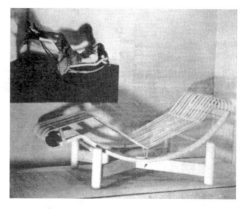

贝里安设计的 竹制睡椅 1941年[1]

在建筑领域，钢铁（010）、混凝土（028）等主要建筑材料紧缺，于是尝试以木造表现现代建筑。通信部建造了一系列的木造办公建筑。前川国男（064）1938年设计的秋田日满技术培养所，丹下健三（057）在前川事务所1941年承担设计的岸纪念体育会馆等，超出传统的木结构建筑做法，尝试摸索新的表现，被称为"新兴木结构建筑"。还导入了使用特殊金属件的木造大架构空间等技术。这些作品具有"清贫的美学"（041）的特性，与"代用品"的理念相同，成为现代建筑表现的一个方向。

合成树脂的板面与硬化材料旋转板制成的厨房用旋转椅[2]

岸纪念体育会馆　前川国男建筑事务所　丹下健三　设计　1941年[3]

探索日本传统与西欧现代化结合这一课题的同时，起到了将战争体制下的现代建筑理念在战后继续展开下去的作用。

■参考文献　柏木博『近代日本の産業デザイン思想』晶文社、1979年/柏木博『日用品のデザイン思想』晶文社、1984年/日本インテリアデザイナー協会編『日本の生活デザイン-20世紀のモダニズムを探る』建築資料研究社、1999年/「特集：木造モダニズム1930s-50s　素材を転換させた日本の発想」、『SD』2000年9月号、鹿島出版会

055 要塞建筑

Fortress

被封闭的另一种"功能主义"

当看到轻盈的白色箱体形态建筑，沿着水平连续的窗面，开放的空间特性等，会使人联想起"功能主义"（032）建筑。在建造起这一特征的同一时代，以第二次世界大战为背景，出现了与这一印象完全对立，称为"混凝土块"的另一种"功能主义"建筑，即"要塞建筑"。

要塞建筑是以取得战争胜利为目的，经过彻底思考而设计出的建筑。从进行战争的角度看，"要塞建筑"是"功能主义"的杰作。

全力并有组织地进行这种"要塞"建筑形式的势力是纳粹德国，其建造的"要塞"建筑主要有3大类。

1）第二次世界大战以前，在1938～1940年期间，纳粹德国作为保卫国土战争体制，而在领土西侧国境线建造的"要塞群"，称为"西库弗里特防线"。

2）第二次世界大战之中，在1940～1945年期间，纳粹德国在所占领的地区与大西洋之间的所谓"新国境线"沿岸部建造的"大西洋要塞群"，称为"新西部要塞"。

3）第二次世界大战之中，在1942～1944年期间，在柏林、汉堡、维也纳这3个主要城市中，建造的"城市防空用要塞群"。

德国西部的"西库弗里特防线"是沿着荷兰、比利时、卢森堡、法国等，约630km的国境线所设置的要塞建筑，构成完全标准化、规格化的碉堡为主的防卫线。按规模、形态、使用兵力数量、武器装备的观点，导入标准的基本要塞类型。按照壁厚、顶厚的不同，按其防御功能的差异而细分化、规格化。总计约1万5千个碉堡散在配置，形成分散的防御网体系。

称为"新西部要塞"的"大西洋要塞群"北从挪威，南至法国、西班牙的国境线，约2700km海岸线的700多处，设置的1万4千个碉堡。按照所配置重武器的射程距离设置，形成连锁的防御网体系。

按照各"要塞"设施的规模与功能单一的碉堡群组合，根据标准的设计方案进行建造。例如，中等规模的阵地"要塞"设施，指定要配套设置"炮击指挥所1、主炮碉堡4、带无盖主炮台的碉堡4、带无盖副炮台的碉堡2、兵员宿舍用碉堡4、军事物资库碉堡4、对空炮碉堡2、投光器碉堡1、观测用碉堡1"。

这些构成"要塞"设施的各个碉堡，备有各自的标准类型。

这里可以见到"功能主义"所忌讳的相反造型，但都是明确的功能要求所产生出的形态，见不到任何无用的部分。例如，形态巨大令人联想起表现主义（023）的

散纳扎鲁要塞炮击指挥所[1]

散纳扎鲁要塞近郊的房屋型拟态的主炮碉堡[2]

拉劳歇尔近郊来岛海岸留存的碉堡群[3]

炮击指挥部，实际上具有被击中时受损面积最小，并且可以把炮弹反弹出去的造型。另外，形似住宅山墙的主炮掩体不能算作装饰要素，它可以在敌人的攻击中掩护军事设施。即在所有造型的部分，都要有伪装的功能。即与"功能主义"不同的观点。根据必要，给予明确的功能性。

"城市型要塞群"的代表性建筑有奥地利首都维也纳市内，在旧市街中心区建造的"城市防空用要塞群"。为有效对空炮击，建造成能观测到市街区情况的要塞。呈正方形的要塞中，配置4门重型火炮，呈圆形要塞中，配置8门中型火炮，观测、炮击指挥、投光用的2种功能碉堡要塞，分为饼状的3组，合计6个塔状碉堡要塞，在空袭时，起着维也纳居民隐蔽壕的作用。但是，"城市防空用要塞群"这样的异样造型威严耸立在市街的中心区，对市民来说，有一种视觉上的控制与被控制的压制作用。

从与"现代建筑运动"完全不同的立场出发，"要塞建筑"以异样的形态追求"功能主义"。

这样，通过"要塞建筑"的特殊性，以后从后现代（087）等的观点提出了问题。即，要由此提出问题，从而去除"功能主义"建筑的片面性的部分。

维也纳市区耸立的"防空要塞"[4]

■**参考文献** 八束はじめ・小山明『未完の帝国：ナチス・ドイツの建築』福武書店、1991年／「特集：ナチス・ドイツのウィーン要塞」、『SD』1986年2月号、鹿島出版会／大西洋要塞の要塞陣地で繰り広げられた戦闘の様相については、スティーブン・スピルバーグ監督の映画「プライベート・ライアン」（1998年）がリアルに描き出している。

加利福尼亚式

056　California Style

第二次世界大战后追求民主社会单核心家庭生活形式，及其所憧憬的"现代居室"形象

　　"加利福尼亚式"是第二次世界大战之后，追求社会新生活形式，所建造的一系列住宅的名称。

　　起主要作用的活动家是《艺术与建筑》杂志的主持者约翰·恩德萨发起的以"可行性研究住宅"所命名、建造的独立住宅群。

　　"加利福尼亚式住宅"适用"现代建筑"的造型原理（032、038、048、049），重视户外生活等，积极对应加利福尼亚的风土，积极考虑单核心家庭单位住宅（021、040）的工业化生产为特征。

　　除了这些之外，"加利福尼亚式住宅"基本上是朴素、禁欲特性的同时，又有"花花公子建筑"的称号。形成富有的、官能的空间。并且，有典型的民主主义生活形式的"现代居室"，所以成为人们憧憬的空间形式。代表作品有查尔斯和蕾·伊默斯夫妇设计的自宅（"CHS♯8" 1949年）、克雷格·埃尔伍德设计的"CSH♯16"（1953年）、皮埃尔·科恩格设计的"CSH♯22"（1960年）等。

　　"加利福尼亚式住宅"这种结晶化建筑并非突然间出现的，在美国约经历了半个世纪的追求摸索过程，才产生出这种固有住宅的形式。

　　19世纪后期，创造性的"殖民地建筑式样"（004）与"轻型木框架结构"（009）结合式的住宅建设普及到美国全国。在此背景下，20世纪初在芝加哥活动的弗兰克·劳埃德·赖特以美国中西部宽广的大草原地形为背景，设计了称为"草原住宅"的独特形式的建筑，1909年的"罗比住宅"成为其顶点作品。其特点是房间到房间的流动性，没有明确的间隔，可以连续相互贯入。明快地表现内部功能的造型作为其特征。

罗比住宅　赖特　1909年[1]

1910年德语版作品集介绍了赖特的这些活动和尝试，也为欧洲所知。对赖特成为在旧大陆的欧洲无以伦比的建筑师产生了极大影响。为此，有许多建筑师奔向新大陆，去学习赖特的建筑形式。

另外，在太平洋沿岸的洛杉矶，格林兄弟也展示了适合固有风土的独特形式的住宅建筑。重新解释"外廊建筑（Bungalow）形式"，引导出了以刚布鲁住宅（1908年）为首，凉台以及带顶阳台等，适应西海岸气候，积极享受户外生活的建筑结构，设计出了新颖的建筑造型。

在赖特周围学习的欧洲建筑师中，鲁道夫·辛德勒与理查德·努特拉两人离开赖特后，各自在洛杉矶开始了设计活动。通过这两位奥地利建筑师的活动，欧洲现代建筑运动所追求的国际性与加利福尼亚固有的自然环境所生成的地域性结合，又融入赖特的流动性空间结构形式，而形成了称为"加利福尼亚现代式"的独特的现代住宅形式。

也可以考虑赖特与格林兄弟的作品中有日本的影响，也可以说是受整个世界影响所培育出的建筑形式。其代表作有辛德勒设计的陆埃鲁沙滩住宅（1926年）、努特拉设计的陆埃鲁住宅（1927年）。

经过这样的过程，辛德勒与努特拉的学生，以及学生的学生等，许多建筑师的世代努力，"加利福尼亚式住宅"到第二次世界大战之后，迎来了繁荣的鼎盛期，体现民主主义，对应单核心家庭生活形式的"现代居室"（108）以应有的姿态展现出来，对日本及世界产生巨大影响。

CSH#22　科恩格　1960年[4]

陆埃鲁住宅　努特拉　1927年[2]

CHS#8　伊默斯夫妇　1949年[3]

■参考文献　岸和郎・植田実『ケース・スタディ・ハウス』住まいの図書館出版局、1997年/Elizabeth Smith, Peter Goessel, ed.,"Case Study Houses", Taschen, 2002/Esther McCoy,"Case Study Houses：1945-1962", Hennessey & Ingalls, 1977 (2nd edition) /Esther McCoy,"Five California Architects", Hennessey & Ingalls, 1975 (2nd edition)

057 传统论争
Controversy Concerning Tradition
针对意识形态问题被推迟的答案

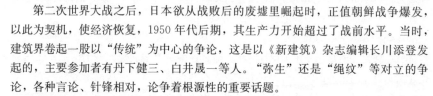

第二次世界大战之后，日本欲从战败后的废墟里崛起时，正值朝鲜战争爆发，以此为契机，使经济恢复，1950年代后期，其生产力开始超过了战前水平。当时，建筑界卷起一股以"传统"为中心的争论，这是以《新建筑》杂志编辑长川添登发起的，主要参加者有丹下健三、白井晟一等人。"弥生"还是"绳纹"等对立的争论，各种言论、针锋相对，论争着根源性的重要话题。

学习吸收外来文化后，不是将其作为异物或借来之物，而是如何消化吸收成为自己的成分，如何将其上升为能够反映本国意识形态的建筑形式（008，027），这必然成为不可回避的问题。1910年代、1930年代都曾经在日本建筑界出现过这样的局面。1910年，帝国议会，现在的国会议事堂建设之时，曾有人提出"我国将来的建筑形态会是如何"。1931年，围绕建造东京帝室博物馆，现在的东京国立博物馆的设计方案比赛时，也曾有人提出此类问题。都是围绕"帝冠（合一）样式"（047）这一造型上的"日、洋结合"问题要求回答。然而未曾最终解决。

参加东京帝室博物馆设计方案比赛的前川国男说："胜则为王，败则为寇。"其当时尚处在学习现代主义的初级阶段，最终还是失败。

第二次世界大战之前，日本的现代主义建筑学习阶段结束，当时海外的现代主义建筑已呈现出极限，日本国内民主主义运动高涨，对盲目信奉"功能主义"（032）出现怀疑，随着苏联（现在的俄国）的动向，社会主义美学（013、051）抬头，日本出现"有必要按照民众标准"的呼声开始高涨。并且，现代主义与日本传统手法相结合，称为"新日本风格"的住宅流行。随着住宅建设风潮而商品化的现代主义住宅登场，同时，海外开始对日本建筑注目，这种流行的背后依然有传统的因素存在。在第二次世界大战之后，这一传统的问题再次被提起。

《新建筑》杂志编辑长川添登一下子把丹下健三推到了建筑运动的中心位置，丹下在《新建筑》杂志发表"美丽的事物才有功能性"文章，以巧妙的手法提出了"功能主义"的问题。其实际作品——广岛和平中心（1955年）中，将架空支柱式建筑解释为"社会空间"，将建筑装置集中的"核心体系"诠注为"空间的无限定性"。"通用空间"（048）的原型已经存在于日本建筑传统之中。川添也以岩田知夫的笔名发表论文，对丹下的这些新鲜表述全面支持。

1958年，丹下健三的香川县政府办公楼设计把日本"木结构的美学"应用到钢筋混凝土的框架结构中。二战前，吉田铁郎在东京中央邮局（1933年）、大阪中央邮局（1939年）设计酝酿中，曾苦苦摸索使用钢筋混凝土的日本造型，吉田始终拘泥于适合结构形式的合理表现（001）。吉田认为丹下的手法是简单的"违规招数"。

然而，丹下健三则认为：以钢筋混凝土根据木造结构建筑端庄的姿态，以日本传统的美表现了弥生文化（译者注：弥生文化指传入日本的文化。日本弥生地方的古坟曾发现中国的泊来物）。丹下设计的香川县政府办公楼成为日本各地公共建筑，特别是市政厅建筑表现的雏形，出现了许多模仿物。

而另一方则攻击认为：丹下健三的结构与表现方法非合理性、矛盾。围绕着"传统"，从建筑造型到建筑师职责的问题激烈争论。

川添登在1957年辞去《新建筑》杂志的职务，再次准备发起新陈代谢的新运动，丹下健三的目光也转向新的方向，表明了对日本式潮流的担心。白井晟一以及冈本太郎等人提出超越"弥生"的内容，汲取日本民族的原始生命力的另一种传统美——"绳纹"的内容，丹下对此产生共鸣态度，对一直提倡的"弥生"传统表现进行了轻率的否定。同时，自身转为结构表现主义者（047）。以后，1964年丹下健三设计了"国立室内田径场"，正是勒·柯布西耶完成朗香教堂（1955年），埃罗·沙里宁的肯尼迪航空港的TWA候机楼（1962年），琼·伍重的悉尼歌剧院（1973年）等建筑设计相继介绍到日本的时代。

经过围绕"传统"的论争，丹下健三确立了自己"世界知名"地位。而白井确立了自己的作家地位。但事态却依然没有结果，等待以后的再次爆发。

广岛比斯中心　丹下健三　1955年[1]

香川县政府大楼　丹下健三　1958年[2]

朗香教堂　勒·柯布西耶　1955年[3]

■**参考文献**　布野修司「第3章　近代化という記号」、『戦後建築論ノート』（相模選書）相模書房、1981年/ 宮脇檀＋コンペイトウ『現代建築用語録』彰国社、1970年/近江栄『日本の独自性の模索・喪失・回復』、『新建築臨時増刊：日本近代建築史再考』新建築社、1974年

058 模　数

Module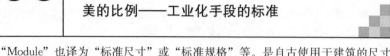

美的比例——工业化手段的标准

　　"Module"也译为"标准尺寸"或"标准规格"等。是自古使用于建筑的尺寸调整单位体系。

　　"模数"多设定为一定的数值或数的系列。我们身边的例子有榻榻米的"尺贯法"体系，这便是"模数"的一种。

　　西欧古典"样式建筑"中的"模数"在维特鲁威的《建筑十书》中，称为"modulus"。是保障建筑形式美的创造原理基础。即，美的比例标准。

　　在20世纪的建筑中，特别是第一次世界大战之后，过去潜在的"模数"的另一个侧面，以更为强调的形态被利用起来。

　　当时，欧洲各国因为战祸而住宅不足，在这种背景下，探求建筑生产的合理化。例如，在德国，出现了沃尔特·格罗皮乌斯的钢结构组合构筑法，称为"干式预制装配建造法"（040）的组合建筑方法等建造的住宅。在美国，巴克明斯特·富勒构想出了划时代的、可大量生产的组合式集合住宅（1927年）。用硬铝合金支柱（duralumin 铝中加铜、镁、锰、硅等成分，重量轻，强度大），以合金钢缆吊挂地板形式的住宅。

　　世界的建筑师的视线转向了建筑生产的合理化方式。

　　在这样的潮流中，"模数"的作用产生着决定性变化。工厂生产出的建筑材料在现场组装就可以完成工程。这就必然要求使用材料的尺寸规格化、标准化（021）。这样，形式美的比例标准，即"模数"成为支持工业化生产理论的标准尺度。

　　"模数"由美的比例标准，发展成为工业化的手段。并真正尝试将美的比例标准与工业化手段结合的是1950年代的勒·柯布西耶。

　　勒·柯布西耶将二战中在数学家协助下研究出的"Le Modulor（系数）"，与"黄金比（Section d'or）"的概念结合而生出了"Module（模数）"的新词语。

　　法国大革命以后，欧洲大陆的"尺寸体系"主要是"米"，但另外一种"英尺"在社会中依旧被广泛使用。

　　这种情况很不方便，为改变这种现象，柯布西耶宣传相互可以调整的世界通用的"模数"，使建筑师可以更容易地交流。

　　"模数"以人体尺寸为标准，基于等比数列使各种人体尺寸数值系统化，备有红

"模数"[1]

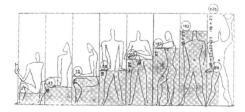

人体尺寸与"模数"[2]

数、蓝数两套系列，网罗了建筑部分和整个体系，几乎可以立即算出的体系。当然每个尺寸都是黄金比。即"希腊时代以来，神秘地保障美的数值关系"。可以得到部分与整体的调和。

"模数"以上述的两点为特征，作为建筑设计的尺度是十分方便的工具，并具有合理的理论体系。

柯布西耶首次全面使用・"模数"是在马赛公寓大楼（1952年）。此后，各种场合以及建筑项目中都表明其有效性。作为方便的、美与合理的新尺度为全世界的建筑师所喜爱。并且，按照"模数"体系设计方法论的"通用模数"（简称"MC"）引起全世界的高度关注。

在日本也出现了池边阳的《通用模数》等，随着二战后大量提供住宅的建筑工业化生产要求，建筑师们对"模数"、"MC（通用模数）"的方法论热衷起来。

但是，"MC""模数"并没有满足发明者的意愿，没能够统一世界，也没有其他的世界标准尺度确立起来。其要因是因为"模数"体系的黄金比包含着无理数，又产生复杂数列的情况，工程现场难以方便使用。

也许是柯布西耶独创的美学工具，同时是发明家个人固有理念的产物，万人使用的理念不足。虽然合理，却没有美学的手段，或是有效的创造工具的理念不足所致。

马赛公寓大楼　柯布西耶　1952年[3]

■参考文献　ル・コルビュジエ、吉阪隆正訳『モデュロールⅠ』『モデュロールⅡ』（SD選書）鹿島出版会、1976年/濱嵜良実「モデュロール」、『建築文化』2001年2月号、彰国社/難波和彦『戦後モダニズム建築の極北-池辺陽試論』彰国社、1998年

059 幕　墙
Curtain wall

顶极的外皮与骨架——现代建筑的分水岭

　　从砌体结构到钢架结构（010）或钢筋混凝土的框架结构（028）的变换，从 19 世纪末到 20 世纪初所出现的结构形式划时期的转换的同时，化解了以往的壁体作为"建筑荷重的支撑"作用，改为由柱、梁支撑。经过勒·柯布西耶的"多米诺体系"（1914 年）想法中所表现的那样"悬挑式"（039），墙壁从结构体的理念上完全分离，如同"现代建筑五原则"（038）所提倡的那样，成为"自由的立面"。

　　而"幕墙"则是非耐力壁，即非结构体的"隔断"作用的壁体总称。因此，埋入结构体间隙的砖块、构造块、玻璃以及可动式间隔等都称作"幕墙"。但一般"幕墙"是指建筑体突出到外侧的形态，会认为是门窗框架、门边立木、门窗梃条等支撑组装着的轻捷的屏面，或是建筑物整体外包着的薄层表现。即，外皮与骨架（柱、梁这样的结构体）明确分节的体系状态（形象）。

　　"幕墙"出现的初期，仅限于部分使用的事例，有沃尔特·格罗皮乌斯与阿道夫·迈耶的法古斯鞋楦厂（1911 年）等。

　　1950 年代，路德维希·密斯·凡·德·罗（036）到美国后，以芝加哥为据点开展设计活动，其看到当地 SOM 设计组以驱除了摩天大楼的强势，设计了崭新的典型形态的办公大楼。其所展示的"幕墙"，以特有的鲜明的印象烙印在人们脑海里。

　　"幕墙"构想的潜在可能性，最早以明确的形态提示出来的是密斯。在 1921 年，福鲁特里希街的办公楼设计竞赛方案中，密斯以玻璃的透明外层、组叠积层的地面、玻璃包裹着的越层平面等设计方法表达了一切。在这里可以看到表现主义（023）的形象。虽然外皮与骨架的形象早已经明确地提示出来了，但经过 30 多年之后，才在美国实现。具体实现密斯过去构想的是 SOM 设计组。

　　密斯设计的芝加哥湖滨路公寓（1951 年），密斯与菲利普·约翰逊合作设计的西格拉姆大楼（1958 年）可以说其极具古典主义风格，散发出古

福鲁特里希街的办公楼设计竞赛提案
密斯·凡·德·罗　1921年[1]

典主义美学的浓重气息。SOM 设计组设计的"浮于空中的住宅（Lever House）"（1952 年）正是密斯的构想，即钢和玻璃的"幕墙"立面，作为办公楼形态，这是最初的事例，成为 20 世纪办公楼的形态特征为人们所模仿。

"利华大厦" SOM设计组 1952年3)　　芝加哥湖滨路公寓 密斯·凡·德·罗（1951年）2)

以此为 20 世纪的分水岭，"利华大厦"（1952 年）不仅有端庄的形态、体积的绝妙操作与分节，还以基架式对街道开放，这些都是使用现代建筑语言创造的艺术作品，并且是出色的公共建筑。但这以后，后继者们继承了这一方式，却无法控制从骨架分离的完全

西格拉姆大楼　密斯·凡·德·罗、菲利普·约翰逊　1958年5)　　西格拉姆大楼角部仰视4)

自由的外层，引发了形体化的玻璃箱体的大量建造。即，冷漠的"利华大厦（Lever House）"（1952 年）大量出现。

正在这时，波士顿的后现代主义模糊显现出来。

■参考文献　ケネス・フテンプトン、中村敏男訳「第Ⅱ部第26章　ミース・ファン・デル・ローエと技術の記念性」、『現代建築史』青土社、2003年/黒沢隆「シカゴ派の再来」、『近代・時代のなかの住居』リクルート出版、1990年/近江栄ほか「Ⅲ世界現代　第1章1. 高層化と複合化」、『近代建築史概説』彰国社、1978年/大川三雄ほか「アメリカのオフィスビル」、『図説　近代建築の系譜』彰国社、1997年

思潮·构想　原型·手法　技术·构法　生活·美学

060 摩天大楼
Skyscraper
改变城市空间　寡言抽象的量块——塔楼

1938年，路德维希·密斯·凡·德·罗逃出纳粹（047）政权统治下的德国，来到美国，1950年代末，以纽约西格拉姆大楼（1958）开始，连续设计了一系列的大规模高楼大厦，芝加哥的联邦中心大厦（1964）、多伦多的多米尼奥中心（1969）等，将巨大的立方体从前面道路开始配置到后部。建筑与道路之间的空地作为城市广场，以开放展开的手法设计。

1930年代摩天大楼展现在城市的天际线，受区域法的限制，建筑物顶部必须后移，于是顶冠部分竞相施以装饰艺术派（036）的修饰，以使外观差异化。另外，为了最大限度利用容积率，低层部分建在街区整个部分，高层部分置于其中央部分，于是成为这样的形式。

但是，密斯不采取这种街区型摩天大楼的结构，而是在前面设置一大块空地，以避开区域法规定的建筑物顶部必须后移的限制，将楼体建筑还原为单纯的立方体形状，这是与象征着庞大商业资本的摩天大楼所根本的差异。给予了高层大楼以抽象的"塔状"这一新的形态，并且，以立面来分节，钢与玻璃的巨大壁面围绕的开放空间（070）在城市内诞生了。

"少即是多"（041）的美学诞生出了前所未有的城市空间，作为市区设计的新手法确立下来。

随着高层化，楼梯、电梯等垂直动线部分所占的比例增大，产生出了整体面积对室内面积比例的界限。高层建筑固有的功能问题呈现出来，为此，设备中心与服务空间分离，导入了设备中心用耐力壁的新结构体系的想法。根据这种想法，办公室部分以大开间的室内的空间（086），没有柱子等遮挡，即可以形成"通用空间"（048）的房间。外围壁面以格子状的法国温格大楼（1965年）、以斜格子作外周部分去除柱子的比库公园IBM大楼（1965年）等，以耐力壁形式的高层建筑逐渐地建造起来。

1970年代，追求更为多样的结构技术与表现，出现

多伦多的多米尼奥中心　密斯·凡·德·罗设计　1969年[1]

了采用以X型的大框架为外部结构的温哥华中心（1970年）、9个不同高度的细型塔状般外观结构的西尔斯大厦（1974年）等，SOM的一系列作品成为这一时期高层建筑技术发展的象征。

在这一潮流顶点的是山崎实设计的世界贸易中心（1976年），耐力壁结构裹覆着外围壁，以蓝天大厅体系等垂直移动的运送体系，实现了新的设计想法。

世界贸易中心　山崎实设计
1976年[3]

约翰·汉克中心　SOM设计
1970年[2]

日本在1960年代末，山下寿郎与结构技术人员的武藤清设计了霞关大楼（1968），揭开了高层建筑的抗震设计道路。通过缓解对高度的法规限制，柔和结构理论的构造解析手法的转换等，使多地震的日本也出现了塔状的摩天大楼。

1960年代以后开发的高层建筑遵守1950年代密斯确立的规范，只是在其基本形态的基础上技术有所发展。密斯给城市带来的广场空间，以后也以各种构思表现出来。底层部分的四隅开放，巨大的基架式空间作为公共广场的城市中心（1977年）等，作为摩天大楼与城市的接点，构成广场空间的手法日益多样化。但巨大而抽象的摩天大楼矗立在城市，改变城市空间的事态依然如故。

1930年代的摩天大楼曾反映着城市的欲望以及未来的梦想。以后事态发生了巨大的变化，1950年代为起点出现的现代城市形象，以设置在那里的摩天大楼的寡言默默抽象形态为特征，使城市原有的生机勃勃的生活空间丧失殆尽。从这一危机感产生出对舒适优雅（091）的关注不断增大。巨大的门庭及广场内部化的高层建筑诞生，新的城市空间的应有形态被重新摸索。

■参考文献　小林克弘『ニューヨーク-摩天楼都市の建築を辿る』（建築巡礼）丸善、1999年/八束はじめ『ミースという神話-ユニヴァーサル・スペースの起源』彰国社、2001年/渡辺邦夫・新穂工『「より高く」から「より快適に」へ』、『新建築』1997年7月号

061 新卫星城市

New Town

现代城市理念产生的应有的生活环境

新卫星城市指规划建造的城市。其起源可以追溯到埃比尼泽·霍华德的《明日的花园城市》(1898年)(016)的提议。这是在第二次世界大战之后，要控制城市无秩序扩大的意图下，向城市近郊开发新生活环境（城市建设）的总称。

第二次世界大战之前，国际上就有广泛的田园都市建造传统，以后"CIAM（国际现代建筑协会）"第4次会议发表的《雅典宪章》(046、053) 所代表的"现代城市"规划的思想为基础，以优雅的自然环境围绕的健康生活环境为目标，从1950年前后新卫星城市开始规划、建设的。

新卫星城市大致分类为：居住、生产、消费、教育等具有综合功能的"独立型"。

居住功能特别化，生产及消费等功能依赖母城市（近郊的大城市）的"附属卫星城市型"。

然后是居于两者之间的"近郊卫星型"。

在卫星城市的发源地——英国，其表现为"独立型"。其他国家为"近郊型"或"近郊卫星型"的规划倾向。

尽管规划了"独立型"，但生产、消费及文化等方面，母城市的影响力不可避免。为此，新卫星城市的真正价值，是职业、居住分离的现代生活形式中，提供作为私生活场所的专用居住的理想用地，即广泛实现威廉姆斯·莫里斯在"红房子"(1860年)所表示的现代生活的理想（014），住居、工作、休闲、交通作为主架的现代规划理念。描绘了"住居"部分的梦想。

规划新卫星城市时，设定社区单位，对应各种家庭形态，再是以日用品店、邮局等公众日常必须的公共设施的设置方法等作为课题。

关于社区单位，一直应用1924年美国城市规划设计家克拉雷斯·阿萨·佩里提出的"小学校区为单位基准的邻里单位理论"。另外，也使用把住户分组的"集合住宅"(051) 形式。

关于对应家庭形态，设置低层、中层、高层等不同的住宅楼栋形式，准备各种各样的住户空间，以进行对应。

对于住宅以外的必要设施的设置，产生出"想定日常生活相关的生活圈，按照日常生活的必需程度，设置公共设施的方法"。

具备上述这些特征，初期建造的"独立型"卫星城市的代表事例有英国伦敦近郊的哈鲁卫星城（主规划者：弗兰德里克·吉伯德；规划人口：8万；1947～1960年）。

作为卫星城市型规划的事例有芬兰赫尔辛基近郊的塔比奥拉花园城市（主规划者：阿斯特·萨特住宅供给财团；规划人口：1.6万；1952～1962年）。

作为附属卫星城市型规划的事例有荷兰鹿特丹近郊的本特莱希特卫星城（主规划者：劳特·斯达姆；规划人口：2万；1949～1953年），等等。

1960年代初期，接受"十次小组"（063）等对现代城市规划的批判，新规划的卫星城追求步行道与机动车道分离，因商业设施及业务设施，市中心区域高密度化、高复合化而追求都市性等所希望的生活环境，对卫星城市规划设计提出进一步的要求。

在日本，受到先驱实例的刺激与影响，1960年代初期，不仅建造公共住宅供应区，卫星城的建造也开始了。1970年代初期东京、名古屋、大阪3大城市近郊出现了卫星城市。

1962年开始入住的大阪千里卫星城（主规划者：大阪府；规划人口：15万）。1968年开始入住的名古屋高藏寺卫星城（主规划者：日本住宅公团；规划人口：1万）。1971年开始入住的东京多摩卫星城（主规划者：东京都、日本住宅公团；规划人口：30万）。

这样大城市郊外描绘梦想的居住环境的实际成果在世界规模出现了。但是，不论如何设计由规划设计建造的生活环境与历史地自然地产生出的生活环境相比，依然显得单调无聊，不断成为批判的对象（072、085）。

英国伦敦近郊的哈鲁卫星城　1947～1960年[1)]

芬兰赫尔辛基近郊的塔比奥拉花园城市 1952～1962年[2)]

荷兰鹿特丹近郊的本特莱希特卫星城 1949～1953年[3)]

■参考文献　イアン・コフォン＋ピーター・フォーセット、湯川利和監訳『ハウジング・デザイン—理論と実践』鹿島出版会、1994年/フレッデリック・ギバート、高瀬忠重・高橋洋二・日端康雄ほか訳『タウン・デザイン』鹿島出版会、1976年/レオナルド・ベネーデォロ、佐野敬彦・林寛治訳『図説　都市の世界史（4．近代）』相模書房、1983年/彰国社編『都市空間の計画技法』彰国社、1974年/黒沢隆『集合住宅原論の試み』鹿島出版会、1998年

062 2DK

2DK（2卧室＋客厅＋厨房）

国家所描绘的中产阶级的梦

第二次世界大战后，日本进行复兴事业，最初，以恢复基干产业为重点。进入1950年代后，基干产业为重点的恢复告一段落，终于将重点放在住宅政策方面。战争灾害使3百万户人家失去住宅，作为战后社会的实际情况，解决住宅难的问题成为必须面对的现实课题。

为解决生活场所的建筑物最低限度的性能标准，1950年日本制定了《建筑基本法》与《建筑师法》。同时，1950年还制定了《住宅金融公库法》、1951年制定了《公营住宅法》、1955年制定了《日本住宅公团法》。日本决定住宅供应方向性的制度体系逐渐建立起来，即，这3部法律对应各阶层的需要。《公营住宅法》作为福利政策的一环，以低所得者阶层为对象，进行住宅供应；《日本住宅公团法》主要对城市的中产阶级为对象，供应租赁用住宅；《住宅金融公库法》主要针对中产阶层的富裕阶层为对象，促进住宅的建设。

这其中，《日本住宅公团法》对日本战后社会的生活形态，以及住居格式的思维产生了重大影响。国家描绘了国民生活的形态及国民住宅的形象也映射在其中。针对中产阶级而在城市近郊大规模开发建设的公团住宅区，即所谓的"团地"，以及在其中居住的居民，被称为"团地族"，成为人们羡慕的对象。

这样，按照1955年《日本住宅公团法》同年成立的日本住宅公团（现在的都市基础整备公团），按照政策上的住户目标数与有限的预算范围内的夹缝间扎挣，找到了标准家庭结构"父母＋1～2名孩子"的"标准设计方式"的活路。并且，追求宪法规定的"健康、文化生活"的最小限度住宅（045）的尺度。

其结果，产生"2DK"的住户形式。即两间卧室（日式房间）与间隔开的"DK（客厅Dining room、厨房Kitchen）"公用空间。

国民住宅形象结晶为"2DK"的住户形式，是战后民主社会标准的生活方式的实现。换言之，即设定了"居住民主化"目标。在战后不久，西山卯三、滨口米好、池边阳、市浦健等就已提出改进居室格局的提议。这一想法得到应用。根据功能主义、合理主义的价值观，重视实用性，例如，对没有实际用途的"入口"空间，认为是封建主义的余孽，进行清除。

为了民主式的生活，作为最低限度的必要条件，提出了3个主题：①食寝分离；②就寝分离；③减轻家务劳动。即就餐、工作房间和睡眠的"私室"分离。确保团

51-C型住宅 东京大学吉武泰水研究室 1951年[1]

4N型住宅 日本住宅公团 1955年[2]

聚的场所，与确保双亲与孩子各自有专用的睡眠场所——"私室"。短缩动线等确保家务作业效率化。"2DK"的住户形式就是基于这些原理，提炼形成的空间。使这3个主题原理确立的重要条件是导入了"客厅、厨房"。

作为典型形式的"2DK"的产生，可以回溯到1951年东京大学的吉武泰水研究室为公营住宅使用提出居住面积10.7坪（1坪约为3.33m^2）的51—C型住宅。住宅公团使用时，采用了扩大了居住面积为13坪（1坪约为3.33m^2）的4N型住宅。4N型住宅的主要特点是具有使用燃气热水器的浴室。使用燃气热水器，以及大门的插锁、冲水厕所、不锈钢炊台、池盆等，积极导入最新的设备及技术，这些"2DK"的特征表现着民主社会生活的印象（056）与气息。"2DK"产生出的原由，主要是促使居民彻底形成"食寝分离"的生活习惯，当时还在客厅、厨房内设置了餐桌。

这作为当时的水准质量已经极高了。也是极有创意的住宅形式，完成了中产阶级梦想的生活之"器"——住宅的"2DK"。现在，一般表述为"nBR＋LDK"（变数n指家庭人数－1），这是战后客厅为中心住宅格局形式普及的出发点。

住宅"团地"的"2DK"生活[3]

为人们所羡慕的生活场所——"团地"印象介绍广告[4]

■参考文献 佐藤滋『集合住宅団地の変遷』鹿島出版会、1989年/日本住宅公団10年史刊行委員会編『日本住宅公団10年史』1965年/青木俊也『再現・昭和30年代―団地2DKの暮らし』河出書房新社、2001年/北川圭子『ダイニング・キッチンはこうして誕生した―女性建築家第一号 浜口ミホが目指したもの』技報堂出版、2002年

063 十次小组

Team X

注重成长与变化的后 CIAM 的基础

"CIAM（国际现代建筑协会）"（046）准备召开第 10 次会议，艾莉森·史密森和彼得·史密森、阿尔多·范·艾克、雅各布·贝伦德·巴克玛、乔治·康迪利斯等人共同工作的小组结成了"十次小组"，并在"CIAM（国际现代建筑协会）"第 11 次会议上，使"CIAM（国际现代建筑协会）"的存在打上了中止符。

根据《雅典宪章》（053）所代表的"CIAM（国际现代建筑协会）"所确立的依据功能性的建筑及城市规划理念及方法，"十次小组"具体提示了超越的目标。

"十次小组"的特色与其说是运动组织，不如说是"松散"特性的团体。以后，史密森夫妇成为"新粗野主义"（064）、范·艾克成为"结构主义"（065）等，保持着多样的方向性，但他们基本上抱有共同的问题意识。

他们着眼于变化与成长过程的这一关键，并且，摸索随着时间的经过，能容许产生生动的变化和成长的"结构"。而这正是"CIAM（国际现代建筑协会）"按照"建筑、城市"所要求的功能，机械对应结构方法所缺乏的。

史密森夫妇尝试能形成对应变化和成长的复合型"结构"。将其比作"树干"（不变的）和"枝叶"（变化的）的关系（结构）。然后，导入"基础设施（基干结构）"这一要素。其代表事例为"柏林道路规划案"（1958 年），在即存的市街区道路网上部，再加设空中步行道路网，形成重合。这是导入使车行、人行分离的第 2 层地面。多层化连接使近邻的建筑群更为方便。这样，"变化的"建筑群与"不变的"空中道路网之间的关系，以明快的结构表现出来。这样的形态在康迪利斯以及巴克玛的作品中也共同存在。

范·艾克进行了与此不同的方法进行尝

阿姆斯特丹东部地区海上扩张规划方案　巴克玛　1965 年　立体交通网与住宅、商店街等复合化的生活功能形态的城市印象图[1)]

试。范·艾克认为：所谓"城市"是个大的家，所谓"家"是个小的城市。例如，以美国的普韦布洛印第安部落等为范例，可以见到由身边居住空间的集聚而发展形成的空间结构。艾克借用、繁衍了这一形式。提出设定基本构成单位，将其集聚而形成整体的方法。通过规定空间构成单位，就可以预期引导出整体结构。

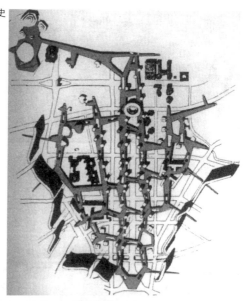

柏林道路规划案 史密森夫妇 1958年 车行、人行分离为框架的多层化空间结构[2]

阿姆斯特丹儿童之家 范·艾克 1955～1960年 正方形的基本构成单位复合形成整体结构[3]

这一整体形象以基本单位的不断积聚而显现出来，所以其中要包含对变化及成长过程的开放线路。

清楚地表现范·艾克构想的是称为"孩童之家"的阿姆斯特丹市孤儿院（1955～1960年）。以正方形为基本构成单位，按其集聚而形成复合的有秩序的整体。

由日本的大高正人、菊竹清训、黑川纪章等响应这一动向，借用生物学的术语"新陈代谢"，提出了"代谢主义"（066）的想法。丹下健三导入"基础设施"作为城市轴线的东京规划 1960年（071），这都是作为对应变化与成长主题的情况。

■参考文献　アリソン&ピーター・スミッソン、岡野真訳『スミッソンの建築論』彰国社、1979年/アリソン&ピーター・スミッソン、大江新訳『スミッソンの都市論』彰国社、1979年/A. スミッソン編、寺田秀夫訳『チーム10の思想』彰国社、1970年/Alison Smithson ed., "Team 10 Meetings", Rizzoli, 1991

新粗野主义

064

New Brutalism

外露美学——通过表现素材使结构原理视觉化

　　Brutalism一词原意是"野兽般的"、"粗暴的"的意思。1950年代后期至1960年代初期,开始尝试将建筑材料的肌理直接在外观上露出,这一造型方法及形态称为"新粗野主义"。

　　"新粗野主义"省去通常使用的外装材料等,将混凝土或砖石累积的壁面等直接表现为外观。

　　1966年,写作了《新粗野主义——是伦理还是美学?》的雷纳尔·班哈姆认为把围绕"新粗野主义"这一用语的争论推上历史舞台的是伦敦的建筑院校AA学校和LCC(伦敦州议会)的建筑部门。班哈姆认为其命名出自埃里克·贡纳·阿斯普朗德的儿子建筑师汉斯·阿斯普朗德。后又通过他的朋友之口在英国建筑界传播开来。

　　以后组织并主导了"十次小组"的艾莉森·史密森与彼得·史密森,对伦敦AA建筑学校与LCC(伦敦郡议会建筑部)这两个机构的活动都有参与,对"新粗野主义"思想的形成起了主导作用。特别是在1949年的设计竞赛中,其设计的"汉斯坦东中学"(1954)获一等奖,这也是其代表作品而广为人知。

　　这一建筑作品是以路德维希·密斯·凡·德·罗(041、048)设计的伊利诺工科大学校舍为样板,以钢结构(010)构成柱、梁主结构,柱间填充砖块(非耐力壁),天棚使用折板。这一切都原样外露,建筑架构形式由不同材料而明确表示出来。洗手间的排水管,给排水、电气设备都直接外露。尽可能地排除建筑师个人的随意性、有意性参与造型的余地。

汉斯坦东中学　艾莉森·史密森与彼得·史密森 1954年[1]

　　班哈姆对"新粗野主义"的由来还指出:与勒·柯布西耶所记述的"自然原状的混凝土"有关联。

　　展开"新粗野主义"手法的建筑师之一,詹姆斯·斯特林从柯布西耶那里接受了强烈影响,从而开始了这一活动。他的初期代表作品有哈姆考

汉斯坦东中学　洗手室管道裸露的洗手盆[2]

蒙的集合住宅（1958）。其中，壁体开口部的表现，显示出受到柯布西耶的嘉潞住宅（1955）影响的浓厚色彩。砖墙壁体及钢筋混凝土卧梁直接表现在外观，明确表示出各个部位的意义与功能。

砖块的使用，表现出参照了英国传统民居。在这里可以见到引用"新粗野主义"的另一侧面，简单朴素的乡土要素（076）特点。班哈姆在著作中指出：LCC的活动中也可以看到这样的传统特点。斯特林以后在莱斯塔大学工学系大楼（1963年）、剑桥大学历史系图书馆（1967）等作品中，通过使用令人联想到温室的玻璃面与砖墙组合，二者对比的结构表现了功能上的分节。

班哈姆还进一步通过举例指出：路易斯·I·康（068）设计的耶鲁大学艺术

莱斯塔大学工学系大楼　斯特林
1963年[4]

哈姆考蒙的集合住宅　斯特林
1958年[3]

剑桥大学历史系图书馆　斯特林　1967年[5]

画廊（1953）、第五工作室设计的巴伦集合住宅（1961年）、前川国男设计的晴海高层住宅楼（1958）、菊竹清训（066）设计的殿谷住宅楼（1956年）等建筑，都有"新粗野主义"手法传播的表现。

所谓"新粗野主义"，不仅仅是材料的直接表现，也含有建筑结构、功能原理通过材料直接露出的造型，视觉表现手法。

如同"十次小组"在城市论中导入了基干结构的概念，超越了"建筑、城市"的境界，与空间分节、阶层化（071）的认识相结合。

■参考文献　アリソン&ピーター・スミッソン、岡野真訳『スミッソンの建築論』彰国社、1979年／ジェームズ・スターリング＋ロバート・マクスウェル、小川守之訳『ジェームズ・スターリング―ブリテイッシュ・モダンを駆け抜けた建築家』鹿島出版会、2000年／Reyner Banham, "The New Brutalism, Ethic or Aesthetic?", Reinhold, 1966

065 结构主义

Structuralism

功能主义引发了向多样性环境的挑战

以"均质"的透明空间为特性（048）的现代建筑与现代城市，带来不亲和的生活环境。十次小组（063）的成员等在1950年代后期开始尝试消除这一问题。

进入1960年代时，"功能主义"（032）从一元化理论中跌落下来，摸索恢复暧昧多意的空间特性的活动，以多种多样的方式开始了。

其中之一是汲取文化人类学成果的"结构主义"。阿尔多·范·艾克作为这一活动的提倡者，赫尔曼·赫茨博格及皮埃特·布洛姆等人以荷兰为中心展开，所以多被称为"荷兰结构主义"。

以往"结构主义"的空间构成方法，从合理的观点出发，在表现某一空间整体形象之后，根据其用途，区分出具有单一功能的各个部分。贯穿着"从整体到部分"的宏观观点。可以总括为：不考虑每个人所具有的不同个性，只进行平均合理的判断。即，强调普遍认为的"同一性"，轻视个别的"差异性"。

对此，"荷兰结构主义"以如何实现个别的"差异性"作为焦点，重视"从部分到整体"的观点。

由此，对应个别的场所（部分）的功能，相互的关联可以在造型、结构体、使用形态、规模等各种水平上建立复合关系。并且，作为其聚集而出现的整体性也是可见的。所以，提倡作为一种体系来实行结构化。

从这一立场出发，"隔障"、"两义的空间"、"界限"、"迷宫的透明性"成为"荷兰结构主义"概念的关键特征。

"两义的空间"是指空间各个部分的特性相关联。在这里，不是无特点的均质性，而是根据状况，使其带有固有特点的领域性，基于所要求的功能，不是为空间明确分节，而是暧昧地重合，并主张使用与此相适用的造型。

所谓"界限"，是实现"荷兰结构主义"而表现的非均质空间特点。为此，借用成为其范例的"北非的原始社区"的名称。由"功能主义"立场显示非合理性（暧昧）。同时，具有有机的组织结构，提供了生动的生活背景环境。换言之，这种环境就是"迷宫的透明性"。

通过这种程序，实际使用空间的用户，超脱了设计者的"困惑"，自由地解读环境，以各种方式和谐地运用空间。即，"荷兰结构主义"最大的目标就是给予多样性的解释。

并且，根据文化人类学发现的"由感性表现来活用组织化的世界"，目的是诱导出引发"具体的科学"的环境。

借用心理学的术语，即"诱发自发的学习欲望"的结构。即，说明了建立引发用户与环境相互作用能力结构的重要性。

具体表现"荷兰结构主义"的目标与可能性的先驱是范·艾克的阿姆斯特丹儿童之家（1955～1960年）。

在这里，通过使基本空间构造体单位增加的方式形成结构化，按照各自的场所，具有必要和多义的复合特性的各种各样质的空间，给"迷宫"带来了透明性"。

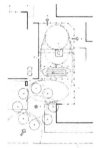

阿姆斯特丹儿童之家 平面图 范·艾克 1955～1960年 根据场所给予不同的空间特性[1]

另外，赫茨博格设计的阿珀尔多伦的中央保险大厦（1967～1972年）也是使基本空间构造体单位立体增加的方式，形成整体的结构化。通过有规则设定的竖井空间，上下层视野相通，可以解读立体的关系性。

只追求效率性的事务环境中加进了优雅的生活感觉，该设计被评价为：办公区域景观的先例。

阿珀尔多伦中央保险大厦 海尔茨伯格 1967～1972年[2]

由布洛姆设计的鹿特丹的树状住居（1978～1984年）地上部分作为公用空间开放，树干样的构造体作为楼梯室。在树干样构造体的上部，立体住宅挂在树枝状部分，是作为增殖的单位。干线道路建造在大规模步行道的上部，横跨旧街区与重新开发的旧港口地区。为此，机动车道、步行通道、住宅这3种不同功能在重层化的同时，恢复了被干线道路分断的城市的连续性。

树状住居 布洛姆 1978～1984年[3]

■**参考文献** ヘルマン・ヘルツベルハー、森島清太訳『都市と建築のパブリックスペース』鹿島出版会、1995年／アルヌルフ・レーヒンガー「オテンダ構造主義：現代建築への貢献」、『a+u』1977年3月号、エー・アンド・ユー／Wim J. van Heuvel, "Structuralism in Dutch Architecture", Uitgeverij 010, 1992／クロード・レヴィ＝ストロース、大橋保夫訳『野生の思考』みすず書房、1976年

066 代谢主义

Metabolism

由技术装备的城市——变化成长的建筑

1960年在日本召开了"世界设计会议",这次会议成为"代谢主义"思想产生的直接机会。这次会议的组织委员会中,丹下健三的得力助手浅田孝作为事务局长,菊竹清训、大高正人、桢文彦、黑川纪章,以及辞去《新建筑》杂志编辑长的川添登等人参加。

这些成员在会议上共同总结了对建筑、城市的新构想,编成了以《METABO-LISM(代谢主义)1960——对城市的提议》为题的小册子。其中,包含菊竹清训的"塔状城市"、"海上城市";大高正人与桢文彦共同的项目"新宿大楼建筑再开发项目";黑川纪章"农村城市"等城市开发项目。表现了未来主义(017)技术(029)印象浓重的城市建设设想。

"代谢主义"的"代谢"原是生物学术语,如同有机体的细胞经常产生变化再生,城市构成要素也必须具备更新的可变性。"代谢主义"将变化、成长时间轴上的思考纳入城市,并进一步像"可变的"和"不可变的"所表达的那样,把握、认识建筑与城市"可变的要素"和"固定的要素"的阶层化。批判了由"CIAM(国际现代建筑协会)"(046)等组织格式化的现代城市,以及抽象化的静态的城市构造,带来了建筑、城市理论的巨大转变。

但参加的建筑师各自都有自己的城市印象,绝非岩石般团结一致,与当初的志向有所差异。

二战时期,菊竹清训从事的木造建筑的增建、改建,由此而得到"改换"的理论,引导出了"代谢主义"想法的产生。

"柱"给空间以场所,"地板"规定空间。如同这句"箴言"所表示的那样,其理论是以希求空间原型性的古代信仰为背景的。

黑川纪章在"代谢主义"一词所联想的生物印象中,最直接的作为都市形态进行形象化设计,并进一步提示展开了"胶囊理论"这样的装置性、工具性的理论。

大高正人、桢文彦比空想的城市形态更重视现实的城市形象。提倡"群体造型"理论,探讨建筑的集聚形式。特别是高大的造型,通过灌注混凝土,导入大规模的人工地盘,具有使人联想"新粗野主义"(064)的特性。"代谢主义"并非所表示的统一的建筑运动,而是各个建筑师多样的城市形象的集合体。

川添登作为评论家，从1950年代后期策动了传统论争（057），作为其继续，找出"代谢主义"通过技术进行为传统翻案的方向性。传统论争的主要参加者丹下健三，按照巨大构造物（071）观点，提出重新评价城市规模扩大与传统的方法论。通过川添登也加入了"代谢主义"。

"代谢主义"通过装备了技术的形象，将传统问题作为课题，变换成在全世界通用语言。在此可以看到川添登建立与西欧形态不同的日本的建筑论、城市论的战略意识。

川添登的国际战略具体表现在1964年的"建筑艺术"展（纽约现代美术馆），当时邀请了菊竹清训、黑川纪章参加。另外，还具体议定了十次小组会议的参加成员等。

这一时期，约奈·弗里德曼等人的"GEAM（可动建筑研究小组1958年）"，彼得·库克，以及朗·赫伦等人的"艺术俱乐部"（1961年）等组织相继设立。城市的动态分析在全世界成为共通的课题。这说明第二次世界大战后城市急速扩大、发展，"CIAM（国际现代建筑协会）"等将城市功能固定化的静态城市理论已经无法控制这样的时代现象。

1960～1970年代，作为代谢主义的建筑实例作品，产生了菊竹清训的东光园宾馆（1964）、黑川纪章设计的中银胶囊式塔楼（1972年）等作品。

作为城市理论，构筑方法论仅局限应用于建筑单体的设计中，没有达到城市规模。1970年的大阪国际博览会成为体现代谢主义乐观的技术信仰的象征场所。

经过连续的石油危机，以及工业化时代（087）产业结构的转换，建筑师们开始从未来与技术交错的城市舞台逐渐撤离。

中银胶囊式塔楼　黑川纪章　1972年[3]

"塔状城市"　菊竹清训　1958年[1]

东光园宾馆　菊竹清训　1964年[2]

■参考文献　黒川紀章『行動建築論-メタボリズムの美学』彰国社、1967年/八束はじめ・吉松秀樹『メタボリズム　1960年代-日本のアヴァンギャルド』ＩＮＡＸ出版、1997年/「特集：メタボリズム再考」、『建築文化』2000年8月号、彰国社

067 纽约五人组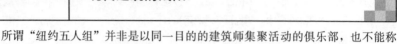

New York Five

现代建筑的残阳

所谓"纽约五人组"并非是以同一目的的建筑师集聚活动的俱乐部,也不能称为是同一风格的建筑师,只能解释为是文化传播使用的名称。

"纽约五人组"作为一个群体,其存在的过程可以追溯到 1969 年。当时,纽约现代美术馆举办的"为研究环境的建筑师会议"。建筑批评家肯尼思·弗兰姆普敦介绍了以纽约近郊为据点活动的五名年轻建筑师的作品,由此开始出现"纽约五人组"的叫法。

五名年轻建筑师为彼得·艾森曼、理查德·迈耶、迈克尔·格雷夫斯、查尔斯·格瓦斯米、约翰·海杜克。3 年后的 1972 年,他们的作品集《五名建筑师》出版,纽约现代美术馆的建筑设计部长阿瑟·德拉库斯拉作了序文,建筑史学家柯林·罗、弗兰姆普敦、威廉·拉利彻,以及五名年轻建筑师也都作了文章。但是,查尔斯·格瓦斯米与罗伯特·西格尔是同一工作室,所以《五名建筑师》应为"四名与一组建筑师"。

作品集的白色封面上只写着"FIVE ARCHITECTS",在当时,他们作品的外观及表层的共同点给人以强烈印象。可见 1920~1930 年代,勒·柯布西耶的作品《白色时代》有多流行。这也是他们宣传活动的几分战略感觉。实际上,各个作品从观念上的形态操作(082)到现实的功能主义(格瓦斯米、西格尔)有着各不相同的距离,很难综括到一起。

在现代建筑已经呈现出极限而陷入绝境时,这些建筑师理智、直观地选择现代建筑的形态语汇来喻示现代建筑存在的意义,他们被当做一个整体被人们接受,并且受到瞩目。

1973 年他们与《建筑的多样性与对立性》(1966 年)的作者罗伯特·文丘里(078)一起应邀出席"米兰设计三年展"。同年,被《纽约时报》介绍,被一般大众所认知。于是,他们以往模糊的"纽约五人组"、"纽约小组"等,瞬间成为世界共知的"纽约五人组"了。

他们的作品因为常常见到白色的抽象表现,也被称为"白色派"。他们的作品中吸收了罗伯特·斯坦,以及查尔斯·穆尔(077)等人传统的美国"简单形态"。即,与"美国费城派"的"乡土化"(076)对立的成分,成为了美国建筑界标志象征的路易斯·I·康(068)的同时代的一部分。

在日本《都市住宅》杂志把"美国费城派"命名为"草根派"（民众派）。与"白色派"相对"草根派"被称为"灰色派"，形成了"白色派"对"灰色派"的两极（格林·罗），共同在建筑杂志不断出现。

与文丘里以及"灰色派"建筑师们的活动的同时，在1960年代末"建筑的解体"（079）、"后现代"（087）出现之前，"纽约五人组"的动向象征着现代建筑的最终一幕。

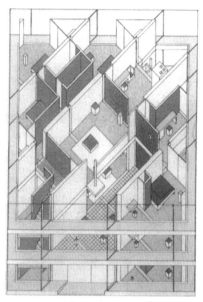

B项目住宅　轴测图　海杜克、1967[4]

萨尔茨曼住宅　R.迈耶、1967[1]

住宅1号　艾森曼　1967～1968年[2]

斯蒂尔住宅　格瓦斯米　1968年[5]

汉瑟曼住宅　格雷夫斯　1967年[3]

■参考文献　中村敏男「ニューヨーク・スクールについて」、『a+u』1974年3月号、エー・アンド・ユー/M.タフーリ、八束はじめほか訳「ジェファーソンの遺灰」、『球と迷宮』パルコ出版、1992年/黒沢隆「ホワイトとグレイ」、『近代・時代のなかの建築』リクルート出版、1990年/ "FIVE ARCHITECTS, N.Y."，1972, MoMA

068 居室

Room ⒣

为希求功能的人准备的空间

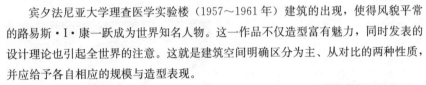

宾夕法尼亚大学理查医学实验楼（1957～1961年）建筑的出现，使得风貌平常的路易斯·I·康一跃成为世界知名人物。这一作品不仅造型富有魅力，同时发表的设计理论也引起全世界的注意。这就是建筑空间明确区分为主、从对比的两种性质，并应给予各自相应的规模与造型表现。

主空间称为"使用空间"，从属空间称为"服务空间"。"使用空间"是人居住的空间。"服务空间"从属于"使用空间"，并支持"使用空间"。宾夕法尼亚大学理查医学实验楼的主要用途为研究、试验空间，表现为混凝土与玻璃塔造型的"使用空间"。外周部分矗立的塔，即供排气管道类的设备空间，以及楼梯室等纵动线的空间为"服务空间"。

这一设计的目的之一是设施用途为研究、试验，为对应研究的组织及试验设备随时变化更新的空间。充分满足这样要求的对应（通用空间）(048) 在1930年代已经提出，路易斯·I·康继续沿用这一理念，并加以修正。更为重要的是抓住建筑设备，即配管等空间的形式，摸索将其作为固有空间来造型的新的造型原理，具体实现建筑空间享受者（人）适用的空间。

实际上，有人批判说宾夕法尼亚大学理查医学实验楼主要之处的主、从空间分类，有的仅局限于图式，并没有完全实现路易斯·I·康的意图。但是，路易斯·I·康的理论，作为建筑结构要素的代谢理论，或建筑结构要素的替换理论，为英国的"建筑电讯派"(071) 以及日本的"代谢主义"(066) 等所接受，影响较大。

路易斯·亨利·沙里宁曾说："形式服从功能。"对此，路易斯·I·康认为："形式唤起功能。"

"主从空间"的理论将以往的由现代建筑的功能主义 (032) 的态度来决定规划和空间的思想，以及其最终着眼点的通用空间 (048) 的理念进行修改，恢复到由形态特性生成空间的认识。并且，其作品提示了具体的方法论。因此，路易斯·I·康的理论为英国的"建筑电讯派"(071) 以及日本的"代谢主义"(066) 以及同时代的建筑师等所瞩目。

路易斯·I·康接受过巴黎美术学院 (012) 出身的保罗·菲利普·克瑞的教育，也接受了巴克明斯特·富勒的影响，据说，他就像艾蒂安—路易·布雷等启蒙主义建筑师那样，是把建筑要素还原为纯粹形态的严格的几何学主义者，或者说是使用令人费解的诗歌的、哲学的语言进行设计的神秘的创作者。

但他的作品不属于一种特定的形式，绝没有像国际式（049）那样简明的特色。有着造型的多样性甚至是矛盾，这正证明路易斯・I・康的设计及形态操作，并非立足于以机械为模式的功能概念，而是基于"主、从"的思想，恢复、再生空间的阶层性。由此获得的"使用空间"、"服务空间"里再加入令人愉悦的环境要素"光线"。路易斯・I・康将其称为"为人的行为活动的空间"。

如果将沙利文等的"芝加哥派"（007）到1950年代路德维希・密斯・凡・德・罗的高层建筑的发展，概括为是以西欧为模板带有美国特色（044）的建筑行为。那么康把多样、对立和矛盾的要素统合并置的创作方式也同样只有在美国这样文化混合的土地上才能得到发展。

路易斯・I・康作品中萌芽的多样性，也是1960年代建筑界流行的路易斯・I・康学生们的想法，即罗伯特・文丘里的"少则无聊"（078），以及复合与对立的理念，查尔斯・穆尔的"流行现象"、"民众派"（077）思想产生的肥沃土壤。

宾夕法尼亚大学理查医学实验楼　路易斯・康
1957～1961年[1]

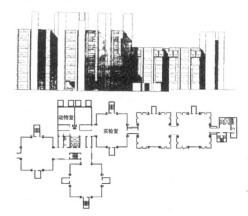

宾夕法尼亚大学理查医学实验楼立面图、标准楼层平面图[2]

■参考文献　香山寿夫「ルイス・カーンの建築の形態分析」、『新建築学体系6　建築造形論』彰国社、1985年/工藤国雄『ルイス・カーン論』彰国社、1980年/ロマルド・ジョゴラ編、横山正訳『ルイス・カーン』A. D. A. EDITA Tokyo、1979年/ルイス・カーン、前田忠直編訳『ルイス・カーン建築論集』（SDライブラリー）鹿島出版会、1992年/『a＋u（臨時増刊）：ルイス・カーン—その全貌』』エー・アンド・ユー、1975年

069 玻璃顶盖街市

Passage

生活世界里表现出的经验空间现象　梦想空间的形象图

　　19世纪，巴黎市内的各处，各种商店聚集的步行街市的通路空间顶部都设置起钢结构（010）的玻璃顶盖（011）。商品经济扩大，最新的产品充斥市场，到处陈列着，煽动人们的流行模式和消费欲望。很快便扩展到街道这样的空间，并在此积层化发展。百货店、商场等大规模的商业设施发生着巨变。19世纪是以城市为舞台，物品大量流通、消费的时代，也是支撑这些活动的空间需求迅速增加的时代。百货店、商场如同其名称一样，成为具有现代特征的建筑物。但是，也有将眼光转向商业原点——"街市"的思想家。

　　瓦尔特·本雅明独自徘徊于1920～1930年代的巴黎街市，这里是使他联想出玻璃顶盖街市的起点。他未完的草稿《街市论》以片断随笔、引用、记述等形式，表达出体验城市新生活的意义。记述着19世纪的，即现代这一时代的特性。

　　19世纪的市民们所经历的城市虚幻形象，被定称为"迷蒙的梦幻群体"。商品社会中的幻想，梦幻般记忆的空间，描绘出了充满寓意的千姿万态，也是城市生活者经验中产生出的意识原状的遐想与梦想空间的形象描绘。

　　着眼于这一空间现象的侧面，与由空间数量化（058）、功能化指标来定义的现代建筑相反，功能主义（032）意识的普及，使这一侧面被忘却了。也可以说解读经验空间的可能性，在玻璃顶盖街市中，被重新提起。

　　进入1960年代后，在批判现代主义建筑的潮流中，对空间的认识也发生了极大变化。当时，出版了许多理论著作，运用现象学方法以克服现代建筑抽象化空间的把握方法，使建筑师的空间意识发生变化。

　　实际使用城市及建筑，通过平时的经验，创造出各个空间形象，与生活者的观点产生共鸣，以及形成生活空间（015）的条件情况作为主题这一点上，这是共通的。本雅明也曾是同样。

　　哲学家斯顿·巴居拉在《空间的诗学》（1957年）中说："要分析房顶下的居室、地下室等房间里的家庭组织中的居住者的多重心态。"

　　在日本也出现了评论家多本浩二所著的《生动的家》（1976年）等著作，述说空间与生活的相互关系，认为建筑师不是要设计作为艺术作品的住宅，而是要建造没有设计行为参与的实际的家，在生活记忆中出现的原样空间。

　　人类学家爱德瓦·赫尔在著作《隐藏的层次》（1966 年）中说：受动物行动学的"势力范围"想法等的影响，人的信息交流也按照与他人的物理距离划分阶层。分为 4 个阶段，表示空间与人行动的关系。将空间按照人的行动情况作为圈域分节的方法，用于建筑设计手法。吉阪隆正在非洲经过调查而提出不连续统一体的理论，并在"大学讲堂建筑"（1965 年）的规划设计中应用、实践了这一想法。

　　开拓城市分析新局面的凯文·林奇，在《城市印象》（1960 年）中记述了城市空间"易于明了"的 5 个要素，即"通道"、"缘端"、"地区"、"结节点"、"标志"。凯文·林奇以此规定了城市的印象图。使现代城市规划设计方法必须涉及的非计量的、作为印象而出现的空间图式的城市姿态浮现出来。

巴黎的玻璃顶盖街市　葛鲁丽特鲁莱安　1830年[1]

　　功能主义的单纯关系性难以还原功能与空间在一个意义上的对应，着眼于空间的多义特性，成为 1960 年代的空间论展开的背景。"通用空间"（048）等典型的、均质的、排除场所性作为理念的空间原理，迅速在城市扩散，对此的反向运动是原因之一。由规划及理论思想而系统化、客体化的空间，与生活世界的经验、实践的主体空间有本质的差异，通过这些著作而逐步明确起来。

凯文·林奇的"波士顿印象"　选自《城市印象》　1960年[2]

教学楼
早稻田大学建筑专业U研究室　吉阪隆正
1965年[3]

■参考文献　ヴァルター・ベンヤミン、今村仁司ほか訳『パサージュ論　I～V』岩波書店、1993-95 年/ガストン・バシュラール、岩村行雄訳『空間の詩学』筑摩書房、2002 年/多木浩二『生きられた家』田畑書店、1976 年/エドワード・ホール、日高敏隆・佐藤信行訳『かくれた次元』みすず書房、1970 年/ケヴィン・リンチ、丹下健三・富田玲子訳『都市のイメージ』岩波書店、1968 年

070 开放空间

Open Space ⓣ

追求不可视的共同体——现代社会形象的城市空间

1951 年在英国豪特斯顿召开了"CIAM"（国际现代建筑协会）（046）的第 8 次会议。主题是"都市之核"，试图探寻由"雅典宪章"等具体格式化的功能主义（032）城市的具体形态。当时，讨论的课题是城市中的广场、"开放空间"的地位及可能性。

在不断高层化、巨大化的城市中，创出合乎人体尺寸的步行空间，规划出作为市民共同体的"城市广场"等，并对此给予理论的背景与基础。这就是会议的目的。

霍塞普·路易斯·塞尔特·埃内斯托·罗杰斯等人编辑的《城市心脏——城市生活人性化的方向》（1952 年）就是这次会议的记录。建筑史学家希格弗莱德·吉迪恩在论文《核心的历史背景》中，列举了古代希腊的城市广场、中世纪意大利的城市广场等城市空间，以此为样板，描述了自由多样的市民生活核心的广场形象。

在第二次世界大战以后的复兴时期，城市圈的整备与再开发得以深入，"功能分化"与"区域理论"补充了城市规划理论，会议照此来讨论城市中心部的开放空间形式。

出席这次会议的丹下健三（057）介绍了"广岛和平中心"（1952 年）。如何成为承担社区功能、对市民开放的城市广场。这是继承了"CIAM"（国际现代建筑协会）的宗旨，在日本传统框架内展开的新形式。

在日本，历史学家羽仁五郎在《都市》（1949 年）等作品中最先表明这样的议论，进入 1960 年代后，《建筑文化》杂志相继以特集形式发表了"现代都市设计"（1961）、"日本的都市空间"（1963 年）等研究文章。表明这已引起了建筑师们的强烈关心。"日本的都市空间"以建筑史学家伊藤为中心，以后成为设计调查常用的都市分析方法。表示了应用于城市既存空间构成原理的新的都市设计手法。这与凯文·林奇的《城市印象》（1960 年）以及戈登·卡伦的《城镇景观》（1961 年）等观点相同。而不同于数量化（058）、状态分析为原理的"规划概念"，促使广泛着眼于城市放射的现象（069）及城市象征的符号性。

广岛和平中心　丹下健三
1952年[1]

另外，在1960年的世界设计会议上，芦原义信采取不同于代谢主义（066）的立场，以《外部空间的构成》（1962）来总括了设计理论。导入P（正面空间）与N（负面空间）、D（建筑物相互间隔）与H（高度），规定D与H的理论。眼光由单体建筑物的设计，扩展到城市开放空间设计的课题方面。

基于这些想法的影响，1970年代日本都市出现的超高层建筑物（060），在其脚下设置了开放的空地，作为公共空间对一般市民开放。

路德维希·密斯·凡·德·罗设计的西格拉姆大厦（1958年）（041、048），在其前面设置广场，成为这种公共空间构成方法的先例。

1950～1960年代，大规模的城市开发项目在世界各地展开，约翰奈斯·海德利库·冯·登·布鲁库与雅各布·贝伦德·巴克马设计的荷兰鹿特丹市的莱因区（1953年）实现了步行者优先的商业大厦空间，作为城市新形态空间的形成方法而广为人知。

在日本，作为东京都市中心区的新宿区构想的一部分，新宿西口广场、地下停车场（1967年）的整备规划，由坂仓准三建筑研究所设计。通向地上的巨大竖井空间在车站前出现，新宿西口广场不久成为机动游击以及安保斗争的据点，作为反体制运动的舞台之一通过媒体为全国所熟知。从着眼于城市开放空间，作为市民共同体的表现理念背景来考虑，这一形态是同都市公共空间形式相反的事例。以后，经过1970年代初期的石油危机，使建筑师们对城市空间的关心逐渐消失，如同矶崎新（079）在《看不见的都市》所表述的那样，建筑与都市的关系也发生了巨大变化。

新宿西口广场、地下停车场　坂仓准三建筑研究所　1967年[3]

荷兰鹿特丹市的莱因区
冯·登·布鲁库与巴克马
1953年[2]

■参考文献　都市デザイン研究体『日本の都市空間』彰国社、1968年/ケヴィン・リンチ、丹下健三・冨田玲子訳『都市のイメージ』岩波書店、1968年/芦原義信『外部空間の構成-建築から都市へ』彰国社、1962年/土居義岳『「広場」への永劫回帰』、『言葉と建築』建築技術、1997年

071 巨大构造物

Mega-Structure

建筑师描绘的城市形象中所表现出的技术经典

1960~1970 年代初期，建筑师描绘的建筑与城市的形象中，典型的形态之一就是固定不动的巨大构造物，与可以置换、移动、带有各种功能的胶囊式集成组合体之类的微型构造物这两种要素组合。1961 年，在英国结成的建筑艺术组织建筑电讯派通过科幻的手法表示出远远脱离传统建筑的巨大构造物与可变的部件结合，构成变化成长的城市形态。

彼得·库克是先导者，他设计了"城市组合插件"（1964 年）以及"控制与选择"（1969 年）构造体。在立体架构状的构造体中，插入可动的组合件，描绘了启动城市功能的姿态。

丹尼斯·克朗普顿设计了电脑城市（1964 年），在网格状的骨架中组人半导体形状的部件。与其说是设计城市，莫如说是设计电气线路。朗·赫伦设计的"走动的城市"（1964），以及彼得·库克设计的"速成城市"（1964 年）中，由 8 条腿支撑怪兽般的巨大构造物，在地球上昂首阔步。以及，由气球吊下的设备组成件（075），瞬间便可组成城市。展现出了这样破天荒的移动城市的主题形象。

这些城市姿态与日本代谢主义（066）建筑师所描绘的城市形象有共同之处，表现出将城市固定不变的构造与可动、可变的各种结构因素区分开来的新构想。

丹下健三等在大阪国际博览会广场（1970 年），设计了空间框架悬吊着胶囊式结构构造物，也是 1960 年代幻想项目的具体表现。

与建筑电讯派成员十分接近的塞德里克·普赖斯的提案，不同于建筑艺术组织的幻想性形象。而是抓住城市是为市民服务的场所这一主题，表现出巨大构造物与各种服务功能集成组合体的关系。"凡宫"（1962 年）就是当今的复合文化设施，空间框架悬吊着电影院、剧场、舞厅及文化室等空间构造物，其相互间的间隙中，设置了开放空间（070），以可动的步行道与斜线路使各个功能体之间可以移动。

"奥克斯福特大道信息服务站"的构想（1966 年）中，媒体、教育、行政等卫星型办公室设置于会议室、教室等大空间中，并为其分节。虽然这些最终都没有实现，但其具体功能的联系，表明巨大构造物可以适用于城市基础设施的特点。

另外，利用巨大构造物的长处，产生构筑离开大地的空中城市的设想，在这一时期城市项目的一个方面如实体现出来。

1958年设立的"GEAM"（可动建筑研究组），中心人物约奈·福里德曼，在"空中都市"的项目（1964年）中，描绘了在市街区及田园地带行走的高速路、在海洋上空以巨大支柱支撑着的巨大构造物，脱离了人与物集聚而高密度化的地上圈，宛如与世界平行一般，在人们头顶上展现出一个梦幻的城市。

丹下健三在"东京规划1960"的项目中，作为处理城市无规划扩散现象，设想将交通体系延伸到原有的城市结构，再将巨大构造物形成的新建筑群设置在东京湾的海上。

城市组合插件　库克　1964年[1)]

在垂直的核心之间，高架道路通过，在其上架构办公空间，构想出了空中城市的形象。山梨文化会馆（1966年）、静冈新闻、东京广播支社（1967年）等建筑的设备中心以圆筒形的轴型来表现。尽管只是使用了空中城市构想的局部，但由此而得以部分实现。

丹下健三又进一步导入宏观构造与微观构造、连接核心系统等概念，针对无限定延伸的普遍空间（048）的想法，提出空间阶层化（068）的结构方法。

对宏观构造的偏爱，使构造体得以扩张。建筑并非仅仅局限于都市性的大规模工程，而是要使城市形象发生根本变化。1960年代建筑师描绘的、由技术支持的新城市形象超越了功能主义静止的城市体系界限，是能够对应变化、成长的动态城市，以及各种服务功能集聚的高度功能化城市。并讲一步开发空中、海上新的生活圈等。对此巨大构造物起了巨大的启示作用。

山梨文化会馆　丹下健三　1966[2)]

■参考文献　アーキグラム編、浜田邦裕訳『アーキグラム』鹿島出版会、1999年/Sabine Lebesque, Helene Fentener van Vlissingen, "Yona Friedman, Structures Serving the Unpredictable", Nai Publishers, 1999/八束はじめ『テクノロジカルなシーン』INAX出版、1991年/磯崎新『建築の解体』美術出版社、1975年/丹下健三・藤森照信『丹下健三』新建築社、2002年

072 "半网格"秩序法则

Semi-Lattice

批判现代城市的关键概念——向理想城市接近

所谓"半网格秩序法则"是建筑师克里斯托弗·亚历山大在一夜之间成名的论文《都市不是树》（1965年）中，提示的为使人们所希望的环境——都市或建筑成立的"秩序法则"。

亚历山大指出：按照"CIAM（国际现代建筑协会）"的《雅典宪章》所代表的理论去规划现代城市的话，基本上是"树的结构"。即，树枝由树干分出来，城市是像树一样简单的线形结构。城市各种因素之间的关系原本是复杂多样的，《雅典宪章》却将其还原为极单纯的形态。《雅典宪章》的确条理清楚，表现出层次明确的规划后的城市功能。但是，不能成为人们生活的场所。

建筑师与城市规划师手笔下的"人工城市"中，所表现出像是杀戮后的荒废感，缺少生气的孤独感，不少读者都曾有过这样独特的荒凉感觉。

本来，城市看上去像是显示出无秩序的样子，但形成环境的各要素相互形成复杂的网络，整体保持着极高的安定性网状结构，成为"半网格"秩序法则。各要素都作为整体的一部分在活动、作用，其协调性、不确定性、多样性使之充满活力、魅力。所以，亚历山大强调城市必定是"半网格"秩序法则。

同时，亚历山大列举以当时卢西奥·科斯塔和奥斯卡·尼迈耶正在规划建造的"巴西利亚"（1956年），以及丹下健三的"1960年东京规划"等9个备受关注的城市规划，并证明其全都成为了"树状的结构"。由此，引起极大的冲击与反响。

"半网格"秩序法则的思考以后发展成为"模式语言"（1968年），成为构成城市环境要素的基本原型。为使原型相互彻底关联，亚历山大组织了"环境结构中心"（1967年成立）。抽出的状态像是语言中的单词，像作文章一样按照状况需要组织"安排"，来实现人们所真正希望的建筑与环境。

亚历山大的尝试，辛辣激烈地批判了现代城市规划建设中，普遍的过于理念化的方法论。有着充分的说服力。清楚地预示着新方法论的实际产生。例如，运用"模式语言"设计智利低收入者公共集合住宅国际指定竞赛案（1969年）。当时，这在建筑界成为话题，引起种种议论。

在日本，赞同亚历山大的理念的客户积极活动，在施工企业努力协助下，亚历山大亲手设计的盈进学院东野高等学校（1985年）完成了。在这一设计过程中，所有的教职员都曾在冥想状态中，作为用户诉说梦想中的校园形态，有时还画图，用以决定状态。"居民参加规划设计"（085）这一彻底的方法，近年来已成为理所当然，与用户对话，积极在规划中反映出结果，其发祥的开端可以上溯到亚历山大的方法论。

亚历山大的尝试，在庞大的工作量的结果下，产生出人工物逐渐向自然接近的"似是而非"的粗劣品（052）的危险，实际上，对盈进学院东野高等学校设计的评价也是存在褒贬不同一分为二的看法。

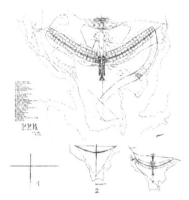
巴西利亚　科斯塔和尼迈耶　1956年[3]

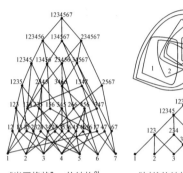
"半网格状"的结构[2]

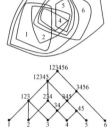
"树状的结构"[1]

智利低收入者公共集合住宅国际指定竞赛案
亚历山大　1969年[5]

盈进学院东野高等
学校　亚历山大
1985年[6]

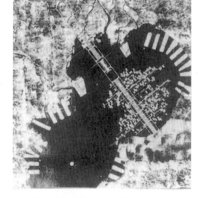
"1960年东京规划"　丹下健三　1960年[4]

■参考文献　C.アレグザンダー、押野見邦英訳『都市はツリーではない』、前田愛編『別冊国文学　テキストとしての都市』学燈社、1984年／C.アレグザンダーほか、平田翰那訳『パタンテンゲージ-環境設計の手引き』鹿島出版会、1984年／松葉一清『C.アレギザンダーと盈進学園東野高等学校をめぐって＜近代＞との闘争』、『新建築』1985年6月号、新建築社／磯崎新『クリストファー・アレグザンダー』、『建築の解体』美術出版社、1975年

| 思潮・構想 | 原型・手法 | 技術・構法 | 生活・美学 |

073 铝 材

Aluminium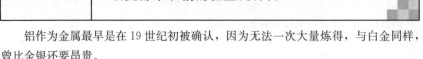

改变都市表情的轻金属材料

铝作为金属最早是在 19 世纪初被确认,因为无法一次大量炼得,与白金同样,曾比金银还要昂贵。

1880 年代后期,发明了电冶炼法,价格在 2 年内骤然下降为 1800 分之一。铝的比重很轻,为 2.7(铁 7.8、铜 8.9),强度比(单位重量的强度)较大。在空气中自然形成安定的氧化膜,耐腐蚀性强,易于塑性加工,可以较容易地加工成各种形状。为此,铝材作为汽车、飞船、飞机、铁路车辆以及各种机械部件的材料,特别是能够对应多种轻量的需求,成为低廉而重要的轻金属结构材料和功能性材料。

铝材作为建筑材料使用的历史很短。1896 年开始用于罗马教堂的屋顶材料。铝材韧力差,不耐摩擦与冲击,这一特点阻碍其作为建筑材料的使用。

铝作为工业化生产的建筑材料使用是在进入 1960 年代以后。在此之前,有试验性地将铝用于建筑的建筑师,如,巴克明斯特·富勒以及让·普鲁韦。

巴克明斯特·富勒受到飞船和航空技术的触发,产生出空运住宅的大胆设想。为达到建筑的轻量化而设计了聚合体住宅(1927),还有由外壁板组合而成的组合式住宅,以及 1 日之内便可以建成的巨大构造物等。这些设计都采用铝合金或铝板材料。

建筑的量产化,以及可以组装、拆卸、折叠、收藏,按照需要可随处搬运。布鲁维很早便对此表示出极大的兴趣。其设计的组合式住宅(1949 年)、自宅(1954 年),以及家具等也都积极巧妙地利用铝材。

据说铝板护墙最早的实例就是让·普鲁韦设计的巴黎建设业联盟大楼(1949 年)。其中法国铝材巴柏利奥公司为纪念冶炼铝材 100 周年而建造的"展示建筑(1954 年,巴黎;1956 年,里尔;1999 年,维勒潘特)"几乎就可以称之为"铝的建筑"。从支柱到弯曲加工的薄梁一体化的屋顶、外装板材,几乎全是铝材;长 150m,跨度 15m 的建筑,可组装,可拆卸,可收藏,可移动,的确是令人震惊的作品。

经过这样的运送、移动、量产化等铝建筑材料的先行试验,1950 年代后期,埃罗·沙里宁以及查尔斯·伊姆斯等采用铝材框架的椅子等出现,随着这样的家具商品化的进展,铝材作为常用的建筑材料而被广泛认知。

1960 年代,出现了铝门窗框及幕墙(059)等具有象征性的铝建材,这也许是日本人的发想。现在日本的铝门窗框普及率达到 89%,在世界中属于极高的数字。

在北欧 3 国木制门窗框占了 95%,铝门窗框及树脂材料门窗框合计占 5%。在

073

日本相互银行本店(现在的樱吴服桥大楼)
前川国男　1952年[1]

德国，铝门窗框占15%，英国占18%，美国占41%（根据2002年旭玻璃公司数据）。也许是因为防火法规的规定，日本是极喜欢用铝门窗框的。

日本铝门窗框的历史可以追溯到二战以前。1929年日本发明了铝纯化处理，3年后的1932年，野村藤吾在"近三大楼"中使用了钢和铝复合的上、下拉窗，由此而开始铝门窗框的使用。

最早使用日本国产的挤压成型的铝门窗框，是前川国男用在日本相互银行总部大楼（现在的樱吴服桥大楼　1952年）。1950年代后期，大楼的门窗框由钢制转换为铝制，进入1960年代中期后，真正流行起来，1960年代末期的新建住宅几乎百分之百使用铝门窗框。

铝门窗框密封、防雨性强，所以被广泛使用。铝门窗框改变了日本住宅的开口部形态。

在同一时期，铝板幕墙的超高层建筑（060）也出现了。日本最早的柔构造超高层建筑是霞关大楼（三井不动产、山下寿郎设计事务所1968年）。

此后，铝板幕墙以炼造性优异的"压延铝材"以及铸造性、造型性良好的"铸模铝材"为主要材料，不断提高了超高层大楼等建筑的施工性，使经济性不断提高，成为城市多样变化新形象的重要外装材料之一。

千代田日本生命保险总社大楼　材野、森建筑事务所　1966年[2]

霞关大楼　三井不动产、山下寿郎设计事务所　1968年[3]

■参考文献　カタログ（ヨアヒム・クラウセ＋クロード・リヒテンシュタイン編）『YOUR PRIVATE SKY, R. バックミンスター・フラー　アート・デザイン・サイエンス』鎌倉近代美術館、2001年/Exbition Catalogue, "Jean Pruove", Caleries Jousse Seguin-Enrico Navarra, 1988/松村秀一『「住宅」という考え方—20世紀の住宅の系譜』東京大学出版会、1999年/早間玲子・飯田都之麿『連載：今、ジャン・プルーヴェに学ぶ』、『新建築』2002年2-4月号

074 结构表现主义

Structural Expressionism

综合优美、实用、强韧的另一形态

钢筋混凝土结构（028）是实现工业化、体系化理想的支柱，其基本是以柱、梁结合的架构形式为中心，同时具有自由造型的可塑性，以及结构的一体性等特点。

混凝土材料中蕴藏着的可能性，拓开了型壳结构、挂吊结构、折板结构、半圆拱结构等另类结构形式发展的道路。这些结构形式具有现代建筑造型手法的特征，是柱、梁结合的架构形式难以承担的。是为对应大空间、大架构的独特要求而出现的。

20世纪前期，少数卓越的结构技术者的独创，使钢筋混凝土的一部分特性得以发现。这些独创有法国欧仁·弗雷西内设计的抛物线半圆结构的奥里路机场飞船库（1923年）、瑞士的罗伯特·马亚尔设计的3铰接拱结构支撑90m空间的萨尔基勒托布尔大桥（1930年）、西班牙的爱德华·托罗佳设计的查瑞拉赛马场悬梁式观众台屋顶（1935年）、意大利的皮埃尔·奈尔维设计的格状增强带筋材料的筒型壳结构的奥尔维耶托飞机库（1936年）等。

但是，钢筋混凝土结构的这些特性真正广泛用于各种设施是在二战以后，特别是在1960年以后，复杂化、巨大化的战后社会现状中，出现了前所未有的各种建筑形态。即，飞行场、展览场、体育设施、剧场等等，开始要求没有柱子的大空间、大架构的出现。

这样，进入1960年代以后，通过使用钢筋混凝土这一建筑材料的特性，来保持结构的合理性，追求结构形式自身所具有的造型必然性与表现性的"结构表现主义"兴盛起来了。并且在引导结构技术革新的同时，综合优美、实用、强韧三要素的现代设计规范（现代建筑）的另一类形态问世了。

在这种情况下，不满足于现代建筑的无色透明的造型词汇及空间特质，结果也开始要求表现象征性及地域性的造型（057、088）了。

明确表现这种可能性的试金石是埃罗·沙里宁的纽约肯尼迪空港TWA候机楼（1962年），埃罗·沙里宁使用自由曲面的型壳结构实现了空港设施要求的大空间，完成了适合于空中大门，使人联想鸟在飞翔的候机楼形态。

在日本，结构表现主义的主要人物是丹下健三，他在为东京举办奥林匹克建造的国立室内田径场（1964年）使用半刚性悬吊屋顶结构，具体而完美地表现出了日本大屋顶造型的传统特征。还在东京天主教新教圣教堂（1964年）使用双曲抛物面型壳结构，具体实现了适合于天主教会祈祷场所的象征性造型与静谧的内部空间。

结构表现主义后期的约恩·伍重的悉尼歌剧院（1973年），以工厂生产的球面三角形混凝土板组合带筋材料双重型壳结构，表现了与用地相应的波涛、贝壳、白帆等，优美的造型使人联想海的种种形态，成为使悉尼港焕然一新的象征性建筑物，促进了城市的活力，成为悉尼的形象代表。

建筑师的这一连串的尝试背后，有优秀的技术者支持，埃罗·沙里宁有波德安·塔松，丹下健三有坪井善胜，约恩·伍重有保阿布、皮塔拉斯。有才能的建筑师与卓越的结构技术者完美结合，才产生出结构表现主义的硕果。

环视使用钢筋混凝土开发的各种结构形式，可以看到结构表现主义开始表现出衰退了。因为其只是依靠结构形式的新颖来支持其作品性。1970年代以后，后现代（087）开始出现胎动。随之，优美、实用、强韧的综合性，即必须保持结构与表现造型，内部空间的理论一体性的现代建筑规范的禁锢开始松动了。

悉尼歌剧院　约恩·伍重　1973年[3)]

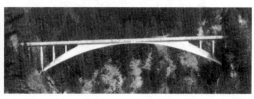

萨尔基勒托布尔大桥　罗伯特·马亚尔　1930年[1)]

国立室内田径场　丹下健三　1964年[4)]

肯尼迪机场TWA候机楼　埃罗·沙里宁　1962年[2)]

■参考文献　坪井善昭・田中義吉・東武史編『建築知識別冊：第2集・空間と構造フォルム』建築知識、1980年／「特集：建築の構造デザイン」、『建築文化』1990年11月号、彰国社／ローランド・J.メインストン、山本学治・三上祐三訳『構造とその形態』彰国社、1984年

075 人工环境

Artificial Environment

技术与生态学的总和——新的环境控制方式出现

直径 1600m 以上的巨大球体浮动在险峻山岭的上空，这是巴克明斯特·富勒的"九重天"设计项目（1962 年前后）中所描绘的空中浮游都市。

无一定尺寸限制的结构体（富勒按照无一定尺寸限制的结构＝张力＋整合的意思造出的词汇）可以容纳数千人，既可以在空中飘浮，也可以时时系留于山顶。人们可以在人工控制的环境中生活。为避免土地开发等人为的地球资源的破坏，人们脱离地上的生活圈，像游牧民一样在大气中移动、生活。富勒描绘出了这样一种球形都市的形象，并表明这一提案并非梦想，在理论上是有实现可能的项目。

依凭现在的技术力量能否建造，暂且不论。其说是巨大球体内部气温依靠外部的太阳能与人的体温。巨大球体由外部的力量一旦上升，便由气压差产生浮力，可以托起数千人的重量。

弗拉提倡组合几何（018）学，开展了以三角形与正四边形为基本形态的形态生成理论，构思了说明从原子结构到宇宙形成的庞大设计哲学。

测地球体构造物（富勒球体构造物）触发了数学家柏隆哈德·里曼以及物理学家阿尔拜特·安杰塔的"测地线"想法。

根据球面分割法，以三角形的小单位网状覆盖球体表面，以最小的材料、最小的表面积可以覆盖最大的容积。1967 年的蒙特利尔国际博览会的美国馆以及日本的富士山顶的气象观测站等。在世界各地实际建造球体构造物，使富勒一跃成为知名人物。

在名为"伊甸园"的项目中，富勒提出了以透明膜为外皮的构造体内部，装入空调及温湿度等的控制装置，各种用材可以重复使用的可持续性居住环境体系提案。

"气象控制装置"、"自我冷却装置"等项目也以同样的想法，与球体构造物组合的环境控制的思想贯穿于住宅、都市以及地球环境的整体结构中。所谓"地球号宇宙船"就是富勒这种技术与生态学（104）思想综合而创造出的独特想法，其精心设计出的巨大机械，也含有对地球生态系统充满自然主义的关心。

进入 1960 年代，如同富勒所示的那样，开始出现由技术（029）控制的人工环境的新领域。建筑史学家雷诺·班哈姆 1965 年发表了"环境之泡"的想法，这是由双层结构的皮膜覆裹着的巨大的球体构造物装置，由空调机械完全控制室内气候，不受外部气侯的影响。没有必要穿衣，图中出现裸体的人物坐在通信机器环境中的情景。

建筑电讯派（071）的成员迈克尔·韦布发表的"车"（1966年），个人居住物呈现出以衣服包裹人体般的方式，完全丧失了建筑作为构造物的概念。艺术家沃特·皮克勒提出了"携带居室"为题的项目，居室变成为手提式的形象，提示了缺乏实体的信息环境空间（103）。

班哈姆所著《作为环境的建筑》（1969年）中，记述了空调的开发历史，及其导入居住空间的过程。因为现代社会的高功能化，空调不仅用于人们聚集的公共场所，而且同时也应用于高层化的公共集合住宅等居住空间中，空调系统的使用不可欠缺。

个人空间（086）（包括衣服）、运输工具（火车、汽车）、公共设施（美术馆、剧场）、城市（城市空间中充满排出的废气）、地球（乱开发所形成的自然环境的破坏），各种规模水平上，都需要基于环境控制思想的空间设计。

这时的技术反映到前卫艺术家们的美意识中，不作为象征性的形象概念，不必追寻具体形态的环境控制装置，其作用和特性发生着质变。正如弗拉所提出的那样，技术与生态共存的新体系在此时诞生了。

九重天　富勒　1962年前后[1)]

蒙特利尔国际博览会的美国馆
富勒　1967年[2)]

环境之泡　班哈姆
1965年[3)]

■参考文献　バックミンスター・フラー、芹沢高志訳『宇宙船地球号操縦マニュアル』筑摩書房、2000年/ジェイ・ボールドウィン『バックミンスター・フテーの世界-21世紀エコロジー・デザインへの先駆』美術出版社、2001年/レイナー・バンハム、堀江悟郎訳『環境としての建築-建築デザインと環境技術』鹿島出版会、1981年

076 乡土化

Vernacular

摆脱西欧中心主义观点所产生出的词汇

"乡土化"在词典中解释为："本国式的"、"地方性的"修饰词，或"本国语"、"地方语"等名词。建筑领域中的乡土化是指那些没有著名设计师、建筑师参与而建造的地方民居。

注重乡土化的契机是 1964 年纽约现代美术馆召开的"非建筑师的建筑展"。该展由维也纳出生，纽约长大的著名批评家兼随笔家贝尔纳·鲁多夫斯基策划实施的。贝尔纳·鲁多夫斯基还出版了与展览会同一题目的著作，进行介绍，引起很大反响，对世界的建筑师们的影响很大。

该展及著作都是以照片及解说介绍世界上的乡土化建筑，或是无名的、自然产生的、当地的、田园的建筑。其目的是针对当时一直以西欧为中心、以西欧为正统的西欧建筑史，同时，针对以西欧理性主义（001）、功能主义（032）等为基础建造的建筑提出质疑。即，对现代建筑提出疑义。

鲁多夫斯基说：西欧世界编辑的建筑史只是为"特权阶层建造建筑的建筑史"。"只不过是一些神，以及一些不正当的神，靠财力或是靠王族血统得到的居舍的杰作集。"

他主张没有编入正史的无名庶民的住居、遗迹、废墟等，尽管"原始"却都可以发现与当时尖端技术、先进发明（工业化生产、建筑材料规格化、可移动或改用的结构体、地板供暖、空调设备等）并列的丰富构想，其中有很多值得学习的内容，并提示出了实例。

鲁多夫斯基还说：非建筑师的建筑即无名工匠巧作的建筑"与流行无关，完全合乎居住目的，所以几乎没有改变的余地"。不追求"理念"，也不讲究"深度"、"美学"，只讲求机制和方法。借此批判了现代建筑偏重于的"合理"、"功能"的观念，指出了其缺点与局限。

"非建筑师的建筑展"展出以后，世界上流行起乡土化建筑的调查与重新评价，例如，道格拉斯·弗雷泽的《原始社会农村规划》（1968 年）、戈导·冯格的《太阳的集落》（1969 年）等连续出版。给世界的建筑师们提供了与现代建筑相反的观察视点。同时，使人们重新认识到建筑的原点。

"非建筑师的建筑展"成为时代转换宣言，从普遍的原理与表现探索扎根于地域、乡土的建筑方式，摸索其可能性的时代到来了。

在日本，1960年代后期到1970年代初期，以大学研究室为中心广泛进行部落调查，结果出现了称为"不连续的统一体"的早稻田大学吉阪隆正为中心的U研究室思想、作品，以后，"象设计集团"继续该研究。东京大学的原广司由"集落之旅"带来了"集落的教诲"。以后，原广司把其归纳为"样态论"。山本理显等人的调查活动、见闻、成果也都应用于各自的工作之中。

非洲苏丹草木顶住居[3]

希腊塞拉岛的住居　原始洞穴[1]

西巴基斯坦新德的住居　通风系统[4]

肯尼亚的可动建筑[2]

■参考文献　B.ルドフスキー、渡辺武信訳『建築家なしの建築』（SD選書）鹿島出版会、1984年/原広司『集落への旅』（岩波新書）岩波書店、1987年/原広司『集落の教え100』彰国社、1998年/原広司『空間─機能から様相へ』岩波書店、1987年

077 波普艺术

Pop

现代建筑的死亡游戏

美国曾讴歌 20 世纪 50 年代所出现的未曾有过繁荣。第二次世界大战期间，以及美苏冷战情况下，因美国的军事支出所抑制的消费，这时爆发般地解放出来。

另外，美国的生育高峰期使得人口增加，各种因素促使了美国经济的持续增长和繁荣。

办公室中导入了电脑，工厂自动化扩大，尼龙和塑料等新材料开发出来，汽车、冰箱、洗衣机等家电产品开始大量生产，特别是电视与录音机的普及极快，形成了极高水平的大众消费社会和年轻人文化。于是，美国社会出现了远远超出"装饰艺术风格"（036）的状态。即，产生出现代建筑作为"高级艺术"的信息表达方式不够充足的状态。

为大众准备的花里胡哨、虚情假意的娱乐殿堂，"庸俗艺术"（052）充斥着整个拉斯维加斯，提供实现大众微小梦想的郊外卫星城住宅区等等。这些实例都充分证明现代建筑作为"高级艺术"的表现方式不够充足。

花花绿绿、豪华俗气的社会表面给大众以亲切感觉，这种诱惑消费者的现象以后被称为"波普艺术（Pop）"（托马斯哈因）。城市中洋溢着当地特有的"花里胡哨、豪华俗气"的乡土性（076）表现。

在这样的"花里胡哨、豪华俗气"的乡土性城市及建筑的样态下，或是说在这样的大众社会的状况之下，作为建筑操作的前提，必须接受这一既成现实。

与 1960 年代初期纽约出现的"波普艺术"相同，罗伯特·文丘里（078）一贯积极汲取"通俗"的表现方式，最终是以独特巧妙的手法表现出操作建筑的智慧。

西海岸的查尔斯·穆尔认为媚俗的乡土气息的表现并不虚假，他带着"骄傲的笑容"（文森特·史卡利）设计这种风格。而意味深长的是两人都是路易斯·康（068）的学生。

查尔斯·穆尔与普林斯顿大学时的朋友一同设计的海洋牧场公寓（1963～1965年）使其名字一跃而为天下知。这是美国到处都可以见到的具有风土特点的木造住宅群，外观使用当地很容易获得的材料，红松板竖贴的外装，单面坡的朴素的屋顶（004）。无规则集中的状态，显得十分通俗亲切。

而其内部却很"花里胡哨、豪华俗气"，使用由巴巴拉·斯德福夫人设计的硬件设施，以后被称之为"超级图示"（079）而流行。墙壁、顶棚、楼梯、巨大的两层式家具等，建筑内部的构成要素，几乎都被涂遍，消除了各个部分的区别。涂层与

1950年代美国郊区的典型住宅[1]

建筑结构要素的意义,相互间双重映衬,产生出极模糊的两义形象。在此,没有现代建筑对材料要求的伦理标准,"国际式"(049)的"装饰附加忌讳"对其无效,达到了自由愉悦的游戏领域。

海洋牧场公寓因其朴素的外观,曾被日本《都市住宅》杂志称为"草根派"。也与理查德·迈耶等的"纽约五人组"(067)的白色调形成对比,被称为:"灰色派"具有个性的形态,并作为木造住宅的典型超过了特定的地域性,在世界流行开来。这是因为巨大的家具、超级图示、单坡面屋顶、出窗等具备可以普遍流行的造形与手法,与嬉皮颓废派等非正统的象征表现,当时都共存于反管理体制的旗帜下。1960年代后期至1970年代,日本建筑杂志封面刊登的许多作品都可以看到"波普艺术"的影响。

穆尔的设计手法,一直延续到"意大利广场"(1978年),一贯表现出西海岸特有的"豪华刺眼"的风土特点,使人联想到"波普艺术"的表面性与游戏性。不久这种"波普艺术"与"后现代"(087)连接,抵制现代建筑的表现单一性,唤起了一种对"现代建筑"的批判方式。

海洋牧场公寓　查尔斯·穆尔　1963～1965年[2]

海洋牧场公寓内部[3]

■参考文献　磯崎新「チャールズ・ムーア」、『建築の解体』美術出版社、1975年/『a+u臨時増刊:チャールズ・W・ムーア作品集』1978年5月、エー・アンド・ユー、/石井和紘『イエール建築通勤留学』鹿島出版会、1977年/『ユリイカ』1984年6月号、青土社/柏木博「アメリカのデザイン-捏造されたイメージ」、『美術手帳(保存版20世紀デザインの精神史)』1997年4月号、美術出版社

078 少则无聊

Less is Bore

与现代建筑禁欲教义的对立言辞

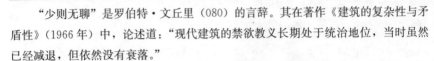

"少则无聊"是罗伯特·文丘里（080）的言辞。其在著作《建筑的复杂性与矛盾性》（1966年）中，论述道："现代建筑的禁欲教义长期处于统治地位，当时虽然已经减退，但依然没有衰落。"

所谓"现代建筑禁欲教义"是指迫使建筑师们面向抽象、划一形式的功能主义（032）路线教义。罗伯特·文丘里在著作中批判了对现代建筑禁欲教义过分歪曲的解释与信仰。模仿路德维希·密斯·凡·德·罗的话"少即是多"（Less is More）（041），修辞改为"少则无聊"（Less is Bore）。

罗伯特·文丘里在其著作《建筑的复杂性与矛盾性》中说：其自身"尝试在批评建筑的同时，间接地说明自身的作品"。他列举了历史上的建筑事例，详细说明基于一直被禁忌的"暧昧性"及"经验表象"而产生的不整合性。即使是"复杂"、"矛盾"的建筑，也依然具有魅力。即，揭示了各种各样的建筑表现（作为象征性的建筑表现）的有效性。揭露出了现代建筑过于单纯化、抽象化的陈腐性。

《建筑的复杂性与矛盾性》的后半部分，通过"母亲的家"（1963年）、"老人公寓"（1965年）等，解说了自己作品所表达的理论以及自己工作的方针，明确了理解作品的方法。

建筑史学家文森特·史卡利称赞说："该著作是勒·柯布西耶的《走向新建筑》（1923年）以后，建筑著作中最为重要的一部。"

该著作是以美国建筑师研究欧洲传统建筑的观点写成的。使用文艺批评领域所见的"新临界主义"手法，巧妙编织进抽象表现主义、颓废艺术的思想。

以西欧为中心的现代建筑形态，将空间及内部、外部的一致作为第一教义。文丘里与此相对立，实际提示了与现代建筑形态不同的建筑方式及其可能性。

文丘里还与丹尼斯·斯科特·布朗等整理了耶鲁大学讲课的讲义，共同出版了《拉斯维加斯》（1972年）一书。书中对拉斯维加斯的广告、繁华街，完全美国式的大众化的建筑与城市的复杂状况作了肯定。并且，巧妙地建立了城市与建筑构成要素的多样性理论，承认其多面的姿态。追求理论的完整，避开伦理的矛盾。以此为重点的建筑和城市显得干燥无味，看的人理解不了其义，这是因为没有信息交流的方式。

长岛小鸭建筑[2]

拉斯维加斯的91街[1]

目光应转向那些"长岛小鸭建筑"（指"丑陋平凡的建筑"），以及装饰化棚屋。

应把信息交流作为首要目的。也能够从作为象征，并且能掩蔽身体的建筑，即"不纯建筑的新的生动实例"，以及制造出这些建筑的城市姿态中学习一些东西。《拉斯维加斯》论说了这样的必要性和这样做的重要性。

应该注意文丘里论说的语言特点，始终如一使用"我所喜欢的……"、"我认为……"。这些话语的表达方式，含有智慧，但所说的终归是感觉。

譬如，论述古兰斯餐厅改建（1961年）等实际作品，所表现出的与流行印象不相容的独特、平淡的游戏性。与绝对肯定美国混合文化的"大众派"查尔斯·穆尔的"波普艺术"（077），划清界限的批评态度。也对"批评"阻塞创造行为的状态作了暗示。

总之，文丘里的"少则无聊"形成与现代建筑绝对化教义相对立的结果，为向"后现代"时代的转换作了准备。

母亲的家 文丘里 1963年[4]

老人公寓（Guild House）文丘里[5] 1965年

古兰斯餐厅的改建 文丘里 1961年[3]

■参考文献　R. ヴェンチューリ、伊藤公文訳『建築の多様性と対立性』（SD選書）鹿島出版会、1982年／R. ヴェンチューリほか、石井和紘・伊藤公文訳『ラスベガス』（SD選書）鹿島出版会、1978年

079 现代建筑的解体

Dismantling of The Modern Architecture

"现代建筑"的巴比伦通天塔祭歌

第一次世界大战后，从1920年代展开的现代建筑运动，到了1930年代的中期开始出现低潮，但在第二次世界大战结束时，又再次受到注目。现代建筑以信奉技术、功能性、合理性特点为基础，形成全世界通行的造型理念形象。现代建筑摒弃沿袭，扎根于合理、科学立场。以建立民主社会为目标，作为与战后社会的理想（乌托邦）相适用的事物再次出现。

现代建筑运动遵照"现代建筑五项原则"（038）、"国际式"（049）、"通用空间"（048）等的教义，按照《雅典宪章》（053）进行的城市规划，不断提高简练度，在全世界传播开来。但到了1960年代后期，以1968年全世界高涨的学生运动为象征，二战后建立起来的民主主义社会体制，与不同的意识形态开始出现矛盾，甚至被认为无法解决。

在建筑领域也出现了划一的要求。具有讽刺意义的是墨守现代建筑教义而建造起来的空间（环境）并不令人感到愉悦，为此，在实际体验中，证明其只是乌托邦的空想。

为此，脱离现代建筑教义的意识出现了，从微少的不满很快发展到巨大的批判潮流。于是，在世界各个国家，从不同观点上的新尝试开始出现了。其先驱有美国的罗伯特·文丘里（078）、查尔斯·穆尔（077）、克里斯托弗·亚历山大（072）、英国的建筑电讯派（071）、塞德里克·普里斯（071），奥地利的汉斯·霍莱因，意大利的超级设计事务所等等。

连续的纪念碑
"阿里则那沙漠"
超级剧场
1969年[1]

文丘里对朴素平凡的建筑以及充满装饰的商业建筑表示出了赞美。穆尔采用超图像学等的感觉游戏。亚历山大提出另一种引导形态的建筑模式语言。英国的建筑电讯派提出了技术图像的特性。塞德里克·普里斯也具

航空母舰城市　赫拉因　1964年[2]

有同样的技术图像体系论的特点。他们各自极力地扩大了其活动。汉斯·霍莱因宣称："所有的事物都是建筑"，将所有领域及时代等价化，并将其作为参考、引用的对象，也借用到自己的造型行为中。超级设计事务所提示了彻底抽象化、反向纪念碑性的建筑（006）造型。这一切都是以技术为样本，脱离了现代建筑绝对化的功能性、合理性的框架，使现代建筑理论逐步发生了动摇。

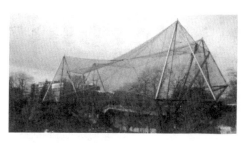

大鸟笼 普里斯 1963年[3)]

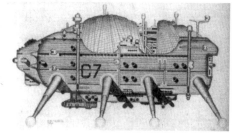

工作城市 赫伦（建筑艺术会） 1964年[4)]

看上去像是没有什么组织的一群建筑师的活动，但是像潜在的流水开始汇集，开始了对"现代建筑解体症候群"的诊断。矶崎新将其所表现出的共同特征综括为："丧失了对现代建筑的狂热"、"建筑概念的扩张"、"混合特性"、"多义性的表现形式"、"无主题"的5个鲜明特点。

希兰奇小构造物内穆阿的卧室 穆尔 1963～1965年[5)]

由此，第一次从对立的角度明确反映出现代建筑中所蕴含的问题，这在1970年代的状况下，成为无法避开的课题。

换句话说，以架设世界共同语言的"通天塔"为目标的现代建筑，被宣告了死亡。葬礼哀乐已经奏起。与此同时，在其崩溃中徐徐出现的是1980年代的"后现代"（087）潮流。

■参考文献 磯崎新『建築の解体』美術出版社、1975年（鹿島出版会、1997年）/黒沢隆『翳りゆく近代建築』彰国社、1979年

080 文脉主义

Contextualism

揭示空间多义性的城市形成方法论

"文脉主义"是由文章前后文脉相联系之意转化而来的，包括状况、环境等内容。在建筑领域，指建筑所处的周边环境，地理特点，以及街区的历史、文化景观等含义的用语。1970年代以后，确立、普及了"文脉主义"的设计方法论。建筑周围的空间扩大，或是在时间流逝之中扩大建筑思考的观点。不仅仅探讨单体建筑的造型及空间性等，而是以建筑作为总体环境中的一部分来认识。这就是1970年代展开对现代建筑运动批评理论而产生出的思想。

建筑的关联性实际用于建筑领域，最开始是罗伯特·文丘里（078）的硕士论文"建筑构成中的文脉主义"（普林斯顿大学1950年）中，以罗马城市作为分析对象，剖析了建筑的配置规划与城市空间的关系，表明对建筑的认识与感觉是依靠城市的文脉主义。

建筑史学家克林·罗的论文"理想的别墅的数学"（1947年）中，指出了安德烈·帕拉迪奥和勒·柯布西耶（038）的意大利式圆厅别墅形态的类似性，通过"引用"与"折衷综合"的方法展示了建筑的多义性格。有意识地变换、操作历史的建筑的文脉，可以使空间产生新的意义和作用。

建筑史学家克林·罗还通过"透明性、虚与实"（1955~1956年）将现代建筑造型特征的透明性，以玻璃（011、050）幕墙（059）所示的那样"实际的透明性"（公立包豪斯学校校舍）与复数的空间结构重合的"虚幻的透明性"（国际联盟总部大楼勒·柯布西耶的设计方案）来分节。并且，后者中可以发现多层性、多义性等，指出"隔断"、"置换"、"移动"等形态操作的有效性。

克林·罗的理论对了解现代建筑带来很大的转机，随着1960~1970年代美国城市再开发的动向，作为对现代城市规划（053）批判的理论也用于城市区域设计方法的研究。

康奈尔大学的UDS（城区设计所），克林·罗的学生斯彻特·科恩与斯蒂文·哈特，通过对既存的城市结构加进新建筑物，尝试阶段性地开发城市的方法，称之为"文脉主义"。

克林·罗另外的学生温克巴援引格斯塔心理学的方法，开发出记述城市的"图"与"地"的二分法。这是克林·罗的"透明性"理论方法的延伸，以"过滤"、"区

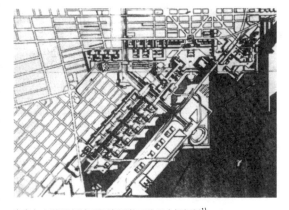

康奈尔大学UDS(城区设计所)的巴伐罗水门规划[1]

域"等作为阶层化总括建筑形态，成为城市分析的基本方法之一。

通过这样一系列的研究成果，特姆·修马哈总结出"文脉主义——城市的理想形态与变形"（1971年）。修马哈为城市的形成理论作了定义为：建筑的原型形态插入城市时，被作为变形、变容的过程来陈述城市，在城市中以"文脉主义"概念生成城市广场。

克林·罗的《拼贴城市》（1978年）就是这方面的集大成著作，使罗马郊外的维拉阿德里埃纳宫殿与凡尔赛宫殿对置，从前者的离散配置形式中，抽出"拼贴"的概念，其形式主义的特点对当时的建筑师给予很大影响。

康奈尔大学与纽约现代美术馆共同设立的城市建筑研究所聘请了彼得·艾森曼（067、082）作为指导者，发行了杂志《反对派》，参考记号学、语言学等领域的研究，进一步展开了克林·罗的理论。

发行《反对派》杂志如"物理的文脉/文化的文脉"（1974年）所表示的那样，"文脉"一词作为在物理、形态的方面与文化、历史的线路这两个标准所规定的概念而普及起来。

进入1980年代以后的"后现代"（087）的建筑形态，包含着参照形式主义与历史主义的这两大特征，在文脉主义的概念之中，这两者已经展现出形态，形成了向未来发展的基础。

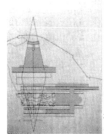

克林·罗的维拉阿德里阿纳平面图[2]

国际联盟总部大楼（勒·柯布西耶的设计方案）的分析诊断图表[3]

■参考文献 秋元馨『現代建築のコンテクスチュアリズム入門-環境の中の建築/環境をつくる建築』彰国社、2002年/「特集：コーリン・ロウ再考」、『建築文化』2000年4月、彰国社/コーリン・ロウ、伊東豊雄・松永安光訳『マニエリスムと近代建築』彰国社、1981年/八束はじめ編『建築の文脈・都市の文脈-現代を動かす新たな潮流』彰国社、1979年

081 形态学

Typology

收藏历史形态的城市

　　意大利在第二次世界大战中遭到破坏的城市经过复兴后，进入1960年代，为保全历史环境（107）积极实施保护政策。其代表性的举措为设立"历史文化都市保存会议"（1960年），以及采用保存、再生文化遗产为指针的"威尼斯宪章"（1964年）等。

　　以大学为中心的学会研究部门也在分析解读都市的历史性，研究新城市的规划建造模式。

　　在威尼斯大学，以萨维利奥·姆拉特利为中心的姆拉特利学派运用"类型学"手法，导入"编织都市"的概念，展示了城市建筑形态要素的阶层与有机联系。

　　在此使用的所谓"类型学"，即广场与道路等都市空间与一定的建筑形态类型相适用，是再次组编综合从单位形态中抽出的要素的理论。是基于形态学、历史、文化的联系，进行分析的方法。

　　这种手法不仅用于解析现存的都市，在博洛尼亚、费拉拉等城市还实际应用于街区形态的分类（072）、复原、保存事业。

　　在日本，建筑史学家阵内秀信就是根据类型学的都市分析手法，介绍并展开了"东京的空间人类学"（1985年）等。

　　另外，受到美术史学家阿尔甘所著《建筑类型概念》（1963年）等的影响，阿尔多·罗西著《城市的建筑》（1966年），继承了"类型学"手法，同时在建筑、城市理论中导入了"集团记忆"的思想方法。注重唤起形态的"记忆"、"联想"、"相互感觉"等符号作用（082）。在作为历史形态收藏体的城市中，读取发现社会共同性迹象。

　　1976年阿尔多·罗西出版了《类推的城市》，使用传统的、习惯的、任何人一见就知的造型，以及充满无名（076）建筑形态的片段，描绘出作为由"类推"作用产生记忆场所的城市。

　　罗西的代表设计作品——在威尼斯水上剧场（1979年）就是这一理论的具体表现。

　　1973年，在米兰召开的第15次"合理的建筑展"。以罗西为中心的合理主义（001）建筑被广泛吸收，对欧美建筑界产生极大影响。与"文脉主义"（080）的思想也产生共鸣。罗西援用"类型学"的建筑概念，以图重新组织、构筑社会空间。在标榜为反历史主义（005）的现代建筑中，复活与传统接通的路轨，发挥建筑的合

類推的都市　ロッシ　1976年[1)]

理性，在城市形态与历史脉络中寻找出新的方向性。

以罗西为首的许多合理主义运动中坚建筑师，维多里奥·格里高蒂、卡洛·艾莫尼诺等都是出自国际现代建筑协会（046）成员埃内斯托·罗杰斯的建筑事务所。

他们在1960年代末的大学论争时，与建筑史学家曼弗雷多·塔夫里等一起结成坦丹萨学派，成为合理主义运动的主力。

罗西以后短期移居苏黎世，与布鲁诺·雷克林，以及建筑史学家阿道夫·马克思·福格特等瑞士建筑师、理论家们共同以杂志《阿尔希德》等作为发表场所，扩大拓展了合理主义的理念。

在德国，奥斯韦尔德·马德斯·温格斯、约瑟夫·保罗·克雷赫斯（096）等在这潮流中起中心作用。在温格斯之下集中了罗伯·克里尔、雷姆·库哈斯（106）等年轻建筑师。以卡米罗·西特的城市论为模式，克里尔写了《城市空间的理论与实践》（1975年）。通过广场、街道等形成形态的要素的分类与变动解读城市。对于现代城市规划（053）的用途地区制、功能（032）等空间分节原则，克里尔重新着眼于历史的脉络与关联性，在构成单位空间基础的街区、广场、开放空间（070）等方面尝试城市的再生。

克里尔的尝试效果显著，"类型学"不仅仅成为表示城市形态的分类法，还将浓厚的欧洲历史文络与充满文化气息的空间，用来形成城市，作为实际的设计方法论导入建筑领域。

克里尔的《城市空间形态的分析》
《城市与建筑的类型》(1975年)[2)]

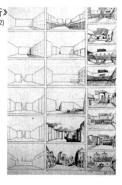

世界剧场　ロッシ(1979年)[3)]

■参考文献　アルド・ロッシ、大島哲蔵・福田晴虔訳『都市の建築』大龍堂書店、1991年/ロブ・クリエ『都市と建築のタイポロジー』エー・アンド・ユー、1980年/陣内秀信『イタリア都市再生の論理』（ＳＤ選書）鹿島出版会、1978年

082 符 号 论

Semiology/Semiotics

非大众建筑　探求完全自我化语言

"象征"表示某种特定的形态，联结其对应关系的固定内容与意义。而"符号"则与此相反，各个符号其自身不具有内容与意义，而是由符号与符号相互间的连接关系来产生内容。符号按相互关系的变动来承担意义内容。"符号论"是分析符号与符号相互关系产生意义的理论。

符号论的开端可以追溯到语言学家弗迪南·德·索绪尔的言语论。其中说：言语是符号的体系。各个符号由所意味的词语与音型与被意味的概念组成，两者的结合是随意的。用日常语来举例的话，"狗"就是指四条腿走路，长着毛，摇着尾巴，汪汪叫的动物。这就是符号论的起端。

可是，"风格派"（025）等欧洲现代建筑运动所指向的建筑形象，可以说是非象征性的，而是由客观普遍的语言（符号）来构筑的。与历史主义（005）建筑参照过去的传统的文化象征不同，现代建筑尝试立足于几何学（018）这样抽象的，或是钢筋混凝土构造的柱、梁（028）结构的合理性及功能性上的符号论。

现代建筑运动经过1920年代的"装饰艺术风格"（036），30年代形成了国际式（049）＝象征的说法，也就是反向推论其象征着结构的合理性和功能性，这种评价使现代建筑陷入窘境。

这些对现代建筑运动界限的批判，到了1960年代末，"现代"这一时代所抱有的问题，在所有领域开始真正呈现出来。从乡土派的观点（076）开始，到"少则无聊"（078）、"波普艺术"（077）等通俗大众的形式，都可以参照看出这些形式力图超越现代建筑界限。时代在向高度大众消费社会发展，越来越向通俗、大众化建筑发展。

另一方面，现在建筑的自立性一经恢复，抽象的、客观的，即尝试符号论建筑实验的建筑师便出现了，"纽约五人组"（067）的彼得·艾森曼就是其中之一。

艾森曼比起重视语言学家诺姆·乔姆斯基的理论及作品的物质方面，更重视观念方面。由此，触发了概念艺术等观念，去掉了建筑的柱体、墙壁、梁等构成要素的意义，不规定建筑的功能、结构。即，开始了"板块建筑"，或称"概念建筑"的尝试。住宅第1号（1967～1968年）就是这样的实验作品。

这实际上是一座展示设施，"住宅第1号"这样的称号就如实表现了实验内容与

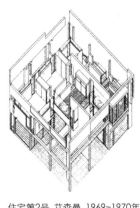

住宅第2号 艾森曼 1969~1970年[1]

用户的要求无关。

住宅第2号（1969~1970年）开始了各种符号的操作。导入墙壁和柱子两种结构体系，消除了结构体的意义，使其成为符号。在此，彻底探求符号的相互关系。

住宅第3号（1969~1970年）中，追求符号解读的不可能性，达到无法由视觉信息等理解建筑的状态。在住宅第4号（1971年）、住宅第6号（1972年）中，用户、功能、结构，甚至连建筑师的作用都被消除了。像是下棋一样，按照预先设定的规则，面、立体、线的棋子在动。

1970年代，艾森曼通过这些难解的一连串的观念作业，企图建立起自己的独立建筑。即，通过自己所说的建筑符号，试图解除欧洲现代建筑运动所面临的困境。以不同于过去的传统文化、技术、功能等为象征的建筑，以客观、抽象、纯粹的方式探求自闭的完全的语言。因此，其建筑是违反人性的。在日本，藤井博已也进行了同样的试验。

经过这些作业，住宅第10号（1975~1978年）以后，艾森曼接近哲学家雅克·德里达的解构主义（089）思想，进一步面对1980年代对欧洲现代建筑运动无法解决的困境而展开活动。

住宅第10号 艾森曼 1975~1978年[3]

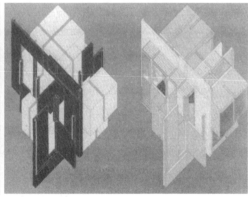

住宅第6号 艾森曼 1972年[2]

■参考文献　P.アイゼンマン、中村敏男訳「コンセプチュアル・アーキテクチュア」、『a＋u』1972年10月号・1974年3月号・1974年4月号、エー・アンド・ユー/「特集：ピーター・アイゼンマン」、『a＋u』1980年1月号、エー・アンド・ユー/「特集：ピーター・アイゼンマン」、『SD』1986年3月号、鹿島出版会/藤井博已・三宅理一編『現代建築の位相』鹿島出版会、1986年

083 "间" ⓣ

Ma

协调日本风土与西欧规律的"建筑"

1978年巴黎召开以日本为主题的"秋季艺术展",矶崎新(079)与作曲家武满彻参加策划实施了该展览会。矶崎新操管美术、设计、建筑等造型部门的展示结构。为了响应他的号召,雕刻家高松次郎、宫胁爱子,家具设计师仓吴史郎,摄影师筱山纪信、二川幸夫,时装设计师三宅一生,立体设计师杉浦康平、松冈正刚,现代舞蹈家田中泯、白石加代子等艺术家及设计师等参加了该展览会。矶崎新设定展览会的主题为:日本的时空空间——"间"。

日本的"间"完全不同于西欧的时空概念,所以从日本现代艺术家们的作品中抽出"间"来向欧洲圈展现。

欧洲对日本的观察,长期以来仅局限于"异国情调"的范围之内,通过援用"间"概念的方式来改变这种对日本的习惯理解。

会场分为:"道"、"隙"、"影"、"结"、"端"、"休"、"寂"7个项目,各占一个展厅,介绍了1960年代的日本前卫艺术。

日本的造型艺术不仅分为时代及样式类,还通过"间"与7个下位概念来分节、重新构筑,提出了这种极为概念化的战略。

矶崎新在此之前,也曾因为作家谷崎润一郎的《阴翳礼赞》而触发对"暗影"空间的瞩目,尝试通过"经验空间论"(069)重新解释日本建筑。

并于1980年代写出《桂离宫——两义的空间》,1990年代写出对伊势神宫进行论证的《回归原始》。以"日本样式"的理念,将日本造型的特色置换为领先的概念,以此,一直与西欧的建筑概念继续着对峙。

"间"展览会召开的1970年代,受到巴黎5月革命(1968年)的余波,以及石油危机(1973年)等社会事件的冲击,人们对现代社会的价值规范以各种方式提出了种种疑义。巴黎5月革命动乱高潮之时,矶崎新曾煽动性地说:"侵犯你的母亲,刺伤你的父亲。"以后,土居义岳猜测这母亲是指"日本",父亲是指"建筑"。矶崎新大体认可了这一说法。

这个"间"展览会,可以说是西欧规则的"建筑"与不同时空概念所产生出的日本规则的"建筑"之间进行形式协调的契机。

这个"间"展览会也是对矶崎新的理念探求带来极大转换的项目。脱离了1950年代"传统论争"(057)中"日本传统"的议论框架范围,也是其发展成为以空间

"间"展的宣传册封面 1978年[1]

"间"展的会场结构[2]

论来思考建筑的一次契机。

同是在1978年，槇文彦在《世界》杂志发表了"日本都市空间与"奥""。从代官山楼栋阳台等作品，可以看到的在都市环境中的建筑的姿态。槇文彦由"群造型"或"区域设计"的方法展开，使用"奥"的概念说明都市空间的重层。

"奥"是在都市历史形成的过程中，由社会的、经济的、宗教的理由形成的都市中的特异点（097）。人们面向"奥"，在到达"奥"的过程中，空间的、时间的程序里显现出都市性。

槇文彦作为历史的、时间的概念理解日本城市的方法，与矶崎新的"间"的想法是贯通的。另外，建筑评论家川添登的《东京原景色——都市与田园的交流》（1979年）、法国文学家清水彻的《书籍都市与都市书籍》（1982年）、建筑史学家阵内秀信的《东京空间人类学》（1985年）等与1980年代都市论潮流的观点相同。

这期间，黑川纪章也看到建筑物内外的中间领域的"接缘"的空间，以此作为日本建筑的独特性，而产生出"共生思想"以及"道路空间"等方法论。

1960年代，矶崎新、槇文彦、黑川纪章等直接或间接地成为代谢主义（066）思想表现者，推进由技术（029）联系都市和建筑的构想，其中也有年轻的成员。

在其挫折起伏之时，各自开始重新摸索在历史文脉下记述的都市，变换建筑创作的方法论。并且，面对如何解决日本的固有性难题的同时，开始踏入后现代主义（087）的潮流。

代官山建筑的外楼台 槇文彦 1969～1992年[3]

■**参考文献** 磯崎新『建築における「日本的なもの」』新潮社、2003年/磯崎新・土居義岳『対論　建築と時間』岩波書店、2001年/磯崎新『始源のもどき-ジャパネスキゼイション』鹿島出版会、1996年/槇文彦『見えがくれする都市』鹿島出版会、1980年

084 空间框架

Space Frame

万向结的发明带来的大空间

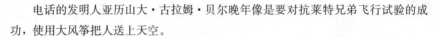

电话的发明人亚历山大·古拉姆·贝尔晚年像是要对抗莱特兄弟飞行试验的成功，使用大风筝把人送上天空。

他的大风筝由一个正四方形的立体构架组成，在这一构架上蒙上布，让人乘坐，实际试验在技术上是成功的。由风筝来飞行的想法在当时有多大的现实性另当别论，贝尔的这一风筝想法产生出了许多副产品。轻体的立体框架结构，即"空间架构"可以应用于建筑及土木构造物。另外，基本部位可以在工厂预先生产，提高现场的建造效率的组装法引起注目。随之，结构体系标准化（021）的单位体，以及连接结构的创意想法产生。当时，技术人员的技术创意集中于各个单位体的组合，以及连接部位的高性能化方面。

第二次世界大战期间德国开发的"球体系"（1941年）最多可具有18个螺丝孔的钢制球体，泛用性很强的连接部，可实际应用于桥梁、通讯塔等建设中。

二战后，弗赖·奥托承担柏林园艺博览会（1957年）大厅的结构设计，应用该体系建造了52m×100m的大空间。向全世界表示了空间框架的可能性。

以后，奥托又设计了著名的蒙特利尔世界博览会的西德馆（1967年）以及慕尼黑奥林匹克田径场（1972年）等膜结构构造物。结构材料轻量化的目的与空间框架相同，但是，奥托的构想与形态却完全不同。

在美国，按照美军的委托，康纳德·瓦克斯曼为飞机库设计了新的结构体（1953年），只使用2种钢管，用3个钢楔固定的多用连接器将斜材连接，构筑了38m跨度的悬挑式（039）覆盖空间，用一个连接器可连接20根钢管。

据说这个连接器在钢结构（010）的水晶宫（1851年）的建设中，从约瑟夫·帕克斯顿的建筑方法中获得启示。水晶宫（1851年）的楔是木制，都是在建设现场用锤子便可以组合而成，可以大幅度缩短工期。

康纳德·瓦克斯曼在德国曾从师于海因里希·特森诺（016）、汉斯·珀尔茨希（023），以木造建筑的板壁结构体系设计而闻名。在纳粹时代，在沃尔特·格罗皮乌斯（034）帮助下逃亡美国，与格罗皮乌斯共同创办了木造建筑板材公司，开发出"建筑木造板结构体系"的新建筑方法，并因设计了物理学家阿鲁贝尔德·爱因斯坦的别墅而知名。在教育活动方面，还曾被邀请为伊利诺伊工科大学的教授，与路德维希·密斯·凡·德·罗（041）一起教课。他还在世界各地讲学，1955年在东京大学举办讲座，依据其特有的想法，向学生们显示了独特的教育方法。

框架空间理论上可以形成无限扩大的大空间，内部可按照需要自由分割，能够对应功能的、时间的变化和多样化。空间的立体格子将通用空间（048）的理念以形象化忠实再现。密斯的芝加哥活动中心设计方案（1954年）描绘出巨大的框架空间下，无数人聚集的形象。

丹下健三（057、047）1970年大阪国际博览会，在活动会场上部构筑了宽108m、长292m的立体构架，实现了只用6根30m高的柱子支撑的巨大构造物（071），代表性地体现了贝尔以后的框架空间的发展。如文字所示，国际博览会作为技术（029）的庆典，在其巨大空间中迎入了无数的人们。

正四方形立体构架的瞭望塔
贝尔　1907年[1)]

美国空军的飞机库模型　康纳德·瓦克斯曼　1953年[2)]

大阪国际博览会活动会场　丹下健三　1970年[3)]

■参考文献　アラン・バーデン「コンラッド・ワックスマン　ジョイントの哲学者」、『建築文化』、1996年5月号、彰国社/渡辺邦夫・藤田聖子「スペースフレーム—3次元に拡がる空間」、『新建築』1999年2月号、新建築社/クリス・ウィルキンソン、難波和彦・佐々木睦郎監訳『スーパーシェッズ—大空間のデザインと構法』鹿島出版会、1995年

思潮·构想　　原型·手法　　技术·构法　　生活·美学

085 居民参与

Inhabitants Participation

完全对应用户喜好的方法论

第二次世界大战后，以建造卫星城（061）及住宅区为主的提供住宅之际，广泛导入了"大量建设住宅"方法。

基于当时的现状，要迫切解决住宅的不足问题，所以积极导入了"mass housing"（大量建设住宅）的方法这一大量生产住宅的方法。具体实施了住宅格局标准化（021），导入了门、窗、厨房设备等规格化建筑材料的"组合式建筑"（MC）（058）。与此同时，进行工业化的建筑生产（040）。

其结果使得住宅在数量得以满足，但质量上却是单调划一，形成了生活感觉淡薄，不令人感觉舒适的居住环境。这是因为设计者的思想和提供方的理论强加给用户所形成的。

1960年代前期，为满足居民的需求与喜好，实现优良居住环境，让居民的意志可以反映到建筑中，开始摸索"居民参与"的方法，让居民亲自参与到住宅建设的过程之中。

具体开始这一方式的是尼科拉斯·约翰·哈普拉根。1964年他通过设立在荷兰的建筑研究财团（SAR）的活动，提示了以后称为"开放建筑"的方法。

建筑研究财团（SAR）原是为了通过开发"组合式建筑"（MC）以达到促进工业化住宅生产，使建筑生产合理化为目的。但不赞成仅遵循生产理论，而不尊重用户的意见。于是，开始探讨、摸索可满足用户各种需求的方法体系。这样就使原本千篇一律统一划一的工业化生产方法，改变为造型多样化，适合居住性的形式。即，形成促进居民参与的体系。

其关键是将建筑的部位，即结构要素分为"可变部分"和"主体"。作为不可替换的共通部分的主要要素（结构体）的"主体"，与可以替换的私有部分的附加要素（内外装修样式）的"可变部分"，按照耐久性分为2个阶层的体系。主体按照居民全体的一致意见来构成，而可变部分则由居民自己个别选择决定。连接"可变部分"和"主体"不同阶层的方式就是"组合式建筑尺寸体系"。这样就可以形成各住户不同的格局和多样的外观体系。居民用户可以参与住宅建设的全过程（072），提示出了"开放建筑"的方法。

1970年代初期，这一方法得以具体实现。初期实例是弗拉斯·冯·德·维尔夫

"可变部分"和"主体"构造模式图[1]

设计的荷兰乌得勒支郊外的鲁纳特公共集合住宅（1971～1982年）。"可变部分"的窗户形态和外装壁板的色彩多姿多样。由此可见，各住户的格局以及居民用户各自不同的喜好得以表现。

由吕西安·克罗设计的比利时布鲁塞尔的鲁维天主教大学医学系学生宿舍（1969～1975年），也根据"开放建筑"的思想，使用改良的"组合式建筑"（MC）方法来建造的。学生作为用户，也参加了建筑作业。其特征是内部功能的多样性，以及丰富的外观形态。

在日本，1973～1981年住宅公团进行了"开放建筑"项目"KEP"的实验。

在单体建筑物的水平上发明的区分"可变部分"和"主体"，不久开始向周围环境扩张。在这一过程中，考虑公园、道路、城市居住空间等形态的"编织"想法，重新导入了更为公众化、更为固定化的阶层。这样通过将"可变部分"、"主体"和"编织"3个阶层纳入了视野，"开放建筑"方法论自1980年代以后，在追求生活质量的状况下，也开始适用于住宅区块的改建、再生项目。

但是，"开放建筑"的方法因为居民等许多人的参与，其意志决定过程的手续繁杂，以及建筑师职能领域狭小等原因，并没有广泛普及。但是近年来，根据"生态学"（104）以及"可持续性"（107）的观点，"开放建筑"重新受到瞩目。

鲁纳特公共集合住宅 弗拉斯·冯·德·维尔夫设计（1971～1982年）[3]

鲁维天主教大学医学系学生宿舍 克罗设计（1969～1975年）[2]

■**参考文献** オランダ・デルフト大学、金子勇次郎・澤田誠二訳『もつれた建築をほどく──オープン・ハウジンダの勧め』住宅総合研究財団（丸善）、1995年/ルシァン・クロール、重村力訳『参加と複合』住まいの図書館出版局、1990年/松村秀一『住宅という考え方』東京大学出版会、1999年/New Wave in Building研究会編『サステイナブル社会の建築　オープンビルディング』日刊建設通信新聞社、1998年

086 大开间

One-Room

反映现代住宅形象的课题

1950 年代以后，出现了 2DK（062）、3LDK 等数个个人使用的寝室（BR）与居室（L）、客厅（D）、厨房（K）这些家庭共用场所组合的方法。住宅内容与特性开始集约化。导入了在同一家庭生活成员中的公与私、昼与夜的不同使用方法（功能分化）的合理格局形式，这是现代住宅的形态。

遵循"nBR+LDK"（变数 n 为家庭人数－1）的图示设计格局，是现代社会最小结构单位，并且被公认为核心家庭生活的居住容器。

对这样的趋势，大约 10 年一个周期，循环反复出现建设批判。1958 年出现菊竹清训的"蓝天住宅"，1967 年出现东孝光的"塔之家"，1977 年出现黑泽隆的"星河寇毕鲁斯住宅"。都是以特殊解决方式提出问题，都是以大家庭为中心的现代家庭形象和生活容器的住宅地、住宅格局为对象。即，对现代住宅、城市形象的追根寻底提问。其最大的共同特征是对生活必需的种种功能不进行分化的一体式"大开间"住宅形式。

"蓝天住宅"根据"代谢主义"（066）思想，表现了区分可变的和不变事物的想法。对现代家庭形象及住宅格局形式提出了异议。从长期家庭结构变化的观点，不仅要考虑家庭的最小单位，还要考虑父母、孩子，夫妇关系虽然不变，但随着孩子工作、结婚、独立等必然的成长变化，在格局和建筑设计上必须适应家庭关系结构。

"蓝天住宅"是立架式支撑在空中的大开间住宅，为对应家庭成员的增加，设备机器的更新等未来的变化，根据需要设置或去除称为"变化组件"的单位体。

"塔之家"处在工作场所的城市中心区，对郊外型与家庭一起度过个人时间的场所（014、053）这样的现代理想城市（住宅区的选位方式）提出了疑问。

"塔之家"明确表现出了居住于城市中心区的有利之处。虽狭小但可以享受外出就餐、看剧等事项。以积极的外向生活为主

"蓝天住宅" 菊竹清训 1958年[1]

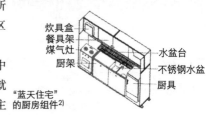

"蓝天住宅"的厨房组件[2]

题，表现出只有城市中心区才有可能实现的现实。

"塔之家"的宅地仅仅为 6 坪（1 坪约为 3.3m²）。整个建筑除了出入口，再没有 1 扇门。空间按照不同功能，分为上下 5 层垂直重叠的大开间。各层通过竖井形成立体关系，所以视觉上具有宽阔感，并不觉得狭窄。

"星河丘比住宅"是 1960 年代中期建造的，是基于单间群居论（108）设计的住宅形态。根据女性从事工作的社会实际，对夫妇构成最小家庭单位的定义提出了疑义，对自立的个人提出了解释的答案形态。在此，夫妇也是各自独立的个人，处于男女立场，探索了个人生活所需要的最小面积。各自经营自己生活，各个居住房间都提供生活必需要素。

根据大开间思想，提出的问题意识，在 1970 年代末，出现作为投资目的的大开间住宅楼建设潮流被社会接受。这极具讽刺意义，在城市的中心区住宅楼乱立，成为破坏生活环境的元凶，也成为眼前的社会问题。这一潮流也可以说是对现代家庭形式与现代住宅、城市形象的固定认识所蕴含问题（096）的喷发。

菊竹清训的"蓝天住宅"表示了住宅"可变性"和"转用性"；东孝光的"塔之家"提出了城市中心住宅的宅地问题；黑泽隆的"星河丘比住宅"表示了个人单位的生活容器的住宅问题。各个不同的构想核心及其可能性，依然是现在建筑的问题意识，必须去考虑。

"星河丘比住宅"室内6)

"星河丘比住宅"室内3)

"塔之家"垂直展开的大开间4)

"塔之家"　东孝光　1967年3)

■参考文献　菊竹清訓『建築のこころ』井上書院、1973 年/東孝光・節子・利恵『「塔の家」白書』住まいの図書館出版局、1988 年/黒沢隆『個室群住居』住まいの図書館出版局、1997 年

087 后现代主义
Post Modern

现代建筑的死亡报告　批判现代建筑的总旗帜

1934年西班牙作家法地利克・德・奥尼斯最先使用"后现代"一词，说是"对现代建筑的异动"。

经过30年之后，在1960年代的纽约，"后现代"一词再次使用。特别是用于文学批评领域，不久一般艺术家也广泛使用起来。

1970年代末，"后现代主义"又广泛传播于欧洲。因法国哲学家让－弗朗索瓦・利奥塔的著作《后现代主义的条件》(1979年)，使得"后现代主义"一词在世界上广泛传播开来，在建筑界，比其他领域流传得更早。

当时，向建筑史学家雷诺・班哈姆的学生希格弗莱德・吉迪恩学习的美国人查尔斯・詹克斯自称为"建筑设计批评家"的著作《后现代主义的建筑语言》(1977年)起了重要的媒体作用。

该著作是对现代建筑死亡的冲击性报道。死因就是功能主义(032)单一的片面体系，及其高教养性。即，形式化、制度化的现代建筑的信息交流不全，或是完全断绝信息交流。批判、分析了现代建筑(死亡报告)，论述了承担下一时代的建筑形象"后现代主义"。

"后现代主义"以"混合化"、"双重符号化"、"多样化"为特征。具有"历史主义"(005)、"直接的复古主义"、"复合变异"、"文脉主义"(080)、"折衷主义"、"都市区域专用化"等设计特性。

查尔斯・穆尔(077)、罗伯特・文丘里(078)等人的工作已经基本上将"后现代主义"具体化了。即，对1960年代以后，美国文化现象产生的一系列现代建筑，设定了批判潮流的综合框架。极大综括了文化评论的时代的波潮，所以詹克斯以"后现代主义"这一词句进行评论。

与以后的"地域批判主义"(088)(肯尼斯・弗兰普顿)等相比，詹克斯的"后现代"建筑的定义显得有些杂乱粗略。尽管追加了"红色现代"、"高度现代"等概念进行说明，也依然有不明了之处。

"后现代主义"一词与"国际式"(049)相同，最终归结于表现形式的问题，有遮盖问题实质之处。最早称为"后现代"建筑的实例有AT&T大楼(1983)。不容忽视的是设计者是"国际式"的创造者飞利浦・约翰逊。

詹克斯打中了目标，在日本也立刻翻译出版了詹克斯的著作，由此，围绕着"后现代主义"的议论也沸沸扬扬；并且，作为时代的先进表现而瞬间流行起来。在世界上也都出现了"后现代"症候群的现象，风靡一时。由现代建筑割舍的"历史性"、"装饰性"、"地域性"等实现了过渡性的复活，一直到 1980 年代后期，"引用"、"转抄"、"反转"等表现游戏一直在反复进行。

迈克尔·格雷夫斯设计的波特兰市政厅（1982 年）、詹姆斯·斯特林设计的斯图加特美术馆（1984 年）、日本的矶崎新（079）设计的筑波中心大楼（1983 年）都是"后现代"建筑的代表实例。

波特兰市政厅　迈克尔·格雷夫斯　1982年[2]

AT&T大楼　飞利浦·约翰逊　1983年[1]

筑波中心大楼　矶崎新　1983年[4]

斯图加特　詹姆斯·斯特林　1984年[3]

■参考文献　Charles Jencks, "THE LANGUAGE OF POST-MODERN ARCHITECTURE", Academy Editions, 1977. 邦訳『a＋u臨時増刊：ポスト・モダニズムの建築言語』1978 年 10 月、エー・アンド・ユー/Charles Jencks, "What is Post-Modernism?", 3rd Edition, Academy Editions, 1989/J＝F. リオタール、小林康夫訳『ポストモダンの条件』水声社、1986 年

088 地域批判主义

Critical Regionalism

作为批判实践的建筑/作为文化战略的批判

所谓"地域批判主义"并非是具体特定的地域潮流、建筑派别的名称，也并非是特定的形态名称。据说"地域批判主义"出自亚历山大·楚尼斯与安德烈·勒菲弗尔的合著《格子与通路》（1981年）。而实际提出"地域批判主义"问题，并在世界传播其意义的是建筑批评家肯尼斯·弗兰普顿。以后亚历山大·楚尼斯与安德烈·勒菲弗尔也承认了这一点。

借用肯尼斯·弗兰普顿的话语，"地域批判主义"属于"批判的范畴"，是一种对现代文明的批判，也是对现代这一时代所抱有的问题的回答。其要点是普遍性（普遍的文明）与个别性（地域的文化）的辩证法。

批判了不断地驱逐世界各地文化的现代普遍文明，接受其进步的遗产——技术，同时不伤害波普艺术（077）及感伤的地域主义，与其保持适当的距离，力图达到普遍性与个别性的综合。

肯尼斯·弗兰普顿提倡"地域批判主义"是"高技术"（090）以及"后现代"（087）建筑抬头并迅猛增多的1980年代初期。

弗兰普顿解释说：前者是自启蒙主义时代起，毫无变化的进步神话的乐观信奉者。后者是工业化以前，旧建筑形态的消费者，并且遮盖现代这一普遍体系的严酷现实，只不过是"修补建筑外观"的工作者。

弗兰普顿认为二者都无法从现代的时代困境中解放出来的。最终不过是"进步的神话"及"回归过去的冲动"这种脱离现实的立场。即，推崇"后卫主义"。正是因为"后卫主义"，才能不断地慎重利用普遍技术，同时，才可以展开抵抗文化，以恢复其本来面目。

弗兰普顿在其主要著作《现代建筑——一部批判的历史》（日文翻译为《现代建筑史》"最末章"1985年第2版以后追加）将批判地域主义的要项具体总结为"周边实践"、"有意识建造境界的建筑"等7个条目。特别引起注目的是摆脱那种强调形式、视觉优先的建筑。其战略要点是探求"现代建筑的脱构筑主义"。

弗兰普顿在著作中也谈及了触觉的可能性，其目的是摆脱由建筑外观形成的表面现象这一西欧现代合理主义的做法。

并且弗兰普顿的建筑是凝聚着诗意般的内容，即素材、技术、结构力学综合编织而成，事实上整体结构中都凝聚着建筑的表现方式。

作为"地域批判主义"的实例，弗兰普顿列举了约恩·伍重（074）的巴格斯瓦德教堂（1973～1976年）、阿尔瓦·阿尔托的赛于奈察洛市政厅（1952年）、阿尔瓦罗·西扎的平托 & 索托银行（1971～1974年）、马里奥·博塔的圣维塔莱河独家住宅（1971～1972年）、安藤忠雄的小筱宅邸（1981年）等。

弗兰普顿提倡"地域批判主义"之后约10年，亚历山大·楚尼斯与安德烈·勒菲弗尔更激烈地展开"地域批判主义"。甚至提出报告说：连地域要素也要驱逐，不是要表现"近亲性"，而是要建造"有不同感觉"的建筑。即，使用西库鲁夫斯基的"异化"手法，消除建筑物与利用者之间去"适合"的悲哀感觉，要展现与此不同的建筑。

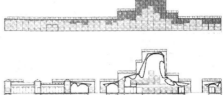

巴格斯瓦德教堂　约恩·伍重　1973~1976年[1)]

赛于奈察洛市政厅　阿尔瓦·阿尔托　1952年[2)]

另外，比起以美国为中心的地域特性文化，更积极地吸收自然特征的形态。即，承认有效率地组入地域材料建筑的存在。还主张"地域批判主义"现在是更为富于刺激的方法。

但是，看一下两人的实例，特别是前者的实例，安东尼奥·维莱斯与柏德鲁·卡萨利埃克的马德里德公共集合住宅（1980年），以及安东尼奥·维莱斯的马拉嘎公共集合住宅（1990年），完全都是列举了西班牙建筑家的作品。在今天来看，的确是富有刺激性的方法，但不可否认也有缺少说服力之处。

小筱宅邸　安藤忠雄　1981年[4)]

圣维塔莱河独家住宅　马里奥·博塔　1971～1972年[3)]

■参考文献　ハル・フォスター、室井尚・吉岡洋訳『反美学―ポストモダンの諸相』勁草書房、1987年/A. ツォニス＋L. ルフェーブル、中村敏男訳「ふたたび批判的地域主義について」、『a+u』1990年5月号、エー・アンド・ユー/ケネス・フランプトン、中村敏男訳『現代建築史』青土社、2003年

089 解构主义建筑

Deconstructivism

检证、批判现代建筑理念的项目

1988年纽约现代美术馆举办"解构主义建筑展"之后,解构主义建筑的名称广泛传播,"解构主义"一词成为某种造型倾向的作品或思潮的总称。

"解构主义建筑展"邀请了7名建筑师参展,有弗兰克·盖里(参展作品:盖里自宅、家庭住宅)、丹尼尔·里勃斯金(参展作品:城市边缘)、雷姆·库哈斯(参展作品:住宅楼及展望塔)、彼得·艾森曼(参展作品:法兰克福大学生物学中心)、扎哈·哈迪德(参展作品:高处)、蓝天组(参展作品:屋顶改修、住宅楼、天际线)、伯纳德·屈米(参展作品:拉维莱特公园)等。

他们的参展作品中,反映出第一次世界大战后,在革命俄国反复实验的至上主义、构成主义(033)等的浓厚影响。可以看出批判地继承了这些抽象艺术运动使用过的造型语言是他们的共同特征。

建筑领域中,狭义的后现代主义(087)曾再次使用19世纪以前历史风格的装饰花边,以图复兴建筑的历史性(005)、符号性(082)。对此,"解构主义"则参考1920年代现代建筑造型最为革新的建筑而开始。

"解构主义"一词是法国哲学家雅克·德里达在1960年代末提出的概念。向构筑柏拉图以后的"真理"为目标的西欧哲学体系提出异议。但是,并不是对其进行破坏,而是改换其词语的意义,改换词语的位置,以此种手法开始对世界进行新的解读。

1970~1980年代,美国西海岸批评家保罗·德曼等展开对解构主义的文学批评。德里达的这一理论超出了哲学领域的界限,被广泛引用起来。

在这同一时期,建筑领域中使用绘图、模型等形式,对现代建筑的"空间"、"功能"、"规划"等超前的概念投出了批判的解释,并制作出了项目。

屈米(092)的"曼哈顿记录器"(1976~1978年)参照电影导演瑟格·米哈鲁奇·艾森休坦的电影理论,记述了城市公园发生的杀人事件等的痕迹,将发生瞬间的空间图像化。在这里,现代建筑与功能(032)的关系中所定义的空间概念被对立起来。

库哈斯(106)的著作《错乱的纽约》(1978年)描绘出了城市不是规划的对象,而是欲望投机的场所,是实现梦想的宿命场所,反转改换了现代城市的姿态。

另外,里勃斯金在《建筑3课》(1985年)的模型中,以"读的机械"、"记忆的机械"、"书写的机械"3种机械,来表述中世纪、文艺复兴时期、现代的各自不同,寓意建筑概念的历史范畴。

建筑的"解构主义"与哲学议论直接接触的是拉维莱特公园的设计,在设计过程中,艾森曼与德里达合作的"栅栏"(1985年),虽然最终没能成为这一设计的形态,但明显出自解构主义思想,唤起了对这一方法论的广泛议论。

1980年代后期开始,解构主义建筑师们实现了其作品,库哈斯设计的舞剧院(1988年)、艾森曼的小泉照明展示馆(1990年)、里勃斯金的犹太博物馆(1998年)等。在这一过程中,解构主义不仅仅局限于建筑思想问题的尝试,也充分显示了实现建筑实体化的思维。

解构主义建筑在实现建筑实体化的过程中,增大对各个作品造型的兴趣,这也成为取代"后现代"建筑形态的契机,使解构主义建筑作为新的建筑形态流行、使用起来。

德里达的哲学理论显露出形而上学的内在结构,在建筑上"解构主义"本来作为检验现代建筑的理念,是启动批判作业程序的项目,颠覆功能与形态、形式与内容、内部与外部、主观与客观等各类概念辩证法的内在关系。以反论来制造、测定与现代建筑的距离。在深化这一作业的过程中,超出了单纯作为形态的理解,可以看到在1980年代建筑思潮解构主义的实验特性与意义。

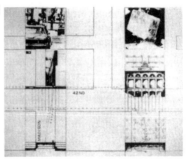

"曼哈顿记录器" 屈米　1978年[1])

犹太博物馆　里勃斯金　1998年[2])

■参考文献　「特集:ディコンストラクション」、『現代思想』1985年8月号、青土社/Philip Johnson, Mark Wigley, "Deconstructivist architecture", Museum of Modern Art, 1988/アーロン・ベツキィ、岡田哲史・小坂幹・堀眞人訳『ヴァイオレイティッド・パーフェクション-建築、そして近代の崩壊』エー・アンド・ユー、1992年

090 高技派

High-Tech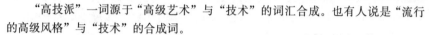

技术巴洛克或者说极度地适应性所产生的外露的美学

"高技派"一词源于"高级艺术"与"技术"的词汇合成。也有人说是"流行的高级风格"与"技术"的合成词。

高技派的建筑体系可以说与那种把系统藏入黑盒子的极简主义正好相反。

建筑构造体及设备单位体等建筑结构要素不加隐蔽，使之露出在外部，其动态形态与造型包裹着鲜明的原色（红、黄、蓝等），时时显出金属的光泽，以提高形态的表现水平。

包括让·努维尔设计的阿拉伯世界研究所（1987年），具有自动调光装置，类似于这样的建筑，被称为"高技派风格"。在1980年代风靡一时，成为一种潮流。

诺曼·福斯特、理查德·罗杰斯、伦佐·皮亚诺被誉为高技派的3巨匠。在高技派的先驱中，有简·普鲁威、皮埃尔·夏洛、理查德·巴克明斯特·富勒。作为高技派先驱作品的有史密森夫妇设计的亨斯特顿中学（1954年）等新粗野主义（064）、巨大构造物（071）的作品，以及可行性研究住宅（CSH）（056）等。

这以后，称为高技派的建筑有四人组（诺曼、温迪·福斯塔、理查德、苏·罗杰斯）设计的里拉安斯控制公司（1967年）。

这是从大批量生产的工业化产品的资料目录中选择材料，将其组合成工业化的风土性美学建筑，其建筑具有超越功能的象征表现（有不要结构的建筑）。其与查尔斯和蕾·伊默斯夫妇设计的CSH8#（1949年）（可行性研究住宅第8号）确实相似。

追求平面彻底的适应性，以及追求钢结构的接合部等所表现的结构视觉效果等等，都是其特征。

建筑物追求适应性平面结构，在1960年代中期成为风潮。排除原有的权威形态及形式，追求所有的人都可以自由利用，以及任何时候可以增改的可变性，是满足时代要求的象征。

建筑结构的视觉表现受路德维希·密斯·凡·德·罗设计的克朗楼（1956）钢结构的影响，都具有结构形态外露和抽象主义的特征。

高技派建筑有对"第一机械时代"（雷诺·班哈姆）技术（029）的向往，还有"结构、功能的视觉化"。也可以说是顶极的结构、功能表现主义意义上的技术巴洛克形式。但是，并非都是想还原到乐天的技术浪漫主义。而是一种工匠式作业（特别是皮亚诺）所支撑（非构主义建筑）的假设性（罗杰斯、福斯塔），玻璃的透明

蓬皮杜国家艺术与文化中心　皮亚诺与罗杰斯　1977年[1]

性（101）以及结构的轻快表现，铝合金外装材料轻盈的整体外观，还有抽象主义的嗜好，以及考虑人类环境的"生态学"技术（特别是福斯塔为首的）等的多样性。共通之处是平面的适应性及可变性。按照社会的这一要求，构筑成无柱大空间的构想作为其前提。也可以说是在这一前提下产生出了高技术建筑。所以，高技派建筑师们不可缺少有奥巴·阿尔布、这样作为合作者的工程师。

高技派建筑的纪念碑当然是皮亚诺与罗杰斯设计的蓬皮杜国家艺术与文化中心（1977年）。代表作品还有罗杰斯设计的伦敦劳埃德大厦（1987年）、林原第5大楼（1993年）、福斯塔设计的柏林森兹美术中心（1978年）、鲁诺公司部件配送中心（1983年）、香港汇丰银行大厦（1986年）、苏黎世塔（1991年），皮亚诺设计的麦尼鲁美术收藏馆（1986年）。在日本也有不少高技术建筑的实例。

在"后现代主义"（087）的潮流中，由查尔斯·詹克斯将高技派建筑分类为"后期现代"，也作为新的建筑表现形成流行现象。

英国皇太子查尔斯在英国王立建筑师协会（RIBA）创立150周年纪念大会（1984年）上，取笑现代建筑为"可爱而优雅的友人脸上的奇怪肿瘤"。以此为开端，现代建筑成为"搅乱历史城市景观"的批判对象，特别是英国皇太子75min的纪录片"英国的未来形象"（BBC 1988）放映后，一时成为议论中心。

伦敦劳埃德大厦　罗杰斯 1987年[3]

香港汇丰银行大厦　福斯特 1986年[2]

1990年代后，高技派建筑进化为考虑高技术社会中人际关系及文化的"高接触"建筑。

■参考文献　「特集：ハイテック・スタイル」、『SD』1985年1月号、鹿島出版会/ケネス・フランプトン、中村敏男訳「第3部第4章」、『現代建築史』青土社、2003年/レイナー・バンハム『明快さ、誠実さ、統一性あるいはウィット』、岸和郎・植田実監修『ケース・スタディ・ハウス』住まいの図書館出版局、1997年

舒适优雅

091

Amenity

Ⓗ

追求城市生活空间舒适性的理念

"舒适优雅"一词来源于拉丁语的"爱（Amenity）"，也称为"社区互爱"等。不仅将城市作为生产的场所，也作为综合的生活场所。是人们居住、近邻交流、业务、消费、移动等等，与所有活动相适合的事物。即，指舒适优雅的城市环境。"舒适优雅"理念起源于19世纪的英国都市规划，可以找到居住于城市的中产阶级完善居住环境制度化的开端。

禁止在居住街区饲养家畜，住宅造型、创意的限制，商业区域噪音的限制等，安静的绿阴中鲜花开放的田园都市（016）是英国中产阶级理想的居住环境。这正是舒适优雅理念的开端。

1977年日本经济协力开发机构（1961年创办）环境委员会指出：恶化的环境并没有得到改善。环境厅立即要建立舒适优雅环境作为行政的重要课题。同年，邀请有学识者参加并设置了"舒适优雅环境讨论会"，并于1984年开始协助市区、乡村建造舒适优雅环境居住区的规划设计。此后，1985年作为最优先的新政策，以行政手段推进舒适优雅环境住区规划建设。于是，日本开始经常听到舒适优雅环境的词句。脱离只片面重视功能的现代城市规划（053），开始采取面向"舒适优雅"的具体姿态了。

1980年代，日本社会迅速急剧变化，因而日本的城市没能形成并保持英国田园都市那样的环境。尽管如此，公共空间的框架仍然希望有时间的连续性，这样才能找到确保舒适优雅环境的可能性。道行树使得夏季有树阴，冬季有阳光，还有可以小憩的街角公园，历史建筑为中心的环境设施的整备等等，日本展开了各种方式的尝试。

在这一潮流中，特别是城市的水际，在办公楼等巨大建筑的竖井部分为中心的公共空间中出现。即，滨水环境及中庭庭院的形式。在1980年代的建筑界中流行起这种建造方式。

所谓"滨水环境"是建造水际空间的环境。例如，设置暗渠、高堑、栏栅、扶手等，把城市河川的荒凉景色变成可以修身养性的亲水空间。在工业区及仓库集中的港湾地区，开始出现从城市撤除工厂设施等，而把这些地方积极改为公共空间和居住空间的动向。

英国伦敦曾将原造船业的据点后来荒废的船坞区重新开发的实例（1981年～）等，日本以此为样板，并从景观（095）的观点进行规划，使得曾成为污染公害的水域得以恢复。这一良好现象的出现，当然也有志愿者不断地捡随波漂上岸的垃圾，靠坚持不断的努力来支持这一规划的实现。

最早的滨水环境应用实例中，有的以后成为水族馆的雏形，剑桥塞文的波斯顿新英格兰水族馆（1969年）就是实现水族馆与自然史博物馆为核心的水际空间。

谷口吉生与高宫慎介设计的东京都葛西临海水族公园（1989年），以及大阪的海游馆（剑桥7　1990年）都是这一舒适优雅理念的延长线，还有小樽的运河等。作为旅游观光地的水际再生的成功实例也很多。

另外，还有中庭庭院的形式。所谓中庭庭院形式，原本是古罗马的中庭形式。1960年代，日本的建筑设备工程学，特别是空调体系（075）的发展，使得建筑内的大空间有了实现可能。由天窗等射入阳光，建筑物内部出现了舒适优雅的外部环境（人工空调）。在今天称之为"中庭庭院"。

凯文·罗奇与约翰·丁克路设计的福特财团大厦（1968年），内部的大竖井空间充满光线与绿色，像是都市就业者的沙漠绿洲，是中庭庭院的典型与先驱。

在日本，日建设计公司设计的新宿NS大楼（1982年）大的中庭庭院（宽40m、深65m、高130m），从天窗采入自然光，显示了新城市建筑的内部空间。

作为中庭庭院形式的压卷之作，赫尔穆特·扬设计的伊利诺伊州中心大楼（1985年）17层楼高的大竖井空间，直径40m的圆形中庭庭院，具有高技术的感觉（090）。色彩鲜艳的结构体直接外露，压倒般气势的动态空间规模之大，将芝加哥的城市街道都纳入了内部。这是以城市的人工素材与要素来实践城区环境舒适优雅化的作品。

其他还有诺曼·福斯特设计的香港汇丰银行大厦（1986年）的中庭庭院，这也是高技术的精华，优雅高尚的中庭庭院作品的一例。

伊利诺伊州中心大楼　赫尔穆特·扬　1985年[3]

新英格兰水族馆　塞文　1969年[1]

东京都葛西临海水族公园
谷口吉生与高宫慎介　1989年[2]

■参考文献　日本都市計画学会編『アメニティ都市への途』ぎょうせい、1987年/畔柳昭雄・渡辺富雄編「海洋建築の構図」、『PROCESS architecture96』ペロセスアーキテクチュア、1991年/リチァード・サクソン、古瀬敏・荒川豊彦訳『アトリウム建築　発展とデザイン』鹿島出版会、1988年/プロセスアーキテクチュア編集部『アトリウム　人間のための都市空間』、『PROCESS architecture 69』プロセスアーキテクチュア、1986年

092 非逻辑性

Disprogramming

不断变换的功能与空间关系

根据社会各种活动的需要，将建筑物分门别类，把所需要的功能进一步细分，决定各房间的规模、配置方法等。功能主义（032）一般的做法就是构成该建筑的手法。规定了建筑物作为内容的功能与作为器具的空间关系，使建筑完成其社会作用与义务。二者的这种关系，在日本被称为"建筑规划学"。按照社会的、文化的制度来进行规定。建筑师称作"程序"的设计前提条件，作为长期以来的社会要求，当然是不言自明的。

进入1980年代以后，这一功能与空间的对应关系成为一些建筑师的思考对象，二者的关系如果变换为更为可动的良性关系，将会给建筑带来新的可能性。于是出现了"非逻辑性"构想。

伯纳德·屈米（089）曾记述：功能与空间单一的关系已经丧失，相互处于断绝的状态。显示出将其重新组合为"非逻辑性"的手法。例如，给餐厅加进保龄球场，或在图书馆房顶设置跑道，加入完全不同性质的功能，合成多样化的城市功能。通过多种功能重合，还可以诱发出不可预期的活性。

1982~1983年，举办的巴黎郊外拉维莱特公园设计比赛一等奖方案，显示了这些典型的手法。120m间隔的格状上配置点的要素，散步路、树木排列（线的要素）、广场及庭院（面的要素）等，设定点、线、面各自的造型要素。并且，这3种旋律相互摆脱功能上的关系，相互重合，使广大的场地上出现不可预测的空间。

在这一设计比赛上，各种不同方法论的异质物体，聚集于同一试点的项目中，显现出对同时代"程序"转换的问题意识。雷姆·库哈斯（106）设计的方案在分割成带状的空间中设置树木等自然要素，与人工的物体并列，有意创造出了横断各自空间境界时的偶发景色。

另外，日本的原广司还提示了层状结构的巨大玻璃壁体空间形式，其中收入了必要的功能，按不同位置透过它看去，会现出各种各样的情景。原广司称之为"多层结构"。以后，又将此进一步理论化。通过个别空间的

拉维莱特公园 点、线、面的位置 屈米 1982年[1]

重合组换，尝试超越被固定功能束缚的旧有构成手法。同时进行多处这样的尝试。

1990年代的前期，日本出现对"程序"问题作为建筑设计新的方法论重新定义的议论。妹岛和世（098）设计再春馆女职工宿舍（1991年）时，没有设置通常的、重视私密的个人单间，消除了空间相互的阶层性，表现出了均质律一的各个单间空间。

拉维莱特公园的页面[2]

山本理显（108）在熊本县营保田洼第1住宅区（1991年）中，反转了以门—住居—单间的关系，尝试重新编制公共集合住宅的平面设计方法。

山本理显记述道：空间配置可以诱发社会功能。建筑师参与建筑条件的制定可以创造出新的社会与建筑的关系。这一想法不仅仅是

拉维莱特公园设计比赛应征设计方案配置图　OMA　1982年[4]　　法国国立图书馆设计比赛应征设计方案　屈米　1989年[3]

"程序"创造空间结构新范例的方法论，还必须认识到是扩大建筑师职业与社会作用的更高战略。

通过公共投资的增大，建筑师参与公共建筑设计的机会增多，"程序"这一用词被赋予建筑的社会侧面含义，可以见到其表现出意义扩大的动向。

■参考文献　ベルナール・チュミ、山形浩生訳『建築と断絶』鹿島出版会、1996年／チャールズ・ジェンクス、工藤国雄訳『複雑系の建築言語』彰国社、2000年／多木浩二・八束はじめ「制度／プログラム／ビルディング・タイプ」、『10＋1』No. 2、1994年秋号、INAX出版

思潮・构想　　原型・手法　　技术・构法　　生活・美学

093 混 沌
Chaos
摸索混乱无序产生出的新意义

　　法国哲学家让－弗朗索瓦·利奥塔对后现代主义（087）这一时代科学的特征，作出了如下概括："无法决定性，以及正确控制受到限界。即，显示出对各种反论的兴趣，科学自身发展的不连续性、破灭、突变、无法修正的逆反的理论化。"

　　"理性秩序"以"现代"这一时代的思考框架为基础，但其从19世纪末已经在各种领域开始动摇。吉古蒙德·弗洛伊德的精神科学，没能看到以后的量子力学的详情，只靠理性无法来解决一切，对地震、恋爱等自然现象和社会现象中，理性、科学无法说明的现象很多。

　　1960年代开始，对无法预测的自然现象和社会现象要尝试解明，数学家鲁纳德姆的《卡特斯特罗夫理论》（1961年）就是这一运动的先驱。

　　1970年代，随着电脑的发展，庞大的信息量处理成为可能，数学随之在理论等领域，开始尝试原样解读非理想化现实世界，包括无序混乱的现象。其代表是"混沌"以及"分形"的理论，其要解明无序之中潜在着的秩序。于是，"理性的秩序"将要从根底上动摇了。

　　重视计量与分析，而不管其质量如何，以同一性与普遍性作为规范的现代思想须要转换的时期到来了。基于迷蒙的、非决定论的现实，尽管舍弃数量，也要追求质量，转向对此进行分析的现代标志的思想。换言之，即要追求"质量"的意义。利奥塔捕捉到了这一点。

　　在建筑领域，"混沌"理论提示了非决定论的现实城市及建筑的迷蒙、无序概念，而实际作为具体形态浮现出表面是在进入1980年代以后，没能像西欧形成井然有序的城市的日本现代都市——东京成为其舞台。

　　例如，伊东丰雄表现的"临时性"思想，直接面对无序的易于移动的都市现实，不是批判都市的这一现状，而是相反从中找到都市的快乐之处，追求其现实。伊东丰雄连续发表了"东京游牧少女的包"（1985年）、"诺马德餐厅"（1986年）等称为"穿孔金属板"（094）或"延压金属板"的作品。通过以轻盈的表层材料建造的临时性建筑，将"短暂"思维实体化。

　　更为过激的是筱原一男，认为东京自1960年代起都市已无序化了。进入1980年代后，筱原一男开始以"混沌"为题，展开了刺激性建筑论，并且提出了"高反差"、"无规则噪音（Random Noise）"等概念。

　　"混沌"的产生首先是非静止、非均衡的城市结构，是作为活生生的物体对待的，并检验其规律。假如建筑师设计了都市所有的建筑，那么每个建筑都会是近视

"诺马德餐厅" 伊东丰雄(1986年)[1]

眼般的秩序,其集合体必定不可避免是混沌。抓住"混沌"产生出的"移位"、"断层"及独特的"差异"的规律。这一规律不单单是混乱,尝试从中产生出使都市活性化的"混沌",即是"反高差"、"无规则噪音"等概念。

高技术使得人们多种多样的欲望有了实现的可能。但是,以电子学为主体的高技术机械失去了人类感情的诉说,被黑盒子化,被剥夺了意义。成为"0度机械"的建筑物集聚在城市,"0度机械"的建筑物相互间产生出"无规则噪音"的"差异"。由此,使都市活化,创出了不曾存在的意义。这一现象提示出了整体的统一性以及原有的规律性、秩序性,产生出不同层次的、片段的、无法预期的、多样意义的空间与城市。

从筱原一男设计的日本浮世绘博物馆(1982年)到横滨住宅(1986年)、东京工业大学100年纪念馆(1987),让独立的几何形态发生冲突的实验工作就是其实践。

浮世绘博物馆 筱原一男(1982年)[2]

"混沌"这一现代标志思想在社会上的流行,使得筱原一男向着其理论化展开更大作业。筱原一男称"混沌"为"下一个现代",可以说他预感到了都市与建筑将会有新的发展。

东京工业大学100年纪念馆 筱原一男(1987年)[3]

■参考文献 J=F. リオタール、小林康夫訳『ポスト・モダンの条件』風の薔薇社、1986年/西島建男『カオスの読み方』筑摩書房、1987年/伊東豊雄ほか『バッド・シティの快楽-東京都市学校』TOTO出版、1990年/「特集:篠原一男 モダン・ネクストへ」、『建築文化』1988年10月号、彰国社/「特集:ブリコジ-ヌ=ゆらぎ・カオス・秩序」、『現代思想』1986年12月号、青土社/「特集:カオス-複雑系のエスピテーメ」、『現代思想』1994年5月、青土社

094 轧孔板

Perforated Mental ⓣ

用以表现都市现实中摆脱形式的人造自然环境的材料

"穿孔板"也称为"金属穿孔板"或"网眼板"。是在不锈钢或铝等金属板上打上圆的、或椭圆、或正方、或六角形等各种形状、不同尺寸的孔，加工制成的材料成品。是金属制的网格板，即金属网板的一种。

金属网板没有凹凸面，可以自由开孔，也可以弯曲加工，还可以在以后安装设置时开安装孔。由于上述等特点，比较容易处理。所以，广泛用于家电制品的放热外壳、炉灶及烘箱的食品架、扬声器的外壳等，用途多种多样。

按照孔眼的样态，可以发挥出色的消音作用，用于汽车、摩托车等的前罩消音装置，或高速公路等隔音墙的材料。现在金属轧孔板生产总数的 6 成左右用于汽车、摩托车等的部件。

原来用于家电制品、车辆制品等的金属轧孔板材料，与金属制的网格板一同在 1980 年代后期成为建筑师竞相使用的新材料。由于具有量轻、易于加工、经济性、耐候性等优良特点，所以呈现出流行趋势。特别是铝材（073），可以开成小孔，作为面材使用时，网格状的细孔具有半透过性的屏幕作用，还具有薄而轻的感觉。

1980 年代的后期，在日本社会大众化高度消费进一步加快，人们在泡沫经济的好景中狂舞、跳跃。建筑的废除、重建（104、107）风潮蔓延，特别是商业建筑，这种建了拆、拆了建的现象更为显著。建筑物的寿命短，建造起来不久又要解体重建。建筑作为社会成分的认识早已吹到九霄云外，社会充满建筑临时性的认识和气氛。对这种状况不是憾惜，而是肯定。这种轻率的都市现实成为当时时代产生出的社会先驱。

伊东丰雄将薄轻的半透过性的金属网格板用于建筑作品，表现出了轻快的、临时性的都市现实（093）。伊东丰雄不想通过孔格状形态表现什么，只是抽象地、非符号地使用孔格板。在自己的住宅"银顶"（1984 年）、诺马德餐厅（1986 年）存在的孔格状形态，表现了临时性的、自由的印象。在此，其主张脱离建筑的形式性，在横滨的"风塔"（1987 年）将不可视的风进行视觉化，采用了孔格屏幕装置。

"风塔"　伊东丰雄　1987年[1]

长谷川逸子的作品看上去像是与伊东丰雄的风格近似，但长谷川逸子的作品与伊东丰雄在孔格状形态的比较，却形成对照。其目标是通过表现形成新的环境。东玉川的住宅（1987年）、藤泽市湘南台文化中心（1990年）就是良好例证。网格状板加工成风、云、虹等自然现象的比喻形态，目的是以人工材料作为生态学（104）的环境装置，从其作品中可以感到其一贯的建筑理念。

伊东丰雄与长谷川逸子为先导的孔格状形态引起了许多建筑师的创作欲望，特别是在日本国内。内部与外部的境界皮膜似连似断。对建筑师来说，实现空间多层性的皮膜（帷幕）极具魅力，并且促进了发现新的临时建筑的材料。在泡沫经济的顶峰期，建筑杂志封面连续刊登了孔格状形态为主的作品，妹岛和世等讴歌金属及聚碳酸酯波板、金属网格等轻盈材料及临时性建筑的建筑师也连续登场。也许是可以获得与隔障屏风相近的效果，而适合日本人的嗜好。

但另一方面，也有讥讽这种设计为"轻飘飘建筑"（铃木成文）的说法。评价其为：过于不可靠的轻薄。

到了1990年代前期，这种一时的狂热有所减弱。现在，制成品的网格板阳台已经成为定型的建筑商品材料之一了。

"银顶"　伊东丰雄　1984年[2)]

藤泽市湘南台文化中心　长谷川逸子　1990年[3)]

■参考文献　伊东豊雄『風の変様体』青土社、1999年/伊东豊雄『バット・シティの快楽学』TOTO出版、1990年/伊东豊雄「消費の海に浸らずして新しい建築はない」、『新建築』1989年11月号、新建築社/「特集：長谷川逸子」、『SD』1985年4月号、鹿島出版会/「特集：長谷川逸子」、『SD』1995年11月号、鹿島出版会

095 景 观

Landscape

控制外部空间 多领域的环境设计技术

建筑物置于城市里，或是置于郊外广大的自然之中，不可避免地会与周围环境产生关系。作为小规模的一户式住宅并排形成街道，以及较大规模的公园、绿地等自然景观的空间的扩展，会与内部空间同样，某些时候会产生重大影响。进入 1980 年代以后受到极大关注，"景观"思想是将外部环境整体在建筑、城市规划、土木工程等各个相关领域综合考虑、控制的技术。弗拉德利库·鲁·奥姆斯特德首次使用"景观建筑"一词，提倡城市美运动，他同时还是社会改革论者和农业改良技术者。以此为象征，在生活环境恶化的城市中，负有维护、改善城市环境及自然景观责任的专门职业领域开始被认知，与在限定区域内进行栽植规划等的园艺师在职能上有根本不同，与建筑师相同具有重要的公共特性。

19~20 世纪，以美国为舞台，景观建筑便已得到发展，1858 年纽约的中央公园设计比赛中，奥姆斯特德与卡尔维·瓦共同当选。于是，他们展开构筑英国风景庭院式富有画趣的形态，由此开始了景观设计的方式。

第一次世界大战后，1920~1930 年代之间，在立体派及结构主义（033）等欧洲前卫艺术运动的影响之下，富莱彻·斯特尔、托马斯·彻持、库里斯特法·达纳德、格莱德·埃克保等为景观建筑设计领域带来新的方向。他们脱离古典主义造型（005、012）固定的典型的轴线视线手法，通过几何学形态（018）为要素的抽象结构，以复数、多样的视线为前提，来编成外部空间。

也出现了杰姆斯·鲁斯按照植物树种、形状等分类，将其组合为结构的手法，这样景观与建筑的设计手法共有，开创了可以共同组合二者的道路。第二次世界大战后，劳伦斯·哈尔普林设计的尼克莱特商场（1967 年）以及鲁波特·萨文设计的贝利公园（1967 年）等，应用都市中心区再开发的理论及商务街袖珍公园形成景观方法论，普及了城市绿化和开放空间（070）的新构成方法。

1970~1980 年代环境艺术及地形艺术、景观艺术等现代美术潮流也影响到了景观建筑领域，艺术家们离开了美术馆及画廊等封闭的展示空间，以自然环境作为展示发表作品的场所，开始对美术存在的原义提出质询。马科哈萨、鲁波特·莫里斯等在广大的自然中设置展间，创造了鉴赏者在各个展间移动，感受知觉变化的形式。

在与自然融合的过程中，景观建筑与问题意识形成共识。亚瓦修富·库里斯特的伞状项目（1991年）等得到一般市民的协助，制作过程本身成为了作品项目。这些作家们多为小型艺术、景观建筑与小型主义协调的动向显著。彼得·沃克与矶崎新共同创造的先端科学技术支援中心（1993年）网格状并列的圆锥形体的庭院等，成为艺术色彩强烈的作品。

　景观建筑并非仅仅指外部空间的构成方法，因为以自然为直接对象，也与生态学领域，以及环境保护等问题相关，还要从风景及景观、社会文化遗产的继承等立场来考虑，社会学、历史学等人文领域的知识结构也必须具备。尽管存在着跨学科领域的问题，但相邻学科领域与建筑设计的关系中存在推进改变建筑物内外空间变化的可能性，需要积极探索双方的共同点。

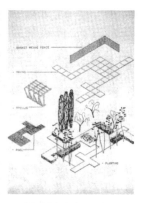

鲁斯的《库利埃德庭院》(1958年)中的图版[1]

尼克莱特商场　劳伦斯·哈尔普林　1967年[2]

先端科学技术支援中心　矶崎新、彼得·沃克等　1993年[3]

■**参考文献**　landscape network901 編『ランドスケープ批評宣言』INAX 出版、2002 年/宮城俊作『ランドスケープの視座』学芸出版社、2001 年/ピーター・ウォーカー＋メラニー・サイモ、佐々木葉二・宮城俊作訳『見えない庭－アメリカン・ランドスケープのモダニズムを求めて』鹿島出版会、1997 年/三谷徹『風景を読む旅 20 世紀アメリカのランドスケープ』（建築巡礼）丸善、1990 年/「特集：ランドスケープ」、『建築文化』2000 年 11 月号、彰国社

096 都市中心居住

Restructuring of Inner City

(Y)

面向后现代城市的中心区设计新视角

按照《雅典宪章》(053)所代表的城市形态，基于生活功能分类、划区所建造的20世纪的城市，随着城市姿态的具体形成，意想不到的问题也显露出来。例如，城市中心区的工作地区只是白天热闹，夜里无人。相反，郊外的生活地区，白天无人，只是夜里才热闹。这种现象引发了问题的产生，例如犯罪等问题。

进入1980年代以后，逐渐开始对这样的城市现状问题重新考虑，如何促使其改变。例如，按照用途划分的区域，按照营业时间所决定的城市姿态，作为生活环境的总体，摸索出促使其实施24h营业的方法。这些尝试最早的发端就是1987年柏林召开的"国际建筑展览会"。

"国际建筑展览会"作为柏林市政实施750周年纪念事业的一部分，而策划的建筑展览会，主题是"作为居住场所的市中心"。通过市中心集合公共住宅建设的具体作业，作为人们居住的场所，尝试重新思考其再生的方法。为此，要探究人们居住市中心的意义和形态，对世界产生了极大影响。众多的世界著名建筑师、设计师参与策划，也成为话题。

建筑师约瑟夫·保罗·克雷赫斯被指名为"国际建筑展览会"的组织实施者，而其被选定为设计者也是通过了许多的设计竞赛。

"国际建筑展览会"否定了20世纪的郊外居住作为理想住宅形式的摸索过程，在历史过程中形成的传统住宅形式，楼栋（街区）环围中庭形态类型的再生是建筑展览会的主题。为此通过设计竞赛寻求解除、弥补"中庭住宅楼形态"存在的有关日照条件等缺点的方法。

在"国际建筑展览会"召开之前，"中庭住宅楼形态"的集合公共住宅类型被冷落，国际建筑展览会的召开给这一形态带来新的可能性，前所未有的多样变形使这一形态具体化了。

作为再开发的手法也不是使用拆除重建的方法，而是在不破坏原有设施与周边环境的关系、历史性与现代性共存的情况下开发，即眼前的城市现实与历史传统二者共存为课题，二者原样接受，作为新的规划与设计的出发点。

这一姿态的结果，"市中心居住"这一古老而又

柏林国际建筑展览会 柏林博物馆邻接的街区——可以帮助理解利用原有街区活化城市结构的建设活动情况[1]

柏林国际建筑展览会 罗西设计的集合公共住宅 1987年 街角拐点的处理[2]

柏林国际建筑展览会 格里高蒂等设计的集合公共住宅 1986年 保持街道景观连续性的同时，提供向中庭连接的门型造型[3]

现实的主题，提示了解决城市问题方法的雏形。现代城市的规划方法是在否定历史性与传统性过程中而建立起来的。建筑展览会带来了前所未有的观点。

"国际建筑展览会"以后，通过住宅为中心的建筑活动以及举办展览会的事业，尝试活化市中心居住区的构想在荷兰的格罗宁、法国的巴黎ZAC项目为开端在世界各国被仿效。在日本，1988年起根据当时的熊本县知事细川护熙的方案，聘请并委托矶崎新开始"熊本县艺术政策事业"。这就是柏林"国际建筑展览会"直接引发的想法。另外，以冈田新一为主持设计的冈山县的新创城区也是继承了柏林"国际建筑展览会"事业宗旨。

千叶县开发幕张新城区，建造了新的幕张住宅区（1995年入住）也导入了"市中心居住"的"中庭住宅楼形态"。

以重建丸大楼（三菱地所设计、2002年）为象征的东京丸之内地区的重新开发，虽然不包括"居住"的要素，但也是同一意识的延续。

幕张新城区中庭建筑 1995年 有意识地导入"中庭形住宅楼栋"连接而成的街区形态[4]

■参考文献 展览会カタログ『IBAベルリン国際建築展・都市居住宣言』日本建築学会、1988年/「IBAベルリン国際建築展1987」、『a+u』1987年5月臨時増刊号、エー・アンド・ユー/Josef Kleihues, "International Building Exhibition Berlin 1987: Examples of a New Architecture", Rizzoli, 1987

097 场所精神

Genius Loci

"场所性"的复辟—相对于空间、时间扩展变化的现代建筑

"场所精神"是拉丁语。"精神"是指"精灵"、"守护之灵"。"场所"是指"位置"、"土地"之意。这两个词组合成为"精灵保护的土地"之意的词语。即,"场所精神"。古代罗马人使用这一词来表示世界所有的事物都存在守护之灵。守护之灵给人以生命力,创造人所生存的场所、性格及特征。

18世纪的英国将这种自古以来关于人以及人周围环境的想法重新用于建筑,建造了模仿自然风景的庭院及建筑物,设置在"如画般的"美的环境和意识之中。从几何形的庭院等文艺复兴式的调和比例理论中解放出来,在人的知觉及经验的主观感觉中,找到了美的主题。由此,引用"场所精神"一词和概念,表达人与场所、环境的相互关系。

1979年天主教徒克里斯蒂安·诺伯格-舒尔茨出版的《场所精神——建筑现象学》在现代建筑的理论中,开始使用"场所精神"这一独特意义的词语。作为对现代建筑的批判用语起到了重新定义的作用。对于布拉格、喀土穆(苏丹)、罗马这3个城市的地理、气候特征、城市景观及结构进行了记述,并且记录了该场所的特性。

在这一过程中,像中世纪街区那样,包含着多样性的"浪漫的"特点;像古罗马城市规划那样,贯穿着惟一的空间原理"宇宙的"特点;以及像希腊神殿那样,计算规划各个场所,由群体集聚构成,缺少普遍体系"古典的"特点;提出了这样的3个基本概念。

克里斯蒂安·诺伯格-舒尔茨将空间的感觉及印象、人的经验等,应用于现象学空间论(069)的方法,并同时进行了记述。将各个场所的固有性概念化,由此,来达到与现代建筑所定义的普遍空间相对立的超越式观念。

现代建筑基于功能主义(032)想法,将形式与内容、形态与用途结合。作为其象征形象,打出了类似将机械(029)作为样板的世界观。不选择机械的动作环境,现代建筑也是不选择地球上的任何地域、场所,追求普遍的可以建造的普遍性质。通用空间(048)作为被

拉齐奥地区的图表地图[1]

单一化的建筑形态迅速地消失、改变了城市风景，淡化、消除了土地固有的特性。

1970～1980年代，对这种情态感到恐惧的意识要求恢复场所性等主题。这时，"场所精神"的历史概念产生出了现代的意义。

建筑设计摆脱建筑物单体为对象的自闭的、狭窄的思想，与"解构主义建筑"（080）、"景观论"（095）等协调起来。

"场所精神"不仅仅是土地、场所的物理性扩大，还令人联想历史的、文化的、社会的"记忆"（081），还含有时间轴上的扩展之意。

在1990年代，城市开发的大型项目中，出现

田园风景中的布拉格[2]

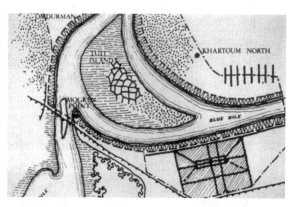

喀土穆的"三城市"平面地图 图版选自克里斯蒂安·诺伯格-舒尔茨的《场所精神》（1979年）[3]

了要求设计传承历史性，呼唤保护、再生历史建筑（107）的社会关心，使城市的历史整体性受到关注。

另外，在适当的空间，使用当地固有（088）的自然材料，这样的设计使建筑材料本身联想性得以发挥，也有以此作为主题的情形。

所谓"场所精神"在空间、时间的扩展中，震撼了要求绝对标准及普遍性的"建筑"观念，作为与之相对立的词语，在1990年代尤为突出。

■参考文献　鈴木博之『東京の「地霊」ゲニウス・ロキ』文芸春秋、1990年（文庫判、1998年）／クリスチャン・ノルベルク＝シュルツ、加藤邦男・田崎祐生訳『ゲニウス・ロキ-建築の現象学をめざして』住まいの図書館出版局、1994年／鈴木博之『日本の〈地霊ゲニウス・ロキ〉』（講談社現代新書）講談社、1999年

098 新现代主义

Neo Modernism

增加、转换现代建筑内在可能性的新思路

　　进入 1990 年代后，使用有正方体等单纯几何形态（018）的外观单一的新形态作品出现了。OMA（106）的法国国会图书馆设计比赛方案（1989 年）、妹岛和世的再春馆女职工宿舍（1991 年）、简·努维尔的卡地亚财团大楼（1994 年）等都是抽象度很高的立方体形态，外层统一覆盖着玻璃（011、150）面等。

　　1980 年代广泛普及的后现代主义（087）以及解构主义建筑（089），在复杂形态的操作中，编入各种特征符号（082）的作用。这些作品使人联想到 1920～1930 年代初期，形成固定格式的现代建筑，并强烈体现出要素还原主义的特性。被称为"新现代主义"的潮流，其影响着 1990 年代的建筑设计。

　　在这些动向中，作为造型特征逐渐明显起来的不是形态上的差异，而是建筑物外观上使用的材料，以及由此所形成的各种表情。即，由材料的物质性来表现建筑。其中，赫尔佐格和德梅隆设计事务所在建筑外装上采用与以往不同的方法，使用多样的材料，这一手法被广泛推广。理克拉欧洲公司产品仓库（1994 年）以聚酯板上彩印树叶图案的方式；多纳米斯葡萄酒厂（1997 年）用钢缆制成笼状包围外层，里面装满石头的造型；还有巴塞尔车站信号所（1995 年），外部覆盖铜板，加入条状水平接口线，产生消除建筑物重量感的效果作用。

　　这些潮流中，玻璃（101）超过了其透明性的性质，成为赋予各种结构方法的对象，使其造型特性发生极大改变。陶瓷印刷，氟素等溶液的溶解处理，加入金属粒等，表现其质感手法的尝试。这些倾向不仅使内部空间特性改变，也使建筑物表面及其结构方法的感觉出现了各种不同的差异。

　　建筑材料的物质性作为建筑物主题的这种尝试，从与 1960 年代美国兴盛起来的后期抽象派艺术（忠实地表现材料）进行比较、评论的说明中也可以见到。对鉴赏者来说，如何去感悟其形态及其表层的单纯化，在这方面与后期抽象派艺术可以找出相近性。

　　内部空间的结构、功能（032）也与从前不同的形态构成。由此，创造出新的活性。

　　MVRDV 设计的汉诺威国际博览会荷兰馆（2000 年），可以称得上是立体化的景观建筑（095），实现了四周开放的空中庭院形象。

法国国立图书馆设计应征方案　OMA　1989年[1]

伊东丰雄设计的仙台媒体中心（2000年），以混凝土无梁平板贯穿于呈管状的建筑结构体。各层不进行房间划分，宽阔的空间之中，图书馆、画廊等各种功能，由隔板、家具等装置起分割作用。在开放的空间结构（048）中，形成新的与自然连接的社区。

也可以见到对这类建筑作品的批评，认为在这样的建筑作品中，吸收了1920年代现代建筑的相同点。

德国建筑杂志《ARCH＋》编辑了《现代中的"现代"》（1998年10月号）特集。其中，库哈斯、MVRDV、彼得·卒姆托等与勒·柯布西耶（038）、路德维希·密斯·凡·德·罗（041、048）、鲁德维希·比尔巴斯阿玛等建筑师并列，表示二者具有连续性、继承性。

在这个特集中进行论考的社会学家乌尔利希·贝克在"重归的现代化"的概念之下，论述了社会的现代化一边自我修正，一边力图达到不断扩大，不断彻底化的形势。

在建筑领域中，标榜现代建筑，通过形态革新表现新世界的城市设计方法论已经失效很久了，但克服其影响依然是同时代的共同课题。作为与历史相对立的现代建筑，将其重新包裹衣钵，增加其内在的可能性、变换为相反事物的局面出现了。

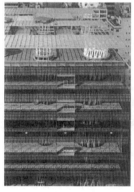

仙台媒体中心　伊东丰雄　2000年[3]

巴塞尔车站信号所　赫尔佐格和德梅隆设计事务所　1995年[2]

■参考文献　伊東豊雄・山本理顕・青木淳・西沢立衛『新建築臨時増刊：建築20世紀-4人の建築家が問う1990年代』2001年11月、新建築社/Terence Riley ed.,"Light Construction, Museum of Modern Art", Harry N. Abrams, 1995/SD編集部編『ガラス建築　Architecture in Glass』鹿島出版会、1999年

099 主题公园

Theme Park

20世纪末出现的"拟态"符号空间

世界博览会（010）是象征现代社会的活动，20世纪在世界上广泛普及。日本1970年举办的大阪世界博览会等都是划时代的大型博览会。世界博览会不仅作为最先进技术（029）的展示场所，还有各种展馆、表演等，使人感受到具有吸引魅力的新时代气息，也是具有唤起未来的梦想功能的装置，起着不断发展着的现代社会的罗盘针的作用。

20世纪后期消费社会的高度化及其与之相伴随的信息印象的扩展出现了新形式的"梦幻装置"，即"主题公园"设施，迪斯尼乐园就是其代表。1983年日本千叶县浦安的"东京迪斯尼乐园"开园。以后，"三丽鸥彩虹乐园"（1990年）、"豪斯登堡荷兰村"（1992年）、"东武世界广场"（1993年）等纷纷开放。

这些都是直接表现一个各自的主题，模仿城堡、西洋馆等样板建筑构成的。世界博览会描绘出未来的世界，而这些主题公园却具有强烈的虚构性、故事性、非国籍性。根据人们记忆中存在的各种题目，最大限度地增加印象，以夸大的图像造型、特征符号（082）给游客眼中留下非日常的假象空间，使之感到愉悦。

这些主题公园以泡沫经济为背景，作为新形态的观光产业出现。与世界博览会不同，主题公园的设计为样板式的，建筑师的参与不多。是按照商品经济的需要而开发的，是以引起对商品的欲望为目的的，并无对社会文化领域的直接提议。是与日常生活隔绝的封闭型空间，是仿制品（052），是作为制造印象消费符号空间的手法特性出现的。

这样的主题公园造型不久摆脱了其封闭领域，逐渐开始渗透到人们生活空间中，东京自由之丘出现了威尼斯风格的街道。鸟取县港町大街上出现水木茂漫画《嘎嘎嘎鬼太郎》特征的形象。不仅如此，全日本的警察岗亭、公共厕所、车站等都被这样的设计表层覆盖，是一种改变城市景色的现象。原本是构筑非日常事物的设计，但逐渐扩大到日常空间领域，成为城市环境姿态形成的要素。1990年代的日本，这一新情况成为特征。

罗伯特·文丘里（078）的著作《拉斯维加斯》中预见到了可能出现作为特性符号的建筑设计。1980年代，汽车旅馆、弹子机游戏厅的设计等作为建筑论、现代城市论提了起来，也对建筑设计市俗化侧面（077）进行了分析。但1990年代的主公园的造型以更为广泛的城市空间为目标，各个设计的表现性较为直接，所以很容易超越在文化范围内的议论，这也是其特征。

可以说设计者与接受者结合的社会的、文化的联系被主题公园这一新现象给反向切断了。各个造型具备某种"亲切感"，这种拟态成为设计（015、022、034、039）行为的支持力背景，文化脉络的参与余地被剥夺了。后现代主义（087）时代里所特有的象征快乐气氛的形象开始充满街头。主题公园设计就连建筑师们的"表现"行为也失去意义，而只是获得了图像的强度。在社会框架中的设计作为现代建筑的前提，却被天真随意地取消了。主题公园开始成为具有负面作用的社会装置了。

东武世界广场　1993年[1)]

火车头形状的厕所[3)]

河童形态的警察岗亭[4)]

水木茂漫画风格的道路[2)]

■参考文献　中川理『偽装するニッポン-公共施設のディズニーランダゼイション』彰国社、1996年/桂英史『東京ディズニーランドの神話学』青弓社、1999年/磯崎新「テーマパーク」、『10＋1』No. 2、NTT出版、1994年

100 通用设计

Universal Design

直视日常环境中潜在的问题，提出纠正的视点与方法

　　"通用设计"的想法是美国的罗纳德·梅斯（当时为北卡罗莱纳州立大学教授）1990年提出的。认为产品、建筑物以及生活环境的设计应是为了使最大多数的人，可以心情愉快理所当然地享用。

　　在此之前，1950年代后期，丹麦的政府职员尼鲁斯·埃里克·班克（米凯尔森）为改变残疾人的生活环境，尊重他们的权利，让他们与健康人同样地生活，而提出了建立"共生社会"、"正常化原则"的想法。

　　这个想法对联合国《残疾人权利宣言》给予了影响。进而，带来了残疾人完全平等地参与社会为主题的"国际残疾人年（1981年）"，以及联合国制定的"连续10年的残疾人年（1983～1992年）"。这个想法被世界所接受。在这期间，"正常化原则"的想法不仅仅针对残疾人，还发展为包括了老人、儿童等在社会生活中易于遭受不利处境的弱势人群全体的非歧视化。

　　1990年，美国制定了保障残疾人人权与平等机会的"ADA法令（美国残疾人法）"（1992年实施）等，法律制度逐渐完善。"ADA法"规定：残疾人难以使用的设施列为"歧视性"范围；必须保证残疾人受雇用机会平等；保障残疾人在使用产品及服务方面不受阻碍。

　　在日本，实现残疾人的"正常化原则"也作为福利政策的一环，1994年实施了"人性化建筑法"，2000年实施了"交通无障碍法"。

　　在普及残疾人"正常化原则"过程中，作为残疾人平等参与社会活动的实际方法，提出了残疾人及老年人无障碍（除去障碍）的设计，考虑残疾人的特别需要，同时普通人也可以使用的"适合型设计"，不论青年、中年、老年都可以使用的"生涯设计"的想法。

　　"通用设计"综合了这些提案、想法，并超过了法律框架的界限，使"共生社会"实现所必需的设计心理普及。为此，"通用设计"的想法是实现所有人都可以无障碍地参与社会规划，从小孩子到老年人、残疾人。不分年龄、性别、国籍以及身体能力等差异，谁都可以很方便地使用。要预先设计出这样的产品、建筑物、生活环境。

　　梅斯提出了"通用设计的7项原则"作为具体设计指标：

1）任何人都可以平等使用。
2）在使用的同时还具有可对应性。
3）简单、直感的可利用性。
4）所需信息可以马上认知、得到。
5）对误用有宽容性。
6）身体劳力的耗费微小。
7）确保利于使用的适当尺寸与空间。

设有触觉向导板和地面诱导点字板块的国际残疾人交流中心"大爱"的入口　田中直人、日建设计　2001年[1]

作为健康者认为这是理所当然的事，但"通用设计的原则"直视普遍环境中隐藏着的问题，以这样的观点提出解决问题的指针。

"通用设计"与"无障碍设计"易于混同，二者最大的不同在于"无障碍设计"是要去除既存的障碍，是事后的对应，例如在道路的段差部附加缓坡等。而"通用设计"则是在设计阶段，便事前考虑包括残疾人、老年人等便于使用的方式。为此，把握现状才能设计出理想的普遍空间，从无障碍设计的观点看，实现"共生社会"的基本建设阶段

使用轮椅也可以进出的幅宽与缓慢旋转的自动门[2]

已开始。并且，不是随着社会老龄化加剧的现状与将来，对应现有环境的无障碍设计。"通用设计"本身对于社会具有积极的对应姿态。

另外，现在"通用设计"的金科玉律是必须具有洞悉事物的卓越眼光。例如，坡形地势改造为平坦地形，是否与地域性与传统性，以及地球环境破坏的危险相关联等。

■参考文献　梶本久夫『ユニバーサルデザインの考え方』丸善、2002年/川内美彦『ユニバーサル・デザイン―バリアフリーへの問いかけ』学芸出版社、2001年/田中直人『五感を刺激する環境デザイン』彰国社、2002年/The Center for Universal designのホームページ：http://www.design.ncsu.edu/cud/

无框格

101

Sash-less

无限透明的外层表现技术

支撑玻璃面的窗框没有会更好，这种心情可以理解。如果最大限度地发挥玻璃材料（011、050）的透明性与反射性特点，那么窗框可以说是起障碍作用，去除窗框的想法必然会产生。

去除窗框的想法随着玻璃面结构法的发展而实现。特别是去除大建筑物的立面框架。使之成为可能的是 SSG（Structural Sealant Glazing）建筑技法、DPG（Dot Point Glazing）建筑技法的产生。这些技法与后现代主义（087）、高技派（090）建筑等同时不断进步。

SSG（Structural Sealant Glazing）建筑技法是1970年代初期，美国的PPG公司开发出的固定玻璃的技法之一。使用粘结力强，风的负荷等支撑材料的结构树脂橡胶系列产品，用结构膜固定玻璃板，在室内设置金属支撑框等的建筑技法。

这种技法大致分为两边支撑、四边支撑。

两边支撑是将玻璃板的上下或是左右用框固定。

四边支撑是将玻璃板的四边全部用结构膜粘结固定在支撑材料上。所以，玻璃板的外侧没有框架出现。

最早的实例中有叶祥荣的太阳与风服务设施（1970年），PPG公司施工的底特律 SH&G 公司大楼（1971年），前者是两边支撑、后者是四边支撑。

1970年代后期，建筑现场施工的SSG建筑技术出现，可以确保施工精度和充分的品质管理。进入1980年代后，出现高层建筑采用SSG建筑技术的实例。接着赫尔穆特·扬在伊利诺伊州中心大楼（1985年）（091）的超高层建筑也开始使用SSG建筑技术。日本东京涩谷的日本系统公司总部大楼（田边博司、莱蒙德事务所 1985年），日建设计公司设计的日本海上火灾保险公司横滨大楼（1989年）（因保存问题而关闭）等是日本的先驱。

1960年代初期，在英国开发出DPG建筑技术，皮尔金顿登公司开发了串联装配建筑技术，紧接着在1970年代又开发出了平面建筑技术。

前者的串联装配建筑技术是在强化玻璃的四角开圆孔以角钢夹住玻璃，用螺栓固定。邻接的4块玻璃由金属材料连接为一体，接口部与玻璃面直交，组合条组合玻璃，交点处用结构膜固定。

平面建筑技术原是为果汁碳酸饮料设计竞赛开发的玻璃挂壁，没有突出的金属固定件及螺栓，玻璃四角的孔以特有的螺栓固定，螺栓头与玻璃面成为一致的平面。

诺曼·福斯特的沃里斯·法巴与丢马斯公司（1975年）、如诺公司发送中心（1983年）都是玻璃面上穿孔这种DPG建筑技术的创始作品。

DPG建筑技术的里程碑是巴黎的拉维莱特公园内建造的科学产业博物馆（1986年）采用的"拉维莱特技术"，这是贝聿铭曾用于卢浮宫的倒金字塔的（1993年）技术。

1990年开发DPG建筑技术的澳阿鲁布与RFR公司将这一技术也输入日本，在建筑结构专家彼得·赖斯等指导下，进一步改良为对应地震、台风的结构，发展成为使用张力构架的"张力点结构技术"。强化玻璃四角穿盘状孔，以铰链式螺栓固定住，再以H型部件固定。然后，在室内侧固定在不锈钢缆的张力架构上。玻璃相互交点处用树脂胶固定。

这些技术使去除框架材的梦想成为现实，1980～1990年代在后现代主义（087）、高技派（090）的风潮中，这些技术特别引人注目，并非是建筑师们只追求透明性，而是追求表现的多样性。高性能的热线反射玻璃等组合，富于变化的色彩及反射等平面外观表现也是去除框架的能动性。

1990年代，超越了后现代主义（087）、高技派（090）后大约经过了60年，近乎于无限透明的"摩天大楼玻璃幕墙"（059、060）、路德维希·密斯·凡·德·罗曾描述的印象再次流行起来。并且，以完美的形态具体表现出来。

简·努维尔设计的卡地亚财团（1994年）、江马路库·义保与米尔特·维塔尔的里尔美术馆改建（1997年）等，伊东丰雄设计的透明外层的仙台媒体中心（2002年）也是这一流行的延续。

沃里斯·法巴与丢马斯公司　诺曼·福斯特
1975年[1]

里尔美术馆改建　江马路库·义保与米尔特·维塔尔　　卡地亚财团　简·努维尔　1994年[2]
　1997年[3]

■参考文献　「特集：SSGのディテール」、『ディテール102』彰国社、1989年10月／「特集：ガラス・デザイン事典」、『建築知識』1997年9月号、『建築知識』／「特集：GLASSガラスの可能性　透明素材の系譜と未来」、『GA素材空間2』A. D. A. EDITA Tokyo、2001年

102 "场所"无所不在

Ubiquitous

"场所"意义的丧失与境界的超越、融合

称为"千里耳"的信息技术（IT）产业日新月异的技术革新，使得宽幅频带以及无线电话连接互联网的环境迅速普及，加之电脑性能提高等的推动，"场所无所不在"的思维已经流行起来了。

"场所无所不在"的词语源于拉丁语的"在哪里都存在"。就是说，作为信息技术革命的成果，网络遍及了整个地球规模。即，"无所不在的场所"这一词语直接表现电脑社会的特征与可能性。

无线网及携带电话的参与，使得"任何时候、任何地方"通过电脑都可与互联网连接，即与社会的连接成为可能。并且，现在这已不局限于科幻电影所描述的梦想故事，也不单纯是信息技术企业为扩大无线移动信息电脑装置的销售战略，这已成为活生生的现实出现了。当然，不论是否意识到这样的社会现状，生活形态的变化正在来临。

餐厅作为进餐场所，图书馆作为获得知识、信息的场所，这些至今作为生活的一部分而外部化，即通过场所转换的行为，带来了生活的（扩张的生活）享受。而今，这种生活结构开始动摇了。随着生活的一部分变得可以携带出走，至今为止一直以共有为前提的空间，即公共场所开始改换为私有场所（带有个人特性的空间）。总之，依据功能性（单一的使用方法）分类的场所丧失了特性，在任何场所都可以做很多事情（复数的使用方法）。并且，个人（带有个人特性的空间）与公共（带有共有特性的空间）的直接联系，其界限正在消失。

这种状态的先驱是1979年"随身听"ODO音响装置的销售，改变了在固定场所鉴赏音乐的方法。这一工具的出现带来了在哪里都可以听喜欢音乐的环境。

1987年携带电话开始市场服务以后，1994年开始携带电话销售自由化，使得携带电话迅速普及，加速了环境的个体化。人们不必固定在自己家里或工作单位等特定场所，携带电话提供了在任何场所都可以与社会连接的手段。现在，不要固定电话，只靠携带电话生活的单身青年并不少。量轻又具有必需功能的高性能便携电脑更加快了这种状况的进步。

以磁带模拟式随身听开始的携带装置，现在已被数码式记录的树脂ODO音响装置所取代。如同这种状况所表现的一样，生活周围的所有信息环境改换为数码式记录式。即，改换为二进位数表记的罗列（比特）数据，这是导入"场所无所不在"的关键。其结果，现在便携电脑在手中，可以携带与小型图书馆相同多的资料，通过连接互联网便可以获得更多的信息。另外，各自的姿态改换为网页，可以通过网页构筑自己的"据点"，还可以利用网络购物，通过网上银行支付等。许多的生活行为在互联网上便可以实现的社会，并且是地球规模的社会，就使网络空间（103）的实现成为可能。

　　许多的事物、行为通过数字化而消除了至今为止的社会及空间的固定形态的划分，成为普遍的同一平面上的目录，开始相互越境、融合。现在，ODO音响装置的杂志上刊登电脑广告，照相机杂志上刊登电脑及驱动软件的评价记事，电脑杂志上刊登照相机、ODO音响装置的介绍。换言之，所有的东西都"数字化"。为此，人们与社会成为"任何时候、任何地方"的关系。在这种情况下，像麦当劳不仅是随意进餐的场所，而且按照使用方法，还存在作为办公室、图书馆、百货店的可能性。

　　随着这种事态的进展，怎样对应建筑的空间形式呢？功能与场所的关系并不密切相关的电脑社会里，至少按不同形态、用途区域分类的建筑，按以往的思维方法已经不通用了。现在，需要重新组织了。

初问世的随身听[1]

作者的3件随身工具 iMac PHS Pod[2]

■参考文献　ウィリアム・J．ミッチェル、掛井秀一ほか訳『シティ・オブ・ビット』彰国社、1996年／ウィリアム・J．ミッチェル、渡辺俊訳『e トピア』丸善、2003年／松葉仁『ケータイのなかの欲望』（文春新書）文藝春秋、2002年

103 "网络空间"

Cyber Space

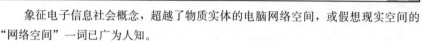

质询建筑形式存在与建筑师职能的意义

象征电子信息社会概念，超越了物质实体的电脑网络空间，或假想现实空间的"网络空间"一词已广为人知。

使"网络空间"这一形象形成的是加拿大科学幻想小说作家威廉·格普松的小说《袭击库鲁姆》(1982)、《新罗曼萨》(1984)。《新罗曼萨》设定的舞台是21世纪末。

1980年代的"网络空间"还是科学幻想小说的舞台，只不过是架空的世界遥远未来的故事。但是，1990年代中期，"网络空间"以极快的速度成为了现实。

电脑性能的提高，网络世界的电脑网络的确立，使得可以不分时间、场所，连接多种多样的信息空间。不久，与"场所无所不在"（102）所代表的思维及现象相同，"网络空间"动摇了建筑功能与空间概念。

建筑作为信息容器存在的形式，以及建筑形式存在的自身，都成为质疑的对象。对这一事态反应敏感，触发了"网络空间"这一无限广阔信息空间的遐想，出现了作为"信息环境的建筑"的建筑师们，渐进线小组就是其代表。

渐进线小组把现实空间与"网络空间"（信息空间）重合，创造了前所未有的数字环境。纽约证券交易所的交易操作中心（1999年）的交易大厅出现了电脑立体图像，在大显示屏上映出，用户可以明白地看到市场活跃的交易过程，确立了立体的"网络空间"。

另外，电脑的高性能，在建筑创作过程及表现领域带来了前所未有的进展，由模拟式思考转化为数字式思考。

作为记录这一转换点的作品是弗兰克·盖里的令人惊讶的哥本哈根美术馆大楼（1991～1997年）钛钢波纹板造型。该建筑绘图及模型制作是用模拟式开始的，但以后导入电脑的数字化作业，可以说是半模拟、半数字化的建筑。

不久，从草图阶段便在"网络空间"中思考了。"网络空间"中创造的假想空间直接原样成为现实空间的数字建筑出现了。例如，解析非线性的结构体，即结构计算体系的实用化。还有使用电脑图形CG及3D立体造型的模型体系，都是手工作业的模型及透视图所不可能达到的。

随着视屏上真实性的提高，电脑"网络空间"上的反复模拟可以简单地实现。

其造型被称为"流体的建筑"（023、026），形成非常复杂的曲面，多像是凝固

哥本哈根美术馆大楼
弗兰克·盖里
1991~1997年[1]

横滨港大栈桥国际客轮大厅 "组合体 foa"
1994~2002年[2]

的液体或生物，难以一概而论。但这不是电脑图形CG动画等静止的建筑，其周围及内部回旋移动的动态视线，是具有强烈刺激性的建筑造型。

阿里汉德罗·伊保和法西德·穆萨比的foa建筑事务所在横滨港客船码头（1994～2002）的设计中使起伏的地形建筑化。

以此为起端，格雷戈·林恩设计的"H2住宅"（1996年）、诺克斯设计的流水展厅（1997年）等等，实例不断增加。流体状的建筑掀起了一股复杂的变异的巴洛克式的表现风潮。

"网络空间"中的所谓"数字式建筑"基于与模拟式时代无法相比的庞大数据，以及经过庞大数量的模型模拟建造的，为此不仅实现了复杂的动态造型，还实际摸索了新的造型体系等所潜在的各种可能性。

但是，无论怎样解释多样的数据，模拟在哪个时点结束，总之最终形态还是需要由建筑师来决断。"网络空间"是否产生未曾有过的多样复杂形态的"信息处理箱"，也关系到建筑师决断。建筑师自身的职能归结也成为问题。

H2住宅的研究　格雷戈·林恩　1996年[3]

■**参考文献**　矢野直明『インターネット術語集』（岩波新書）岩波書店、2000年/「特集：建築とコンピュータ」、『建築文化』2001年4月号、彰国社/M. ベネディクト編『サイバースペース』NTT出版、2000年/「特集：ヴァーチャル・アーキテクチャー」、『Inter Communication No. 24』NTT出版、1984年4月/西垣通＋NTTデータシステム科学研究所編『情報都市論』NTT出版、2002年

"生态学"

104

Ecology

对人和环境不增加负担的综合思考

进入 1990 年代"关爱地球"的宣传广告词句广泛使用,"生态学"这一词语也频繁出现。

"生态学"的英文原词为"Ecologe",是 19 世纪后期确立的学科。达尔文探明了在世界各地不同的环境中存在着多种多样不同的生物,由环境培育出各自固有的生态。在以后发展的空间与时间中,达尔文的进化论思想得以普及。由此,生物与生物的关系,生物与环境的关系被不断探究,开始出现了"生态学"。

此后,大约经过 120 年时间,"生态学"的意识重新受到重视,并形成强大的潮流。

20 世纪的技术(029)或经济对地球破坏严重。实际上,1960 年代后期开始,在许多领域超越了现代的界限,可以看到人类发展要考虑环境的思想出现。但是,这些思想却无法抑制加速发展的技术与经济理论。

公害问题、石油冲击、酸雨、臭氧层破坏、地球温暖化现象、室内环境污染等等,各种问题越来越严重、深刻。在柏林墙倒塌所象征的冷战结束后,在国际议论的场合中,地球环境问题的权重增加了,并且到了必须正视这些问题的时期。

1960 年代,在建筑界也出现了与功能主义(032)等现代统治观念相对立的批判继承的态度。有巴克明斯特•富勒的《地球号宇宙飞船》的发想,贝尔纳•鲁多夫斯基的乡土化(076),克里斯托弗•亚历山大的"半网格秩序法则"(072)等。进入 1970 年代后,"居民参与"(085)的意识,以及在转向"后现代主义"(087)过程中,产生了"批判的地域主义"。

吕西安•克罗以及日本的吉阪隆正流派的"象设计集团"这种脱离普遍的形式,考虑地域性、风土性、气候环境等,摸索符合当地人生活的建筑、环境的方式的建筑思想出现。但遗憾的是没能形成大的潮流。

1970 年代起,德国等"生态学"的先进国家出现了重视环境的建筑运动,这也许是因为冬季过长气候严酷的原因。歌德讲堂的建筑师,在医疗、健康、环境问题等方面也造诣很深的思想家鲁道夫•史代纳教义的影响下,"生态学"的思想广为普及。

由于从史代纳的学校毕业的学生多活跃于社会这样的背景,使得具有这样思想的人为数不少。可以说在这种情况下,培育出了"建筑生物学"、"建筑生态学"的理念。

"建筑生物学"将人也作为生态体系中的一员,从生物学的观点看待环境与健康，以重新构筑建筑、环境。

"建筑生态学"是涵义更为广泛的概念。其以建造稳定舒适的环境为前提，在建筑生产、消费、废弃、再利用等所有与建筑相关的行为中，要求不对人类及地球环境产生负担。"建筑生态学"是以此为宗旨的综合理念。考虑对建筑施工者、使用者的身体健康的影响和负担，考虑再利用，选择使用自然材料及天然材料，积极规划、利用绿色及土地，考虑自然通风，以及与周围环境协调的设计等等。"建筑生态学"可以说是综合性考虑的规划设计。

德国先进的"生态学"尝试及建筑实例已于1980年代中期介绍到日本，也有积极地进行这一普及活动的建筑师。但是，在当时，追求高技派（090）等的要求强势，泡沫经济时期，建了拆、拆了建的状况之下，"建筑生态学"对日本没有产生太大的影响。

福冈合成构造物　日本设计、竹中工务店　1995年[1]

1990年代的后期，日本到了"休养"的时代。这时，重新再生自然原来状态的"生态学"才成为话题。开始议论起垃圾、工业废弃物的问题。"建筑生物学"、"建筑生态学"的词语逐渐传入大众的耳朵。考虑健康的住宅、良性环境建设为人们所强烈要求。现在，以全球为前提，确立"生态学"的具体指针、方法论及其手法的要求，也越来越强烈地引起人们的关注。

东京世田谷区深泽环境共生住宅　世田谷区、市浦都市开发、岩村工作室　1997年[2]

■参考文献　マンフレッド・シュパルディ「西ドイツの建築生物学運動」、『建築雑誌』1984年6月号、日本建築学会/岩村和夫『建築環境論』（SD選書）鹿島出版会、1990年/ホルガー・ケーニック、石川恒夫・高橋元訳『健康な住まいへの道-バウビオロギーとバウエコロジー』建築資料研究社、2000年/「特集：サスティナブル・デザイン」、『ディテール141』彰国社、1999年

SOHO

105 Small Office Home Office

电脑社会距离丧失的特征带来新的"职业、居住一体化"形态

　　"SOHO"的住居形态引起人们注意，所谓"SOHO"是电脑社会互联网普及的代表事物。信息技术（IT）的革新，使得"职业、居住一体化"这一与以往不同的生活形态成为可能。

　　当然，其出现的背景是家庭结构及生活形态的变化。女性从事工作、雇用形态多样化等，社会整体发生变化。为对应这种变化所提供的手段之一，就是信息技术（IT）革命（102）。

　　"职业、居住一体化"的"SOHO"形式就是像黑泽隆设计的"KAO：SOHO"型个人居住单位（1997）那样，其不仅试图解决个别问题，还具有普遍需求性。

　　伊藤博之的"FH协和广场（2002年）"等"职业、居住一体化"形态成为民间企业开发的集合住宅的销售要点，在"目黑城市号码（2002年）"所表现的都市事业整备公团的业务中也采用了其中的一部分。

　　选择"SOHO"这一新的住居形态，单是称其为"表现"是无法总结概括其特性的。其蕴藏着对20世纪建立起来的生活形态整体的逆反，或是要求进行纠正的特性。

　　20世纪的社会，理想的生活形态是"职业、居住分离"的生活形态。即，空间上、功能上、生产的场所与消费的场所分离。是生产场所的社会与消费场所的家庭结构清楚分离的形态。换言之，工作的场所（社会生活的场所）与家庭休息的场所（私生活的场所）是作为不同场所对待的。其结果，私人住宅（014）的形式普及，其理想的位置是在郊外，而适合于工作的地区是在城市中心。这样，白天与晚上，一分为二地划分生活的整体形象，通过上、下班的行为来实现。

　　长期以来所形成的专用住宅中，家庭成员共有的"厅"作为最小的社交场所。个人房间作为个人私密生活的空间。"厅"在家庭成员之间、家庭成员与他人之间的关系上，起着调整家庭成员与社会之间关系程度的作用。

　　社会生活是最需要有一定距离的，个人的私生活形态一直是占主要地位的。换言之，可以认为距离个人房间越远，与社会的关系就越浓厚。并且，具备保护个人的私密生活，才能培育出个性，才可以形成积极自主参加社会生活的有为人格。即，认为"距离"在形成生活整体形象的方面起着重要的作用。

　　这样"应该具有的生活"这一印象根深蒂固。而"SOHO"则具体表现出可以

KAO:SOHO型个人居住单位　黑泽隆　1997年[1]

KAO:SOHO型个人居住单位内部装饰　可作为办公兼用的住居　1层与2层卧室既分离又接续的竖井设计[2]

选择的新生活形态。并且，在其出现之际，信息技术（IT）的发展带来了"距离感"的丧失。正是这一点起到了最大的作用。即，互联网的网络环境在全球规模形成，其连接环境的便利化，使得"职业、居住一体化"的生活现实再次出现。

例如，在自己家里也可以得到所需要的商业信息，也可以与对方交流信息，上、下班的必要性减弱。总之，与社会的关系不是靠"出门"的方式来经营，不需要亲自去，或请对方来见面的形态。用电脑等可以与网络连接的环境，如果具有使用的能力，通过网络24h与社会（信息）都可以联系，都具备可以进行商务活动的状态。

这样的现实，使得每周上午9点至下午5点的工作时间、到工作地点上下班的交通手段、居住地点的限制、时间空间的制约都存在失效的可能性。住在市中心也好，住在郊外也好，或在农村享受生活也好，按照个人的希望、意愿享受生活的新生活形态已经出现在地平线上。

FH协和广场　伊藤博之　2002年[3]

FH协和广场中庭部分　采用越层式住户，面对中庭的办公空间的上下设计为生活空间，以达到公私分离[4]

■参考文献　ウィリアム・J．ミッチェル、掛井秀一ほか訳『シティ・オブ・ビット』彰国社、1996年/ウィリアム・J．ミッチェル、渡辺俊訳『e トピア』丸善、2003年

106 越多越好

More is More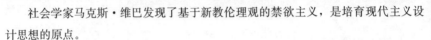

空间特性从禁欲转换到纵欲

社会学家马克斯·维巴发现了基于新教伦理观的禁欲主义,是培育现代主义设计思想的原点。

路德维希·密斯·凡·德·罗的名言"少即是多"(041)的认识,代表着这一现代主义设计思想的禁欲主义姿态。

去除全部不必要的东西,净化后的事物是纯粹合理的结晶,要追求这一规范。即,表现为追求"清贫的美学"。密斯创立了这一美学意识,引起世界上许多追随者以极简造型语言体系使其越来越具体化。

然而,罗伯特·文丘里则指明:"少是为了更好"所代表的禁欲主义价值观并不是开拓 20 世纪的观念。

从商业主义思想出发建造起的市街建筑物以及广告上,文丘里发现资本主义社会原点的建筑形态与追求现代建筑的清贫美学毫无关系。而是发现从市街建筑物以及广告中可以感受到现代建筑所没有的独特魅力。从历史的观点来看,只有现代建筑将这一魅力的源泉看作是浪费、多余的装饰性、图像性造型而嫌恶,欲加以排除。为了制止这一状态,他模仿"少是为了更好"的词语提出了"少则无聊"(078)的观点。

另一方面,领导 OMA 的雷姆·库哈斯则对"少则无聊"的价值观横眉冷对,重新找出了现代社会潜在着的另外一种姿态,即"欲望"的要素。

这是雷姆·库哈斯观察纽约这一现代社会的熔炉,感受其代表着资本主义社会的大城市所散发出的魅力,回顾分析其发展过程而得出的结论。在这里,禁欲主义的伦理观以及合理性观念所无法综括的膨大欲望在涌动着。

库哈斯追求创造满足无限欲望的环境,专心研究纽约的发展,称纽约的姿态为"错乱的纽约"。称欲望可以得到完全实现的动态现实为"曼哈顿主义"。认为这是带给 20 世纪以活力的根源,对"欲望"加以肯定,从而宣告"越多越丰富"。

否定支撑着禁欲主义的"少是为了更好"价值观,称现代建筑为"垃圾空间",应作为地球的垃圾而废除掉。并且,作为欲望的集聚而出现的大都市魅力,可以用"商业购买"这一词语来包括。再进一步,正是因为有着欲望的作用,分化为住宅、

地球都市　OMA　1972年　各街区作为所有欲望聚集、实现的场所而描绘出的纽约[1]

公共建筑、都市形态的各个领域，即从最小的建筑空间到最大的都市空间，全部包揽的总体化及相对化才能够跃出新的地平线得以拓展。

雷姆·库哈斯的作品中反映着这一独特的思想，创造出了20世纪的建筑所没有过的意想不到的空间的质与造型魅力。其空间特征对功能主义思想亮出了"红牌"。并且，大胆地高密度并列的功能性，使各种功能相互连接，将连接空间的交通循环部分作为欲望增幅装置的"流动"体系，明显地表现出来，真正成为"越多越丰富"的空间表现。在造型上，也积极吸收被称为"废物空间"的现代建筑所开拓的造型语言。

这并不是援用现代标志主义参照历史的方法而扩张到现代建筑领域，并非是原样引用，而是从欲望的观点出发，进行重新解释后的援引。从禁欲观点出发的造型语言中潜在的欲望被暴露出，"垃圾空间"实际只是实现乌托邦的欲望梦想的碎片而已。

乌特勒支大学教育系馆
OMA　1997年[3]

为此，司空见惯了的造型语言作为新生的事物出现了。用音乐比喻，就如同对一个乐曲进行了不同的排列，产生出了原曲所没有的魅力。即相当于"再合成"

库斯特哈鲁
OMA　1992年[2]

的方法。这种由禁欲向欲望的置换方式，使建筑和都市进入了永无终结的境界。

■参考文献　レム・コールハース、鈴木桂介訳『錯乱のニューヨーク』（ちくま学芸文庫）筑摩書房、1999年／「特集：レム・コールハース─変動すゐ視座」、『建築文化』2003年4月号、彰国社／「OMA@work. a＋u-レム・コールハース」、『a＋u』2000年5月臨時増刊号、エー・アンド・ユー／Rem Koolhaas, "S, M, L, XL", Penguin USA, 1998

107 可持续性

Sustainbility

在世纪末出现的开拓真实未来的词语

"可持续性"是1992年地球环境首脑会议上，当时的美国副总统科尔提出的概念。以此为契机，综合考虑环境、经济、社会方面的问题，摸索更好生活的运动高涨起来。作为会议主题，"可持续性"一词广泛普及，以后又加进了多种多样的意义。例如，追求健康的居住环境，减低环境负荷，综合保护地球环境的"生态学"思维（104），资源利用的效率化与降低成本的经济观点，以及社会的、文化的价值保全等思想。

1990年代日本展开了关于历史建筑、明治年以后建筑的现代历史遗产保护问题的讨论。

以往的历史建筑保护讨论仅局限于某一建筑物是否有历史价值，是否保存。即，具体的保护手法。选择整体保存（维持、复原旧状）、部分保存（外墙、室内装饰、细部）、形象保存作为主要问题考虑。包括增筑、移筑问题，议论有时出现复杂情况，尽管以某种形式修复保护建筑物，但围绕其"真实性"出现赞同、反对等种种意见，无法统一立场。

随着"可持续性"一词的普及，这些情况发生了变化。建筑物的解体，不仅有文化的损失，对地球环境也产生一定的影响，这一意识开始萌芽了。废钢材等建筑垃圾的增加，使与之相关的环境问题开始受到关注。其中也有大阪、神户大地震（1995年）带来的冲击。

极力避免建筑物的解体，确保抗震性及安全性，对现存的建筑物加以适当的整修，延长其使用年限，这一想法已经被人们所接受。通过建筑物重建，空间再利用，以及材料的重新利用，这一呼声逐渐高涨。正当这时又出现了现代化过程中的遗产保存及景观修复保存等话题。

大正、昭和时期的现代化过程中的建筑物已经老朽，面临着解体重建的危机，这些遗产的保存问题提上了议事日程。曾经是重要的文化遗产实际上不能使用，修复后作为重要艺术品保管，只能进行观赏。其实，不应是这样，而是改变用途，作为活的空间实际使用、运用。同时，进行适宜的修缮，而永远使用下去。这种观点才是智慧的保存方法。

弗兰克·劳埃德·赖特与远藤新设计的自由学院明天馆（1921年）1997年被指定为重要文化遗产，改建后作为教育、会馆事业的复合设施使用。矶崎新最初的作品，大分县立图书馆（1966年）由大分市接收，请矶崎新亲自设计改修，作为艺术馆（1997年）再生的新闻也记忆犹新。这些都是将一时置于解体危机的建筑物改变用途而重新利用的良好实例。

NEXT21 大阪煤气NEX T21建设委员会 1993年[3]

自由学院明天馆 弗兰克·劳埃德·赖特与远藤新 1921年 改建 2001年[1]

艺术馆（原大分县立图书馆）矶崎新工作室、山本靖彦建筑设计作坊 1997年[2]

1990年代前期，依照可持续性的观点，再次出现框架结构与内部设备分离开的实验性集合住宅NEXT21（1993年），其可以对应多样化的生活现实，以及生活的经年变化，是根据长寿住居的构想而规划设计的住宅。

日本海上火灾保险公司横滨大楼（原川崎银行横滨支店） 日建设计 改修 1989年[4]

建筑物结构要素的框架结构与内部设备分开的思想，在1970年代居民参与（085）的潮流中，构想出这样的设计。框架结构具有耐久性，内部设备可以对应居住者的多样要求及住户变化，具有通融性。这种设计的建筑物容易维修，建筑寿命长，减少对地球的负荷，作为现实的、发展的体系再次受到关注。都市整备公团的框架结构与内部设备分开的KSI住宅（1997年～），宣称具有100年的长期耐久性。框架结构与内部设备分开的集合住宅实例也在不断增加，期待其今后会有更大的发展。

生态学、建筑物的再生与保存、高耐久性都市型住宅等，这些实际上都是"可持续性"的门窗打开后出现的事物，但其背后依然面临着亟待解决的大量问题。希望其能面临新的曙光。

■**参考文献** 野城智也「連載：20世紀の終わりにサスティナビリティを考えゐ」、『新建築住宅特集』1999年1月号～3月号、新建築社/「特集：サスティナブル・デザイン」、『ディテール141』彰国社、1999年/『開発と保存のダイナミックス』、『建築雑誌』1991年12月号、日本建築学会/磯崎新『建築が残った-近代建築の保存と転生』岩波書店、1998年/特集：田原幸夫『建築の保存デザイン-豊かに使い続けるための理念と実践』学芸出版社、2003年

108 家庭的崩溃

Collapse of The Nuclear Family

血缘关系变化为结缘关系的家庭形态

现代社会的家庭形态，作为不可动摇的前提而提出的价值观，即必须遵守的规范，发生了动摇。"单核心家庭"形态一直被认为是理想的家庭形态，但现在已经走到了悬崖边缘。原来认为是理所当然的现代家庭形态，在当今世界范围内已经开始演变成形式化，走上了崩溃的道路。

这种社会状态引发的悲喜剧，在一系列以此为主题的电影及文学作品中也表现出来。例如，萨姆·门蒂斯导演的《美国日》（1999年）、阿文·温克拉导演的《海滨之家》（2002年）、村上隆的《最终家族》（2001年 幻冬舍）、藤原智美的《组织的家庭》（2000年）等等。

不拘泥于"单核心家庭"形态的价值观，积极选择适合自己生存方式的家庭形态，这样的人数不断增多。结婚后双方依然工作，按照自己的意愿不要孩子的形态，单身母亲或父亲、不选择结婚的结合、同性恋、以相同目的的与他人混住等等，形态多种多样。这些作为实际形态而不拘泥于血缘或户口记录。如同柴门文在《非婚家庭》（2000～2002年 小学馆）等所描绘的连续出现的新家庭形态。即，以结缘关系的生存方式与家庭形态连续变换出现。

家庭形态多样化的社会实际情况，卫生福利部在当时的《卫生福利白书》（1996年）中也已承认。

所谓"单核心家庭"就是以爱情结成对等夫妇关系作为最小单位，并包括必然出生的孩子，这样两代血缘结构的家庭形态。

在日本，第二次世界大战以后的家庭体制，取代了二战以前的父亲为家长制的直系家庭制度。作为民主主义社会应有的姿态，这一具体化形式被社会接受。

作为当时日本特别的范例，就是出现"现代客厅"（056），并为人们所憧憬。二战后，日本在物质上、精神上都充分享受了极为富裕的美国式生活形态。即，在"现代客厅"度过合家团圆的幸福生活的"单核心家庭"形态。

这种富裕象征的"单核心家庭"形态，直到1970年代中期，都是作为家庭形态的规范起着作用。当时，作为女性找对象的标准，曾流行过"有房、有车、无老妈"的说法，其实就是这种家庭形态的表现。

经过经济高速增长时期，获得了丰富的物质生活以后，即日本在追上美国之后，"单核心家庭"形态逐渐出现了危机的征兆。当时的这一社会情况在电视剧《岸边的影集》（1977年）、《妻子们在周末》（1983年）以及森田芳光导演的电影《家庭游戏》（1983年）中也都有详细描写。现在的社会情况也只是当时社会的延续。

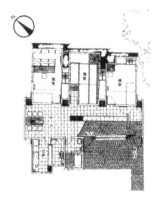

武田先生的单间群住居平面图
黑泽隆　1971年[1]

在这样的背景之下，第二次世界大战以后，日本的住宅规划方法也以包容"单核心家庭"生活的形态来考虑设计。具体表现为"nBR＋LDK（变数 n 为家庭人数－1）"的模式。各个家庭确保作为独立家庭成员的每个人都有独自的卧室（但是，夫妇2人为1间卧室），设置了"居室"（L）、客厅（D）、厨房（K）作为家庭生活中心的共同场所，在这里可以体验一家团圆生活的住宅结构模式。

这一构想的最先表现是日本住宅公团的 2DK（062）格局，也是国家认可的住宅格局方式。不久，从平均出生率考虑，对应 4 人家庭形态的 3LDK 成为标准住宅的格局形式。

但是，从 1970 年前后开始，黑泽隆的《单间群住居论》（086）以及山本理显（092）的《门庭论》等，开始对"nBR＋LDK（变数 n 为家庭人数－1）"的规划设计模式提出疑问。夫妇在不同卧室就寝等，实际生活与规划设计意图不等的住居方法，而引发出了疑问。

以这些批判为基础，不要求 LDK 所象征的家庭的"共同性"，而是注重家庭各个成员的"个别性"，为此，也指出了基于夫妇一体想法的"单核心家庭"形态潜在的问题。

例如，黑泽隆在武田先生的单间群住居（1971年）中，提出夫妇各自具有单间，同时却没有"厅"，这种以单间为中心的住宅形式。山本理显在冈山之家（1993年）提示了没有"门厅"的各个单间，直接就是出入口的单间住宅，都是把单间的格局住宅化的形式。

但是，"单核心家庭"形态依然处于统治地位，要作为理想进行守卫。把单间格局住宅化的特殊方式近年来并没有太大的影响力。

但在当前"单核心家庭"形态面临危机的情况下，单间格局住宅化再次受到瞩目。家庭的联系由血缘关系变化为结缘关系，家庭形态也变得多样化，仅用"nBR＋LDK（变数 n 为家庭人数－1）"的规划设计模式是无法对应现实社会的。

根据山本理显《门庭论》提出的住宅与社会关系的空间图式（左）与一般形态（右）比较公私关系发生逆转[2]

■参考文献　篠原聡子・大橋寿美子・小泉雅生＋ライフスタイル研究会編『変わる家族と変わる住まい』彰国社、2002年/上野千鶴子『家族を入れるハコ家族を超えるハコ』平凡社、2002年/袖井孝子『日本の住まい変わる家族』ミネルヴァ書房、2002年/藤原智美『たたかうマイホーム』広済堂出版、2003年/山本理顕『住居論』住まいの図書館出版局、1993年/黒沢隆『個室群住居論』住まいの図書館出版局、1997年

■20世紀关于空间设计的主要参考资料［出版年順］

K.フランプトン、中村敏男訳『現代建築史』青土社、2003年
黒田智子編『作家たちのモダニズム』学芸出版社、2003年
竹原あき子・森山明子監修『カラー版　日本デザイン史』美術出版社、2003年
K.フランプトン、松畑強・山本想太郎訳『テクトニック・カルチャー－19-20世紀建築の構法の詩学』TOTO出版、2002年
M.タフーリ＋F.ダル・コ、片木篤訳『図説　世界建築史-20世紀建築（1）』本の友社、2002年
G.モニエ、森島勇訳『二十世紀の建築』（文庫クセジュ）白水社、2002年
海野弘『モダン・デザイン全史』美術出版社、2002年
柏木博『20世紀はどのようにデザインされたか』晶文社、2002年
大川三雄・田所辰之助・濱嵜良実・矢代眞己『建築モダニズム』エクスナレッジ、2001年
内田青蔵・大川三雄・藤谷陽悦『図説　近代日本住宅史－幕末から現代まで』鹿島出版会、2001年
桐敷真次郎『近代建築史―建築学の基礎』共立出版、2001年
越沢明『東京都市計画物語』（ちくま学芸文庫）筑摩書房、2001年
デザイン史フォーラム編『国際デザイン史－日本の意匠と東西交流』思文閣出版、2001年
瀬尾文彰『20世紀建築の空間』彰国社、2000年
松村秀一『「住宅」という考え方－20世紀的住宅の系譜』東京大学出版会、1999年
E.レルフ、高野岳彦・岩瀬寛之・神谷浩夫訳『都市景観の20世紀－モダンとポストモダンのトータルウォッチング』筑摩書房、1999年
鈴木博之『現代建築の見かた』王国社、1999年
K.フランプトン、香山壽夫監訳『モダン・アーキテクチュア（1：1851-1919近代建築の黎明、2：1920-1945近代建築の開花）』エーディーエー・エディタ・トーキョー、1998年、1999年
石田潤一郎・中川理編『近代建築史』昭和堂、1998年
展覧会カタログ『建築の20世紀－終わりから始まりへ』デルファイ研究所、1998年
大川三雄・川向正人・初田亨・吉田鋼市『図説　近代建築の系譜－日本と西欧の空間表現を読む』彰国社、1997年
モダニズム・ジャパン研究会編『再読　日本のモダンアーキテクチャー』彰国社、1997年
海野弘『現代デザイン－「デザイン」の世紀を読む』新曜社、1997年
阿部公正『カラー版　世界デザイン史』美術出版社、1995年
鈴木博之・山口廣『新建築学大系5　近代・現代建築史』彰国社、1993年
黒沢隆『近代　時代のなかの住居－近代建築をもたらした46件の住宅』リクルート出版、1993年
藤森照信『日本の近代建築（上：幕末・明治編、下：大正・昭和編）』（岩波新書）岩波書店、1993年
P.スパーク、白石和也・飯岡正麻訳『近代デザイン史－二十世紀のデザインと文化』ダヴィット社、1993年
柏木博『デザインの20世紀』日本放送出版協会、1992年
出原栄一『日本のデザイン運動－インダストリアルデザインの系譜（増補版）』ぺりかん社、1992年
『新建築臨時増刊：建築20世紀（1・2）』新建築社、1991年
W.J.R.カーティス、五島朋子・末広香織・沢村明訳『近代建築の系譜－1900年以後（上・下）』鹿島出版会、1990年
藤森照信『昭和住宅物語－初期モダニズムからポストモダンまで23の住まいと建築家』新建築社、1990年
鈴木博之『夢の住む家－20世紀をひらいた住宅』平凡社、1989年
石田頼房『日本近代都市計画の百年』自治体研究社、1987年
八束はじめ『近代建築のアポリア－転向建築論序説』パルコ出版、1986年
V.M.ランプニャーニ、川向正人訳『現代建築の潮流』鹿島出版会、1985年
C.ノルベルグ＝シュルツ、加藤邦男訳『現代建築の根』エーディーエー・エディタ・トーキョー、1981年
稲垣栄三『日本の近代建築－その成立過程（上・下）』（SD選書）鹿島出版会、1979年
L.ヴェネヴォロ、武藤章訳『近代建築の歴史（上・下）』鹿島出版会、1978年
村松貞次郎・山口廣・山本学治編『近代建築史概説』彰国社、1978年
村松貞次郎『日本近代建築の歴史』（NHKブックス）日本放送出版協会、1977年
R.バンハム、石原達二・成増隆志訳『第一機械時代の理論とデザイン』鹿島出版会、1976年
N.ペブスナー、小野二郎訳『モダン・デザインの源泉』美術出版社、1976年
『新建築臨時増刊：日本近代建築史再考－虚構の崩壊』新建築社、1975年
V.スカーリー、長尾重武訳『近代建築』（SD選書）鹿島出版会、1972年
山本祐弘『インテリアと家具の歴史－近代編』相模書房、1972年
S.ギーディオン、太田實訳『空間・時間・建築（1・2）』丸善、1969年
J.M.リチャーズ、桐敷真次郎訳『近代建築とは何か』彰国社、1960年
N.ペブスナー、白石博三訳『モダン・デザインの展開－モリスからグロピウスまで』みすず書房、1957年
＊日本語で刊行された書物に限定した。

20世纪社会现象年表

年号	思潮、构想	原型、手法	技术、构造法	生活、美感	社会情势
1752		美国：富兰克林证明雷是电			
1753				英国：世界最早的大英博物馆开馆，开始"美术民主化"	
1760				英国："环周"住宅流行	
1762	法国：卢梭《社会契约论》				
1764		英国：哈格里沃斯、珍妮发明珍妮纺织机 英国：瓦特蒸汽机实用化			工业革命开始
1769		法国：居尼奥发明蒸汽车			
1774	德国：歌德《少年维特的烦恼》				
1775				英国：伦敦开始普及冲水厕所	美国：独立战争爆发（～1783）
1776	英国：亚当·斯密《国富论》				美国：独立宣言
1779			英国：世界最早的铁桥"阿安桥"竣工		
1781	德国：康德《纯理性批判》				
1783		法国：蒙戈菲尔兄弟发明热气球			巴黎条约：英国承认美国的独立

220

1789					法国大革命
1792					法国：第1共和国
1796					拿破仑战争（～1815）
1799	纯白金板状标准件制成				
1800	意大利：保鲁塔发明电池				
1804	英国：文萨取得最早的汽灯专利	英国：特莱比希克发明蒸汽机车	法国：阿派提出食物瓶装法		法国：拿破仑法典公布
1806		美国：富鲁顿发明蒸汽船			
1807	德国：黑格尔《精神现象学》				
1809	英国：大卫开发弧光灯				
1810			英国：迪兰德提出罐装食品保存法		
1811			英国：兴起拉德特破坏机械运动		
1814			英国：伦敦开始设置汽灯		
1822	法国：向博里温解读古埃及象形文字语言			巴西：独立宣言	
1823				美国：门罗宣言	
1824	英国：阿斯普丁取得硅酸盐水泥专利				
1825		英国：斯特库顿与达林顿之间开通世界最早的铁路			日本：外国船驱逐令

221

年号	思潮、构想	原型、手法	技术、构造法	生活、美感	社会情势
1827				英国：沃克发明火柴	
1831	德国：歌德《恶魔 Faust》	英国：法拉第发明发电机			
1833				英国：制定工厂法	
1837			美国：莫鲁斯发明无线电信号机		
1839			法国：达格尔发明银版照片		
1840		英国：实施现代邮政体制（全国统一价格，信箱投递制度） 美国：巴歇尔开发黑白照片	大西洋定期汽轮航线开通	欧洲普及汽灯（城市大住宅室内）	中国：中英鸦片战争（～1842）
1842		英国：贝因提出传真原理			中国：南京条约
1848	德国：马克思、恩格斯《共产党宣言》	法国：莫尼埃开发钢筋混凝土			美国：淘金热
1851		美国：辛格开发缝纫机			中国：太平天国运动（～1864）
1852	美国：斯托夫人《汤姆叔叔的小屋》	法国：布希克夫妇在巴黎定价陈列销售的百货店开张		美国：纽约铁道马车开业	法国：第二帝国（路易·拿破仑）
1853		美国：奥迪斯开发电梯		美国：牛仔裤原型力巴斯 501 出现	克里米亚战争爆发（～1856） 贝利率美国舰队来到日本

1856	英国：柏塞玛开发转炉法，使钢铁大量生产成为可能		英国：库克开始安排旅行团
1857			印度：反英起义（～1859）
1858	英国：达芬奇《物种起源》		
1859	法国：米歇尔发明批量生产自行车		咸临号轮驶美
1860	美国：卡特利库取得机关枪专利		
1861			美国：南北战争爆发（～1866）
1862	法国：雨果《悲惨世界》		
1863	国际红十字会创立	英国：伦敦地下铁出现（比谢普斯路与达林顿之间约6km）	美国：奴隶解放宣言
1864	德国：世界最早的社会主义政党"德国社会民主党"诞生		第1国际成立（～1876） 中国：太平天国运动被镇压 朝鲜：大院君掌握政权
1865	瑞典：诺贝尔发明炸药	英国：伦敦开始建造下水道	
1866	美国：歇尔兹开发实用型打字机	大西洋横断电缆铺设成功	普奥战争
1867	德国：马克思《资本论》第1卷》（～1895年第3卷）		

223

年号	思潮、构想	原型、手法	技术、构造法	生活、美感	社会情势
1868		英国：伦敦道路交叉口出现信号灯			日本：明治维新
1869	俄国：托尔斯泰《战争与和平》		苏伊士运河开通 美国：大陆横断铁路开通		
1870		采用新的米制衡量单位	美国：拉曼发明开罐器	人力车出现	普法战争爆发（～1871） 法国：第3共和国成立
1871				日本：开始邮政体制	巴黎公社成立 德意志帝国成立
1872		英国：库克出版《欧洲铁路时刻表》		日本：横滨出现汽灯 铁路开通（新桥—横滨之间） 博物馆	
1873				日本：开始劝业博览会 美国：洛杉矶出现电缆式路面电车	德奥俄3国联盟
1874				日本横滨外国人居住区出现汽灯点火器	国际邮政联盟成立
1875		米制衡量单位条约	法国：最早的钢筋混凝土桥建成		
1876			美国：贝尔发明电话		日朝《江华条约》缔结
1877			美国：爱迪生发明拉杆式留声机		
1878				日本制成国产电话	

1879		美国：爱迪生发明实用型白热电灯（碳素电灯）		
1881	德国：修密特等合成PCB		德国：柏林出现世界上最早的电气式路面电车	法国：南越成为其保护国
1882	德国：可赫发现结核菌		日本银座出现电的弧光灯 美国：洛克菲勒石油托拉斯结成	
1883	德国：尼采《沙皇》(～1891)			
1884	美国：沃特曼发明最早的实用型钢笔			
1885	德国：达姆拉开发汽油引擎摩托车并获专利	美国：芝加哥出现最早的钢结构摩天大楼		
1886	德国：赫兹发现电磁波 德国：奔驰开发汽油引擎汽车		日本屋井先藏发明干电池	
1887		英国：斯特劳杰发明自动电话交换机 日本红十字会成立 美国：贝利那发明圆盘式留声机	日本：东京电灯公司（现在的东京电力公司）开始电灯配电	英国：英国殖民地会议设立 法属印度支那联邦成立
1888		美国：科达公司出售卷式胶片	美国：可口可乐诞生	
1889		法国：建造埃菲尔铁塔		第2国际结成 日本：大日本帝国宪法颁布

年号	思潮、构想	原型、手法	技术、构造法	生活、美感	社会情势
1890		美国：雷诺在科尼阿岛设置锥形的步行梯	日本：东京浅草凌云阁（浅草12阶）设置最早的电梯 东京至横滨电话开通	日本：警视厅准许电柱广告 上野与浅草出现宽银幕电影馆 各国举行世界首次"五一"劳动节	
1893		德国：蒂再开发出柴油引擎	日本：在全国铁道神户工厂实现了蒸汽机车国产化		
1894					中国：中日甲午战争爆发（～1895）
1895		法国：卢密兄弟发明电影 希腊：雅典匹克大会第1次国际奥林匹克大会	意大利：马鲁克尼发明无线电通信机	英国：制定国际托拉斯法 日本：京都出现路面电车	
1896					
1897		英国：托姆松发明电子 德国：布拉文发现电子显像管			
1898		法国：居里夫妇发现镭		法国：巴黎地铁开通	列强分割非洲 中国：义和团运动（～1901）
1899					南非战争（～1902）

1900	奥地利：弗洛伊德《梦的解析》	德国：布拉克提出量子假说 德国：藤柏林开发飞行船 美国：西巴格开发实用型步行梯	英国：普鲁斯发明电气除尘器	美国：辛格缝纫机进入日本 日本：上野、新桥停车场设置公共电话	
1901			意大利：马鲁克尼横断大西洋无线电通信成功 美国：卡里阿开发空调机 俄国：西伯利亚铁路全线开通	日本：八幡炼铁厂1号高炉点火 德国：修塔夫公司出售最早的小熊玩具	瑞典：第1次诺贝尔奖 俄国：社会革命党结成
1902	俄国：库鲁伯德金《相互扶助论》 法国：电影《月球旅行》（麦里埃斯）	美国：阿库发明放电式水银灯			日英同盟
1903		美国：莱特兄弟动力飞机试飞成功		美国：福特汽车公司成立	
1904	日本：冈仓天心《The Awakening of Japan》	英国：福拉敏格发明二极真空管	英国：伦敦出现世界最早的公共汽车	日本：最早的百货店三越利服店开业 美国：西阿兹巴鲁库公司产品说明发放超过100万份	日俄战争（～1905）
1905	德国：柏巴《仗胜劣败主义理论与资本主义精神》 德国：爱因斯坦完成狭义相对论				俄国：流血星期天事件

年号	思潮、构想	原型、手法	技术、构造法	生活、美感	社会情势
1906		美国：纽约开始收音机广播 美国：特弗莱斯特发明三极真空管 法国：开发食品干燥冷冻法		日本美国直通电信开始 法国：举办第1次自行车赛	英国：劳动党成立
1907	法国：柏尔戈松《创造的进化论》	美国：巴克兰岛发明巴克灯 法国：留密发明天然色照片	日本：制成第1辆汽车"Takuri"号 法国：摄制世界最早的动画电影	日本：横滨丝厂使用空调	英法俄3国协商
1908	德国：沃林格《抽象与感情移入》	法国：巴兰实分子存在 国际采用电流单位——安培		美国：福特T型车开始大量生产 日本：池田菊苗合成味精	
1909	意大利：玛里纳第《未来派宣言》		危地马拉速溶咖啡开始批量生产 美国：GE公司开发烤面包机	德国：定期飞行船开航 各地煤气公司开业 英国：设置屋外电话亭 日本：东京山手线（环线）开始运营 电灯取代汽灯、汽灯成为取暖用 秦佐八郎发现梅毒特效药	

年	思想・文化	科学	技术	生活	社会・历史
1910	柳田国男《远野故事》	俄国：鲁金古试验电视，电器制品广泛使用镍铬金属线		法国：无声电影有声化 法国：夏奈尔设计平针女装	日本侵略朝鲜 墨西哥革命
1911	美国：迪拉《科学管理法原理》 西田几多郎《善的研究》	英国：拉塞夫德发现原子核	汽车时速超过200km 日本：国产飞船"山田式一号"试飞 法国：开发霓虹灯泡 美国：开发钨丝灯泡		中国：辛亥革命 挪威：阿姆森达到南极点
1912		德国：瓦格纳提出大陆移动说	日本：国产飞机"奈良原式2号"试飞成功	法国：巴黎出现世界最早的霓虹灯广告	英国：世界最大级客轮泰坦尼克号沉没 第1次巴尔干战争 中华民国成立
1913		丹麦：保阿制出原子模型 美国：托米亚公司开发电冰箱 美国：会议扩音设备在纽约首次使用	英国：不锈钢实用化 德国：合成尿素工业化成功 德国：莱卡公司开发照相机	日本：西尾正左卫门出售龟完型洗碗刷具	
1914		英国：陆军在高牧会战首次使用坦克MK1 美国：开设最早的生育控制中心			第一次世界大战爆发（~1918）
1916	吉野作造 提倡民主主义 瑞士：苏遂尔《一般语言学讲义》 德国：爱因斯坦《广义相对论》			日本桥三越百货店出现步格 美国：设置电动交通信号灯 日本：钢笔出现 东芝低价出售电风扇 美国：田纳西州超级市场开业	

年号	思潮、构想	原型、手法	技术、构造法	生活、美感	社会情势
1917			美国：大量开发生产氦	指甲油化妆品出现	俄国10月革命
1918	德国：修本库勒《西洋的没落》 中国：鲁迅《狂人日记》			美国：GE公司大量生产电冰箱 英法开始航空邮件	第一次世界大战结束 日本：米骚动
1919	德国：电影《嘎里格利博士》（威纳）	德国：开发喷号机	美国：拨号式电话使用		意大利：法西斯党结成 巴黎凡尔赛和平条约缔结 德国：魏玛宪法制定 中国：孙文组织成立国民党 第3国际成立
1920		捷克：柴贝克使用"机器人"一词	美国：摩根阐明染色体上有遗传基因	美国：匹兹公园开始世界最早的无线（AM）广播	国际联盟成立 日本：第1次国情调查实施（人口7700万）
1921		德国：柏林完成世界最早的高速公路	日本：油宿国产化 东京天文台开设	美国：JJ公司出售伤口贴黏着胶带	中国：中国共产党成立 俄国：开始新经济政策 美国：禁酒法实施 华盛顿裁军会议召开
1922	奥地利：维根斯坦《理论哲学考论》 波兰：马里诺夫斯基《西大西洋的远航者》	奥地利：卡曼库斯霍夫社会住居设置投币洗衣机		国际航空线（日本所泽——中国长春）开通	俄国：宣布苏联成立 意大利：法西斯政府成立 奥斯曼帝国灭亡
1923		德国：首次公开太阳系模型	德国：飞行船衣柏林号横断大西洋	日本：业余无线电解禁	日本：关东大地震 土耳其：共和国宣告成立

1924	法国：布鲁东《超现实主义宣言》			飞机环绕世界一周成功	日本：米制实施	日本：普通选举法、治安维持法制定
1925	苏联：电影《战舰保罗号》《艾则林坦》	英国：贝亚特提出电视原理		美国：传真实用化 日本：八木秀次发明八木天线 东京山手线开始环行运营 美国：开发电留声机	日本：东京广播开业 无线广播开始	
1926	荷兰：凡迪菲勒第《完美的婚姻》	美国：发射最早的导弹试验				
1927	德国：哈德格《存在与时间》			美国：林德巴车首次无着陆横断大西洋飞行成功 出售汽车收音机 日本：高柳健次郎电视信号传送试验成功	美国：连锁制24小时店诞生（南方岛公司，现在的"塞文来温"） 日本：东京地铁开通（上野—浅草）	中国：蒋介石国民党政权成立
1928	法国：电影《安德鲁西亚的狗》《达旦，普尼艾鲁》	英国：富莱敏格发现青霉素		日本：传真实用化 德国：飞行船艾柏林号环绕世界一周成功	美国：泛美航空公司创立 日本：普及折叠腿式矮桌	苏联：第一个五年计划开始 中国：张作霖皇姑屯事件 日本：设立特别高等警察院
1929				英国：BBC电视开始试播 日本：东京神田YMCA日本首次循环过滤式室内温水游泳池出现 照相胶卷国产化	日本：东京—大阪—福冈定期航班开通 日本最早的地铁站百货店——阪急百货店（大阪）开业	世界经济危机

年号	思潮、构想	原型、手法	技术、构造法	生活、美感	社会情势
1930	西班牙：奥德格《民众的反叛》 九鬼周三《"生存"的结构》	美国：米歇尔开发氟气，用于空调的制冷昂气	日本：东京—神户特快列车"燕"号运行	日本：国产电冰箱出售（东芝 SS1200 720 日元 相当于一座独户住宅的价钱） 国产洗衣机出售（东芝 Solar 370 日元） 上野站地下街 最早的女子单身公寓（同润会大冢女子公寓）建成 英国：电视广告开始播放 美国：开始使用空中小姐	
1931	奥地利：哥德尔《论〈数学原理〉与其相关系统中形式不可判定命题》	瑞士：巴里提出新托利诺假说			中国：9·18事变 西班牙革命
1932		英国：查德维克发现中性子	美国：柯达公司出售 8 毫米照相机、录像机 日本电工公司开发铝生产成功	日本：女子内裤普及	中国：日军侵占上海 日本：5·15事件 白木屋百货店火灾
1933			美国：特纳西溪谷综合开发规划开始 德国：进行郊区建设		德国：纳粹取得政权，制定"种族灭绝政策" 美国：新政策法案 日本、德国退出国际联盟

年	著作・理論	科学	技術・製品	社会・事件
1934	英国：特因毕《历史的研究》 美国：曼福特《技术与文明》			日本：东京涩谷东横百货店（现在的东急百货店）最早的名店街诞生	苏联：加入国际联盟 中国：红军开始长征（～1935）
1935	日本：和辻哲郎《风土》	日本：汤川秀树发表中子理论	美国：GE公司开发荧光灯 AEG公司开发录音机 阿姆斯特朗公开试验FM无线方式		
1936	德国：彭亚明《复制技术时代的艺术》 法国：拉坎《镜像阶段》 英国：凯因斯《雇用、利息及货币的一般理论》 美国：卓别林电影《摩登时代》			英国：BBC电视广播开始	日本：2·26事件 西班牙：市民战争开始
1937	苏联：托洛斯基《被出卖的革命》 中国：毛泽东《矛盾论》、《实践论》			日本：国产相机出现（佳能公司）	中国：卢沟桥事件 意大利退出国际联盟 日本、德国、意大利3国防共协定 德国：兴登堡号飞艇失火
1938	荷兰：赫金格《人类程序》	德国：翰等发现原子核分裂	美国：杜邦公司开发尼龙商品	美国：电视广播开始	日本：国家总动员法实施 德国：《慕尼黑协定》 纳粹德国侵略奥地利

年号	思潮、构想	原型、手法	技术、构造法	生活、美感	社会情势
1939	美国：巴诺夫斯基《生态技术研究》		美国：希克鲁斯基开发最早的直升机（VS300）瑞士：缪拉合成DDT（有机氯杀虫剂）	美国：纽约古兰德森特拉站设置投币存柜美国：尼龙长袜开始出售	第二次世界大战爆发（~1945）
1940			德国：格路德马科开发彩色电视日本：小西六开发日本的彩色胶卷胜拱桥开通	日本：物资管制停止自由流通制定国民服装，鼓励女性使用绑腿	日本、德国、意大利3国同盟缔结 大政翼赞会成立
1941	德国：夫勒姆《逃离自由》日本：今西锦司《生物世界》提倡分居	德国：鹤格公司开发出最早的喷气式战斗机			
1942	日本：龟井胜一郎、小林秀雄、三好达治等座谈《超越现代》		日本：关门隧道开通美国：世界最早的核研究所开始		
1943	法国：萨朗特鲁《存在与虚》		雷达实用化	美国：青霉素开始大量生产	
1944	奥地利：哈埃克《通向隶属的路》	美国：艾布里研究遗传基因德国：军用导弹V1、V2实用化			
1945	法国：麦昔勒《知觉现象学》	JIS标准开始		美国：洛杉矶观测到光化学烟雾日本：开始使用合成衣药	日本：广岛、长崎原子弹爆炸第二次世界大战结束联合国成立

1946	日本：丸山真男《超国家主义的论理与心理》 美国：贝奈德克特《菊与刀》	美国：班西弹道计算用计算机 ENIAC	美国：思本瑟开发微波炉	美国：比基尼岛核试验 菲律宾独立 印度支那战争 日本宪法颁布
1947	德国：赫尔库哈玛，阿特鲁诺《启蒙的辩证法》 日本：大冢久雄《近代资本主义谱系》	制定 ISO 美国：贝尔研究所发明晶体管	美国：贝尔1号超音速飞行成功	法国：女性泳装比基尼出现	东西方冷战开始 美国：公布马歇尔计划（欧洲经济复兴计划）
1948	美国：小说家维纳提倡《控制论》 苏联：戈博夫提出关于宇宙起源的《博大》理论			美国：电视剧《来巴特镇》开始播放，传播现代住居客厅形象	苏联：封锁柏林 以色列共和国成立 日本：设立建设省 帝银事件 联合国：世界人权宣言采用
1949	英国：奥维尔《1984年》 法国：波波瓦尔《第2性》		英国：喷气式客机运营		中国：中华人民共和国成立 国民党撤到台湾 德国：东西德分离 北大西洋公约组织成立
1950		美国：达纳斯公司发行信用卡 美国：肾脏移植手术成功	日本：爱知工业（现在的日本爱信精机株式会社）开始销售焊接式的洗碗厨具	日本：NHK电视开始试播 录音机（东京通信工业公司，现在的索尼公司16万日元）开始销售 "比基尼式乳罩、三角裤泳装"进入日本 美国：出现漫画史努比	朝鲜战争爆发（～1953） 印度共和国成立

年号	思潮、构想	原型、手法	技术、构造法	生活、美感	社会情势
1951	德国：阿兰德《全体主义的起源》			美国：彩色电影开始播放 民营收音机广播开始 LP.EP留声机开始销售	美国：旧金山和平条约 日本，美国安全保障条约缔结
1952	日本：手冢治虫《铁臂阿童木》	美国：开发氢弹	美国："20世纪焦点"开始制作最早的宽银幕电影	日本：日本最早的窗户型空调开始销售（日立制作所 EW50型 24万日元）	美国：世界最早的氢弹试验
1953	法国：巴鲁特《0度的认知》 美国：《花花公子》创刊	板块构造理论进一步发展 美国：人工心脏移植手术成功	美国：瓦特松等解明DNA双重螺旋结构 美国：IBM公司开始向企业出售世界最早的电子计算机"IBM650"系列	日本：家电元年。日本产黑白电视（早川电气工业公司，现在的夏普公司17.5万日元）开始销售 洗衣机（三洋电机公司2.85万日元）开始销售 首家超市纪伊国屋在东京青山开业 日本NHK电视开始正式播放	美国：登上珠穆朗玛峰

1954	日本：电影《圣兽》（本田猪四郎）法国：勒修《姑娘的故事》		日本：东通工业公司（现在的索尼公司）开发性能稳定的国产收音机；桑微布工业公司通过薄铁板焊接开发不锈钢洗碗厨具；美国：里迪希公司开始销售世界最早的收音机	日本：按照民法电视开始播放；美国：麦当劳餐厅开业；歌星艾比斯普拉斯里登场；家庭3大件为冰箱、洗衣机、除尘器；苏联：世界最早的核电站开始运营	日本：第五福龙丸号被炸
1955	法国：莱巴《悲伤的热带》	美国：迪斯尼乐园开业首次观测到索子微	美国：核潜艇诺奇拉斯号开始试航	日本：东通工业公司（现在的索尼公司）开始销售国产收音机；东京芝浦电气（现在的东芝公司）开始销售电饭锅；日本住宅公团成立。最早的DK（客厅、厨房）表示	日本：自由民主党结成；华沙条约缔结；波兰；瑞士：第1次和平利用核能会议召开
1956		美国：电子计算机程序语言FORTRAN完成	美国：安斯派克公司开发VTR录像机；日本：冈崎文洁完成日本最早的电子计算机FUJIC	日本：东京四谷开始销售公寓住宅；经济白皮书"不像是战后"；日本公团住宅开始采用不锈钢洗盆厨具	日本：科学技术厅设立；日本加入联合国；苏联：批判斯大林；匈牙利：反苏动乱；苏伊士战争

年号	思潮、构想	原型、手法	技术、构造法	生活、美感	社会情势
1957	法国：巴特尔《黄色淫秽主义》 日本：梅棹忠夫《文明生态史观序说》 美国：乔木斯科《文法结构》	苏联：发射世界最早的人造卫星斯普特尼1号	日本：发射国产火箭江崎玲于奈等发明江崎县东海村设立核电站 南极昭和基地开始建设	日本：NHK 开始试播 FM 电波节目	
1958	美国：戈尔普勒斯《富裕的社会》	美国：TI 公司开发集成线路板（IC） 美国：宇航局成立	日本：东京塔建成	日本：速食面开始销售（日清食品公司）	欧洲共同市场（EEC）起步 法国：第5共和国时代开始 伊拉克革命
1959		美国：商用电子计算机程序语言 COBOL 出现		英国：马丽库安特发表超短裙	古巴革命，卡斯特罗政权成立
1960	美国：贝勒《意识形态的终结》	英国：出现水上双清翼喷气船 美国：再鲁库斯开发电子复印机 开发实用激光	日本：大和住宅公司开始销售组合式住宅	日本：彩色电视开始播放	日本：安保论 越南战争爆发（～1975） 石油输出国组织（OPEC）成立 非洲各国独立
1961	法国：夫科《疯狂的历史》	英国：伦敦设立国际人权保护组织 苏联：载人宇航成功		日本：家用轿车开始销售（丰田汽车公司）	德国：构筑柏林墙 日本：确诊水俣病

1962	美国：昆《科学革命的结构》 美国：卡松《沉默的春天》警告科学污染物质	美国：发射通讯卫星特鲁斯塔载人宇航成功	美国：GM公司使用工业用机器人 日本：国产机YS11首航 荷兰：飞利浦公司开发磁带录音机	日本：日本产微波炉（早川电气工业公司，现在的夏普公司54万日元）开始销售 首都高速路（京桥一芝浦）开通	古巴导弹危机
1963	美国：夫里坦《新女性的创造》妇女解放运动的圣经	日本：大阪站前出现日本最早的人行道桥	日本、美国开通卫星转播电视，播放肯尼迪总统被暗杀节目	美国：皮特鲁斯歌星旋风（～1970） 美国：出售尼龙连裤袜	美国：肯尼迪总统被暗杀 非洲统一机构（OAU）成立
1964		美国：戈尔曼提出"库克素粒子"概念	美国：IBM公司出售晶体管式电脑7090 日本、美国开通太平洋海底电缆	日本：东海道新干线开通 最早的晶体管电算器（夏普CS10A 53万5千日元）开始销售 日本东京新宿站东口设置投币存储柜	日本：东京奥林匹克大会
1965	美国：扎特提倡《模糊逻辑》 美国：那他《任何速度都危险》点燃消费者运动	美国：开发电子计算机程序语言BASIC	美国：休斯敦棒球屋顶的棒球场竣工	荷兰：飞利浦公司免费公布磁带录音机规格	日本：东京最早的烟警报器投入使用
1966	日本：吉本隆明《共同幻想论》		美国：纽约证券交易所完成基本买卖自动化 法国：建成世界最早的潮汐发电站	日本：最早的IC电算器（夏普CS31A 35万日元）开始销售	中国：文化大革命（～1976）

年号	思潮、构想	原型、手法	技术、构造法	生活、美感	社会情势
1967	法国：德里达《语法学》		美国：TI 公司开发集成线路板（IC）的小型电子计算器	日本：汽车、空调、彩电成为人们渴望的耐大消费品	欧共体（EC）设立 中东 6 日战争 东南亚国家联盟（东盟，ASEAN）成立 日本：3 亿现钞被劫事件
1968	美国：布兰德编《Whole Earth Catalogue》 电影《2001 年宇宙之旅》（休布里克）	美国：开发大规模集成线路板（LSI） RCA 公司开发液晶（LCD）	日本：日本最早的超高层建筑霞关大楼竣工 札幌医科大学实施日本最早的心脏移植手术 日本川崎重工工业机器人国产化	美国：开始传呼机服务 日本：大塚食品公司开始销售咖喱速食食品	捷克：布拉格之春事件 法国：5 月革命
1969	日本：石车礼道子《苦海净土我的水俣病》 美国：路希阿、贝劳来路《活在地球上》 美国：电影《骑手伊基》（赫巴）		美国：阿波罗 11 号抵达月球 美国：ATT 贝尔研究所开发 UN-X 美国：互联网起源的 APRANET 出现 日本：第 1 艘核动力船"陆次"入水	美国：举办摇滚音乐节 日本：东明高速路开通脉冲式电话服务开始 东京站地下街完工	日本：东京大学院系争事件 安田讲堂落成

年	左1	左2	左3	右
1970	法国：保德里亚卢《消费社会的神话与结构》	美国：IBM 公司开发最早的软盘存储记忆媒体	日本：世界最早的 LSI 电算器（夏普 QT8D 型 99800 日元）开始销售	空气污染、水质污染严重成为社会问题 家庭餐厅斯卡伊拉库 1 号店开业	日本：大阪世界博览会 日本赤军劫持日航客机 "Yodo号"事件 三岛由纪夫剖腹自杀事件 美苏裁减战略武器会谈开始
1971	奥地利：伊理易其《脱学校的社会》 加拿大：《多文化主义宣言》	美国：英特公司开发用电脑微软技术 法国：合成电影出现 英国：X 射线 CT 扫描机实用化	美国：国防部开发全球无线测位系统计划	日本：日清食品公司销售方便面 东京银座麦当劳 1 号店开业	美元危机 日本：环境厅设立 日美归还冲绳协定签字
1972	法国：达尔斯布斯《反奥迪》 日本：田中角荣《日本列岛改造论》 罗马俱乐部：发表《成长的界限》 由尼斯：批准世界遗产条约	美国：巴库组换遗传基因成功			日本：浅间山庄事件 日本水俣病诉讼结案 日中恢复邦交
1973	苏联：雪尼杰衣《监狱群岛》 布鲁卡利亚：柯里斯蒂芬《诗语言的革命》	美国：零售业应用商品电脑识别器（统一商品识别条码）		日本：狮油脂公司销售无磷洗衣粉 东京上野～银座开始步行者天国 阿斯制药公司销售灭蟑螂诱药	第 1 次石油危机

年号	思潮、构想	原型、手法	技术、构造法	生活、美感	社会情势
1974	美国：韦拉斯蒂《现代世界体系》	美国：鲁兰德等破坏臭氧层的报告书 MITS公司销售世界最早的电脑阿鲁特		日本：东京江东区丰洲24小时店1号店开业	美国：水门事件
1975	美国：夫林德曼电影《选择的自由》		美国、苏联：阿波罗18号萨鲁兹19号在地球轨道上对接	美国：微软公司开业 日本：销售100日元订火机 东京女子医大导入X射线CT	越南战争结束 第1次经济发达国家首脑会议召开
1976			美国：停泊1号、2号抵达火星	日本：大和运输公司开始门到门运送	日本：田中角荣・美洛克德一马丁公司受贿事件
1977			纽约、巴黎、伦敦巨鸟定期航班开航	日本：经济白皮书"1亿人中流意识" PG公司开始销售婴儿排便纸垫巾	
1978	美国：萨德《东方主义》 美国：电影《斯达保斯》（卢卡斯）	英国：世界最早的体外受精（试管）婴儿诞生		日本：鹿特电子工业公司开始销售一次性热袋 电脑游戏"空间侵略者"出现	日中和平友好条约缔结 中美恢复邦交
1979	法国：利奥塔《现代标志的条件》	美国：电脑通信体系诞生	日本：NEC公司销售电脑PC8001 东芝公司销售日文文字处理机（JW10型 630万日元） 美国：宇宙探测卫星保加1号成功观测木星	日本：索尼公司销售"随身听"（3万3千日元） 东京23区内汽车电话服务开始（当时1600部，1984年扩大到全日本）	第2次石油危机 苏联攻占阿富汗 美国：三里岛核电站事故

1980	美国：萨勒《0 的概论》zero-sum		日本：6 家城市银行开始银行存取卡系统互助	日本：无名优质商品销售 世界卫生组织宣布消灭天花 组色玩具流行	伊朗、伊拉克战争爆发（〜1988） 波兰："团结工会"成立
1981	意大利：埃克《蔷薇的名字》 美国：电影女演员冯达《冯达工作后生活》引起健身热	瑞士：伊鲁摩萨等鼠的无性繁殖成功	美国：空间站"亚号"升空 日本：索尼公司开始销售数码相机 美国微软公司开发IBM电脑用基本软件MSDOS	日本：巴奥尼阿公司销售激光唱盘机	日美汽车贸易摩擦 美国：加强核战略
1982	美国：电影《布赖特兰娜》 波兰《司科特》 现实儿何学》曼德布勒德《非	美国：世界最早的电脑立体图形电影"德龙"公开		日本：CD 随身听出售 卡式公用电话出现 100 万日元以下的日文文字处理机（富士通MY 欧阿西斯 75 万日元） 纸垫巾（尤尼奇木公司制）流行 考木特格鲁松公司的黑色服装风靡一时	阿英马岛战争 以色列：进攻黎巴嫩 国际捕鲸委员会决定全面禁止捕鲸
1983	日本：浅田彰《结构与力》	法国：巴司袁鲁研究所发现艾滋病毒		日本：任天堂公司家庭游戏机开始销售 日本最早的体外受精婴儿诞生 东京迪斯尼乐园开业	韩国：大韩航空公司客机爆炸事件 美国：攻占格林纳达

243

年号	思潮、构想	原型、手法	技术、构造法	生活、美感	社会情势
1984	加拿大：戈夫夫松《新罗曼》		日本：互联网起源的JUNET开始运营 NHK开始卫星广播	美国：苹果电脑，GU 思想电脑出售	印度：甘地被暗杀 非洲饥荒扩大
1985				日本：电信改革3法案确立 日本电信电话公社民营化，NTT公司开始 NTT保护型携带电话服务开始 阿斯科公司电脑通信网开业 限制氟利昂气体使用	日本：筑波国际博览会开始 厚生省：确诊日本最早的艾滋病患者
1986			日本：东芝公司开始销售笔记本电脑J3100	日本：富士胶片公司开始销售一次性相机 比萨饼店送家服务东京1号店开业 日本男女雇用工作机会平等法确立	日本：泡沫经济现象开始出现 苏联：切尔诺贝利核电站事故 美国：航天"飞机挑战者号"事故 苏联：戈尔巴乔夫政治改革开始
1987				日本：NTT公司开始携带电话服务（最初的手机重700g） 电子出版物增加 夏普公司IC电子记事本（PA7000）出售 日本国营铁路民营化	限制氟利昂使用蒙特利尔协议签字 美国：纽约股市暴跌（黑色星期一）

1988	法国：西莫瓦斯《库莱奥礼赞》	巴西：散巴鲁世界最早的肝移植手术				伊朗、伊拉克战争结束 日本：里库鲁特事件
1989		美国：宇宙局发射宇宙探测卫星"加利略号"		日本：NTT公司开始ISDN网络服务（ISN网络64）青函和函馆）隧道开通 日本：导入消费税 美国：销售自由化 任天堂公司游戏机盖木星一开始销售 日本卫星广播开始		德国：柏林墙崩溃 苏联：撤离阿富汗 东西方冷战结束
1990		美国：宇宙局发射哈佛宇宙望远镜	日本：松下电器公司开始销售智能家电一号全自动洗衣机	美国：瓦尔特公司开始世界最早的商用互联网连接商开业		日本：泡沫经济崩溃 伊拉克进攻科威特 东西德统一 热带雨林灭亡加速
1991		开放基本软件LINUX 美国：互联网开始导入WWW系统 日本：索尼公司开发微型存储光盘系统				苏联解体 海湾战争 波罗的海3国独立 南斯拉夫内战 南非废除种族歧视政策
1992	美国：福库亚马《历史的终结》		日本：开始导入WWW系统 电脑通讯与互联网相互连接开始			欧共体成立 巴西：里约热内卢召开全球首脑会议
1993	美国：果阿副总统发表《信息高速路构想》				日本：海老名出生5个以上的电影欣赏室 东京都开始导入半透明垃圾袋	拉姆萨尔"国际湿地条约"批准 巴勒斯坦暂时自治宣言签订

年号	思潮、构想	原型、手法	技术、构造法	生活、美感	社会情势
1994	美国：弗米国立加速器研究所确认顶端夸克		美国：网络公司开发阅览软件，更易于互联网连接 日本：高速核燃料炉"猛旧"临近泄漏 英法隧道开通	日本：索尼公司开始发售游戏机 携带电话自由化	南非：曼德拉就任总统
1995		日本：国产火箭 H2 发射成功	美国：微软公司 GU 型基本软件"视窗95"销售	日本：PHS 携带电话服务开始	日本：关西大地震 东京地铁沙林事件 "孟旧"核燃料泄漏事故 法国：强行核试验
1996	美国：亨廷顿《文明的冲突》		马来西亚：世界最高的贝特鲁纳斯塔完工（450 米）	日本：CS 数字广播开始付费制 东京都工业垃圾开始付病原性大肠杆菌 0157 引起恐慌	
1997	日本：加藤典洋《战败后论》		英国：鲁斯林研究所克隆羊诞生（2003 年死亡）	日本：丰田汽车公司混合燃料，高节能、低污染汽车开始大量生产 地球温暖化开始 地球环境京都协议签订 容器包装循环使用法实施 东京都冰箱氟氯气体回收 蛋形电子玩具流行	日本：神户少年杀人事件 中国：香港回归中国 联合国报告：250 万人感染艾滋致死亡

1998	大气中浮游粒子质量观测		
1999	人类遗传基因基本解明	日本：机器宠物出现（索尼公司ABO型）	欧盟11国实现统一货币 电脑2000年问题 日本：东海村原子能发电设施核燃料铀临界事故 北大西洋公约组织军队空袭南斯拉夫
	日本：石川县畜产综合中心克隆牛诞生		
2000	美国：发表纳米（1m的10亿分之1）技术战略	德国：考虑地球环境，决定废止全部核电站	南北朝鲜首次会谈 地球温暖化加速 法国：协和飞机坠落事故 俄国：核潜艇沉没事故
2001			美国：9·11多处恐怖袭击事件

后记

　　这本书的草案原本是在杂谈中产生出来的。但去年春季收到彰国社编辑部的中神和彦君的电子邮件：要在即将召开的编辑会议上提出本书意向，希望尽快详细讨论。数字化光盘可以直接进入相关条目，对不感兴趣的部分可以略过，我还想保留模拟化书籍的优点。接到中神君联系时，我正在荷兰休假旅行，从随身携带的电脑中读了这一通知时，悠闲的心情一下子消逝，只得全力开始筹划了。一瞬间，我也真实感受到了IT时代扩及全球的日常电子邮件联系带来的方便。

　　这本书比当初约定的期限推迟了半年才完成，也许还有些生硬。如序言所述，本书采用"版块"形式，可以用多种方式阅读。若捕捉到基本特点，可以说是词语解释集；按照时间顺序来读也可以说是历史书。另外，若从特征区分来看，可以说是分类论说书；若从相互关联的编成方法来看，也可以称之为概论书。这也是有趣之处。"

　　考虑到本书有许多条目集成，所以请各个领域的专家执笔。起初，我选择了起汇总作用的主编角色。但本书的基础是"版块"形式构成，为保持各版块一致，可以预想到这需要来回查阅，所以放弃了这一选择。然后，决定请学生时代的挚友田所辰之助、滨崎良实合作。这一工作开始后，选择关键词，决定执笔人，对照原稿，相互呼应，三人从各个角度要协调一致，所以相互反复讨论。编辑部的中神君也几次参加讨论，最终本书作为三人的合著完美地完成了。中神君曾不断地对我们提出建议，我们也不断地对这些建议诚挚热心地回应，正因为如此，才成为这样一本有特色的书，这离不开中神君的帮助与合作。

　　选择108个关键词是否妥当，对此也许会有不同看法，但选择标准是对今后考虑空间设计时会有一定启发的内容。对所选项目的内容，包括题目，能理解为作者对20世纪空间设计传达的信息，就十分高兴了。若能跨跃我们设定的"版块"形式结构、引发再生出飞向未来空间设计的想像，那将无上荣幸。

　　最后，向从众多书籍中选择这本书的读者表示衷心感谢！

矢代真己
2003年9月

【图片出处】

001 理性主义 (002)
1) Marc-Antoine Laugier, "Essai sur l'architecture", nouvelle édition, Paris, 1755
2) J.N.L.Durand, "Précis des Lecons d'Architecture Donnés à l'École Royale Polytechnique", Paris, 1802-05
3) Peter Gössel, Gabriele Leuthäuser, "Architektur des 20. Jahrhunderts", Taschen, 1990

002 新艺术运动 (004)
1) Franco Borsi & Paolo Portoghesi, "Victor Horta", Rizzoli, 1991
2) 3) 矢代眞己撮影
3) Jackie Cooper ed., "Mackintosh Architecture", Academy Editions, 1984
4) "Het Stocklethuis Professor Josef Hoffmann", Plazier Brussels, 1988

003 维也纳分离派 (006)
1)～4) 濱嵜良実撮影

004 殖民地建筑式样 (008)
1) Steven Hall, "Pamphlet architecture", No.9, 1982
2) Claude Mignot, "Architecture of the 19th Century", Evergreen, 1983
3) 日本建築学会編『近代建築史図集 新訂版』彰国社、1976年
4) "THE FAR EAST"
5) 河東義之撮影

005 历史主义 (010)
1) Jan Gympel, "Geschiedenis van de architectuur", Könemann, 1996
2) 3) Claude Mignot, "Architecture of the 19th Century", Evergreen, 1983

006 纪念碑性的建筑 (012)
1) Hella Reelfs und Rolf Bothe ed., "Friedrich Gilly 1772-1800 und die Privatgesellschaft junger Architekten", Willmuth Arenho vel, 1984
2) 田所辰之助撮影
3) 鈴木博之・山口廣『新建築学体系5 近代・現代建築史』彰国社、1993年

007 芝加哥派 (014)
1) Leonardo Benevolo, "History of Modern Architecture", 2 vols. Cambridge : MIT Press, 1971
2) Siegfried Giedion, "Space, Time and Archiecture", Harvard University Press, 1967
3) Henry-Russell Hitchcock, "Architecture nineteenth and twentieth centuries", Penguin Books, Harmondswroth, 1953
4) Jan Gympel, "Geschiedenis van de architectuur", Könemann, 1996
5) Claude Mignot, "Architecture of the 19th Century", Evergreen, 1983

008 "仿洋派" 风格 (016)
1) "THA FAR EAST"
2) 濱嵜良実撮影
3) 日本建築学会編『近代建築史図集 新訂版』彰国社、1976年

009 轻型木框架结构 (018)
1) Edited by J.Zukowsky, "Chicago Architecture 1872-1922", Prestel-Verlag, Munich, 1987
2) S.Gideon, "Space, Time and Architecture", Harvard University Press, 1971 (Third Printing)
3) Edited by B.B.Pfeiffer & G.Nordland, "FRANK LLOYD WRIGHT IN THE REALM OF IDEAS", Southern Illinois University press, 1988
4) 河東義之撮影

010 钢结构 (020)
1) John Mckean, "Crystal Palace, Joseph Paxton and Charles Fox", Phaidon, 1994
2) Peter Gössel, Gabriele Leuthäuser, "Architektur des 20. Jahrhunderts", Taschen, 1990
3) 田所辰之助撮影

011 玻璃 (022)
1) 2) W.Nerdinger, "WALTER GROPIUS", Bauhaus Archiv, Mann Verlag, 1985
3) K.Frampton, "modern architecture a critical history", Thames and Hadson, 1985

012 巴黎美术学院 (024)
1) 三宅理一・古林繁・大津頓雄撮影
2) Arthur Drexler ed., "The architecture of the École des Beaux-arts", Secker & Warburg, London, 1977

013 社会主义的理想社区 (026)
1) 2) Franziska Bollerey, "Architekturkonzeptionen der utopischen Sozialisten", Ernst & Sohn, 1991
3) Leonardo Benevolo, "Storia della citta Editori" Laterza, 1975

014 专用住宅 (028)
1) 3) Claude Mignot, "Architecture of the 19th Century", Evergreen, 1983
2)『都市住宅』1985年10月号
4) Mark Girouard, "The Victorian Country House", Yale University Press, 1979

015 艺术与技巧运动 (030)
1) 3) Lan Bradley, "William Moris and his world", Thames and Hudson, 1978
2) Sigrid Hinz, "Innenraum und Mobel", Florian Noetzel, 1989

016 花园城市 (032)
1) Christoph Mohr et al., "Funktionalitat und Moderne", Edition Fricke im Rudolf Müller, 1984
2) 3) 渡邊研司撮影
4) 鈴木弘二撮影
5) 矢代眞己撮影

017 未来派 (034)
1) Vittorio Magnago Lampugnani, "Antonio Sant Élis, Gezeichnete Architektur, Prestel", 1992 (1991)
2) The Modern Museum of Art, New York
3) 4) Caroline Tisdall & Angele Bozzolla, "Futurism", Thames and Hudson, 1977

018 几何学 (036)
1) Owen Jones, "The Grammar of Ornament", 1856 ; rpt. New York : Portland House, 1987
2) C.van de Ven, "SPACE in architecture", Van Gorcum Assen, 1980
3) M.Bock, "ANFANG EEINER NEUEN ARCHITEKTUR", STAATSUITGEVERIJ, 'S-GRAVENHAGE, 1983
4) G.Moeller, "Peter Behrens in Dusseldorf", VCH, 1991

019 实用设计规划 (038)
1) 濱嵜良実撮影
2)～4) Pilippe Ruault

020 外皮 (040)
1) Gottfried Semper, "Der Stil in dem technischen und tektonischen Kunsten, oder praktissch Aestetik". Bd.1.2. Kunst und Wissenschaft, F. Bruckmann, 1860-63
2) 3) 田所辰之助撮影

021 标准化 (042)
1) Tilmann Buddensieg, "Henning Rogge, Industriekultur, Peter Behrens und die AEG 1907-1914", Gebr. Mann, 1979
2) Justus Buekschmitt, "Ernst May", Alexander Koch, 1963

022 德意志制造联盟 (044)
1) Frederic J. Schwartz, "The Werkbund, Design Thoory & Mass Culture before the First World War", Yale Univ. Press, 1996
2) Karin Wilhelm, "Walter Gropius, Industriearchitekt", Vieweg, 1983
3) Deutscher Werkbund ed., "Deutsche Form im Kriegsjahr, die Austellung Köln 1914", F. Bruckmann, 1915

023 表现主义 (046)
1) 2) P.B.Jones, "Hugo Haring", Menges, 1999
3) B.Zevi, "Erich Mendelsohn", Rizzoli, 1985
4) R.Dohl, "FINSTERLIN", HATJE, 1988

024 "达达主义" (048)
1) カタログ『ダダと構成主義展』西武美術館、1988年

249

2) Sprengel Museum, Hannover
025 "风格派"运动(050)
1) 3) Mildred Friedman ed., "De Stijl:1917-1931 Visions of Utopia", Walker Art Center, 1986
2) 矢代眞己撮影
026 有机的建筑(052)
1) P.B.Jones, "Hugo Haring", Menges, 1999
2) S.Kremer," HUGO HARING (1882-1958) -Wohnungsbau-Theorie und Praxis", KARL KRAMER VERLAG, 1985
3) P.B.Jones, "Hans Scharoun", PHAIDON, 1997
027 国际浪漫主义(054)
1) ~4) 矢代真己撮影
028 钢筋混凝土(056)
1) Kenneth Frampton, "Modern Architecture, A Critical History", Thames and Hudson, 1985
2) "Rassegna", No.28, 1987
3) Reyner Banham, "Age of The Masters, A Personal View of Modern Architecture", Architectural Press, 1975
4) Stanislaus von Moos et al. ed., "Parijs 1900-1930 : Een Architecturrgids", Delft University Press, 1984
029 机械技术美学(058)
1) Tony Garnier, "Une Cité Industrielle, Etude pour la Construction des Villes", Philippe Sers Éditeur, 1988
2) Hartmut Probst, Christian Schädlich, " Walter Gropius, Band 3: Ausgewählte Schriften", Ernst&Sohn, 1988
3) Deutscher Werkbund ed., "Der Verkehr, Jahrbuch des Deutschen Werkbndes 1914", Eugen Diedrichs, 1914
030 社会住宅(060)
1) 2) 矢代眞己撮影
3) Maristeella Casciato et al. ed., "Architektuur en volkshuisveting", Socialistiese uitgeverij, 1980
4) 『PROCESS Architecture』No.112, 1992年
031 客厅中心形式(062)
1) 『住宅』大正6年3月号
2) 『平和記念東京博覧会出品文化村住宅設計図説』大正11年
3) 畑拓撮影
032 功能主义(064)
1) Peter Gössel, Gabriele Leuthäuser, "Architektur des 20. Jahrhunderts", Taschen, 1990
2) Martin Kieren, Hannes Meyer, "Dokumente zur Fruhzeit, Architektur und Gestaltungsversuche 1919-1927", Arthur Niggli, 1990
3) Le Corbusier, "The Radiant City", The Orion Press, 1964 (1933)
033 构成主义(066)
1) David Elliott, "New Worlds: Russian Art and Society 1900-1937", Rizzoli, 1986
2) A. ガン『構成主義』の表紙
3) Anatole Kopp, "Constructivist Architecture in the USSR", Academy Editions, 1985
034 公立包豪斯学校(068)
1) 田所辰之助撮影
035 "现代建筑" (070)
1) Philip Johnson, "Mies van der Rohe", MoMA, 1978
2) "Rassegna", No.47, 1991
3) Margarita Tupitsyn, "El Lissitzky Beyond the Abstract Cabinet : Photography, Design, Collaboration", Yale University Press, 1999
4) Martin Kieren, "Hannes Meyer", Verlag Arthur Niggli, 1990
5) "ABC : Beitrage zum Bauen", Serie 2, No.1, 1926
036 艺术装饰风格(072)
1) "Art et Decoration" juin, 1925
2) Peter Gössel & Gabriele Leuthäuser, "Architecture in the twentieth century", Taschen, 1991
3) William H. Jordy, "American Buildings and their Architects, vol.5", Oxford University Press, 1986
037 平行配置(074)
1) "Rassegna", No.47, 1991
2) 3) Exhibition Catalogue, "Ernst May und Das Neue Frankfurt 1925-1930", Ernst & Sohn, 1986
4) Auke van der Woud, "CIAM ; Volkshuisvesting Stedebouw", Delft Univ. Press, 1983
5) "Das Neue Frabkfurt", No.7, 1930
038 现代建筑的五项原则(076)
1) 5) Le Corbusier & P. Jeanneret, "Oeuvre Complete 1910-1929", Les Editions d'Architecture, 1964
2) 6) 矢代眞己撮影
3) 4) 濱嵜良実撮影
039 片面抬起方式(078)
1) Mildred Friedman ed., "De Stijl:1917-1931 Visions of Utopia", Walker Art Center, 1986
2) 4) Werner Möller, Otakar Macel, "Ein Stuhl macht Geschichte", Prestel, 1992
3) 5) "Rassegna", No.47, 1991
040 干式预制装配建造法(080)
1) Deutscher Werkbund ed., "Bau und Wohnung", Karl Krämer, 1992 (1927)
2) 濱嵜良実撮影
3) 『国際建築』第12巻第8号、国際建築協会、1936年
041 少即是多(082)
1) Marion von Hofacker ed., "G. Material zur elementaren Gestaltung - Herausgeber: Hans Richter", Der Kern, 1986
2) 田所辰之助撮影
042 广告牌式建筑(084)
1) 『江戸東京たてもの園解読本』東京都歴史文化財団、2003年
2) 増田彰久撮影
3) 『建築写真類聚』
043 法兰克福式厨房(086)
1) ~3) Peter Noever ed., "Die Frankfurter Küche von Margarete Schütte-Lihotzky", Ernst&Sohn, o.d.
4) Leonardo Benevolo, "History of Modern Architecture 2 vols.", MIT Press, 1971
044 美国主义(088)
1) "Rassegna", No.38, 1989
2) Erich Mendelsohn, "Erich Mendelsohn's "Amerika" 82 photographs", Dover Books, 1993
3) Jean-Louis Cohen, "Scenes of the World to Come : European Architecture and the American Challenge 1893-1960", Flammarion, 1995
045 最小限度的住宅(090)
1) 矢代眞己撮影
2) 『建築文化』2001年12月号
3) Martin Steinmann ed., " CIAM Dokumente 1928-39", Birkhäuser, 1979
4) Eric Mumford, " The CIAM Discourse on Urbanism, 1928-1960", MIT Press, 2000
046 CIAM (092)
1) Alison Smithoned., "Team 10 meetings", Rizzoli, 1991
2) Martin Steinmann ed. " CIAM Dokumente 1928-39", Birkhäuser, 1979
3) Eric Mumford, " The CIAM Discourse on Urbanism, 1928-1960", MIT Press, 2000
4) CIAM, "Existenzminimum", Julius Hoffmann, 1933
047 法西斯时期的建筑(094)
1) 2) Albert Speer," Architektur, Arbeiten 1933-1942", Ullstein, Propyläen, 1995 (1978)
3) Winfried Nerdingered., " Bauen im Nationalsozialismus", Architekturmuseum der Techinischen Universität München, 1993
4) 『建築文化』1995年9月号
048 "普遍空间" (096)
1) 3) Terence Riley, Barry Bergdoll, "Mies in Berlin", MoMA, Harry N. Abrams, 2001
2) 田所辰之助撮影
049 国际式(098)
1) 2) Hitchcock/Johnson, "Der Internationale Stil 1932", F. Vieweg & Sohn, 1985
3) Edited by F.Schulze, "Mies van der Rohe CRITICAL ESSAYS", MIT Press, 1989

050 玻璃砖块型材(100)
1) 2) M.Vellay,K.Frampton," PIERRE CHAREAU", Rizzoli, 1984
051 集体化式(102)
1) Heinz Hirdina ed., "Neues Bauen-Neues Gestalten", Elefanten Press, 1984
2) Auke van der Woud, "CIAM；Volkshuisvesting Stedebouw", Delft Univ. Press, 1983
3) Werner Möller, "Mart Stam 1899-1986", Wasmuth, 1997
4) 5) Hèléne Damen et al. ed., "Lotte Stam-Beese", Uitgeverij de Hef, 1993
052 "粗劣品"(104)
1) 伊澤岬撮影
2) 濱嵜良実撮影
3) kazumitsu Motohara
053 《雅典宪章》(106)
1) 2) Eric Mumford, "The CIAM Discourse on Urbanism, 1928-1960", MIT Press, 2000
3) Martin Steinmann ed., " CIAM Dokumente 1928-39", Birkhäuser, 1979
054 代用品(108)
1) 『工芸ニュース』Vol.10, No.5, 1941年
2) 『工芸ニュース』Vol.9, No.10, 1940年
3) 宮脇檀編著『日本の住宅設計』彰国社、1976年
055 要塞建筑(110)
1)〜4) 矢代眞己撮影
056 加利福尼亚形态(112)
1) 川向正人撮影
2)〜4) Elizabeth A. T. Smith ed., "Blueprints for Modern Living : History and Legacy of the Case Study House", MIT Press, 1989
057 传统论争(114)
1) 2) 和木通撮影
3) 濱嵜良実撮影
058 模数(116)
1) 2) Le Corbusier, "The Modulor", Cambridge : Harverd University Press, 1954
3) 『建築文化』2001年2月号
059 幕墙(118)
1) 2) 4) 5) Edited by F.Schulze, "Mies van der Rohe CRITICAL ESSAYS", MIT Press, 1989
3) Peter Gössel & Gabriele Leuthäuser, "Architecture in the twentieth century", Taschen, 1991
060 摩天大楼(120)
1) Peter Carter, "Mies van der Rohe at work", PHAIDON, 1999
2) 日本建築学会編『近代建築史図集　新訂版』彰国社、1976年
3) 菅沼聡也撮影
061 新卫星城市(122)
1) Leonardo Benevolo, "History of Modern Architecture, 2 vols.", Cambridge : MIT Press, 1971
2) 住宅財団アストトサアティオ
3) Helene Damen et al. ed., "Lotte Stam-Beese", Uitgeverij de Hef, 1993
062 2DK(124)
1) 『国際建築』1954年1月号
2) 3) 都市基整備公団
4) 『週刊文春』創刊号、1959年
063 十次小组(126)
1) Cees Nooteboom, "Unbuilt Netherlands", Rizzoli, 1985
2) アリソン・スミッソン編、寺田秀夫訳『チーム10の思想』彰国社、1970年
3) Wim J. van Heuvel, "Structuralism in Dutch Architecture", Uitgeverij 010, 1992
064 新野兽派(128)
1) 2) Reyner Banham, "The new brutalism:ethic or aesthetic", Reinhold, 1966
2) 田所辰之助撮影
3) Peter Gössel, Gabriele Leuthäuser, "Architektur des 20. Jahrhunderts", Taschen, 1990

5) 川向正人撮影
065 结构主义(130)
1) Wim J. van Heuvel, "Structuralism in Dutch Architecture", Uitgeverij 010, 1992
3) 矢代眞己撮影
066 代谢主义(132)
1) 2) 『建築文化』2000年8月号
3) 田所辰之助撮影
067 纽约五人组(134)
1) R.Meier
2) P. Eisenman
3) Edited by Wheeler, Arnell and Bickford, "MICHAEL GRAVES BUILDINGS AND PROJECTS 1966-1981", Rizzoli, 1982
4) J. Hejduk
5) Edited by P.Arnell ＆T.Bickford, "Charles Gwathmey and Robert Siegel Building and Projects 1964-1984", Harper ＆ Row, 1984
068 居室(136)
1) Alexander Tyng, "Beginnings : Louis I. Kahan's Philosophy of Architecture", A Wiley-Interscience Publication, 1984
2) 3) 原口秀昭『ルイス・カーンの空間構成』彰国社、1998年
069 玻璃顶盖街市(138)
1) Nikolaus Pevsner, "A History of Building Types", Bollingen Series 35, Princeton Univ. Press, 1997 (1976)
2) Kevin Lynch, "The image of the city", MIT Press, 1960
3) 畑拓撮影
070 开放空间(140)
1) 和木通撮影
2) 『PROCESS Architecture』No.112、1993年
3) 彰国社写真部
071 巨大构造物(142)
1) Academy Group,et al., "A Guide to Archigram 1961-74", Academy Editions, 1994
2) 彰国社写真部
072 "半网格"秩序法则(144)
1) 2) ヴィジュアル版建築入門編集委員会『ヴィジュアル建築入門10　建築と都市』彰国社、2003年
3) 都市史図集編集委員会『都市史図集』彰国社、1999年
4) 『建築文化』2000年8月号
5) C.Alexander
6) 濱嵜良実撮影
073 铝材(146)
1) 日本建築学会編『近代建築史図集　新訂版』彰国社、1976年
2) 彰国社写真部
3) 畑拓撮影
074 结构表现主义(148)
1) David P. Billington, "Robert Maillart and the Art of Reinforced Concrete", MIT Press, 1989
2) Jan Gympel, "Geschiedenis van de architectuur", Könemann, 1996
3) V.M.Lampugnani ed., "Encyclopedia of 20th-Century Architecture", Thames and Hudson, 1986
4) 和木通撮影
075 人工环境(150)
1) B.Buckminster Fuller ＆ Robert Marks, "THE DYMAXION WORLD OF BUCKMINSTER FULLER", Anchor Books, 1973
2) Martin Pawley, "BUCKMINSTER FULLER", Trefoil Publications, London, 1990
3) Reyner Banham, Francois Dallegret, "The Environment Bubble", Art in America, No. 53, April 1965
076 风土化(152)
1)〜4) Bernard Rudofsky, "Architecture without Architects", Doubleday ＆ Company, inc., 1964
077 流行现象(154)
1) J. Davison, L. Davison, "To A House A Home", Random House, 1994
2) 3) Morly Baer
078 少则无聊(156)

251

1) 2) 5) R.Venturi, D.S.Brown, S.Izenour, "LEARNING FROM LASVEGAS : The Symbolism of Architectural Form", The MIT Press, 1977 (1972)
3) Alexander Tzonis, L. Lefaiver & R.Diamond, "ARCHITECTURE IN NORTH AMERICA SINCE 1960", Thames & Hudson, 1995
4) Rollin La France George Pohl

079 现代建筑的解体(158)
1) Superstudio
2) H. Hollein
3) 渡邉研司撮影
4) "Archigram", Centre Georges Pompidou, 1994
5) Eugene J. Johnson ed., "Charles Moore Buildings and Projects 1949-1986", Rizzoli, 1986

080 建筑的关联性(160)
1) 八束はじめ編『建築の文脈 都市の文脈』彰国社、1979年
2) Colin Rowe, Fred Koetter, "Collage City", The MIT Press, 1978 (1976)
3) コーリン・ロウ、伊東豊雄・松永安光訳『マニエリスムと近代建築』彰国社、1981年

081 形态学(162)
1) Aldo Rossi Architect, Miian
2) Rob Krier, "Stadtraum in Theorie und Praxis" ,Kramer, 1975
3) Peter Arnell, Ted Bickford, "Aldo Rossi, Buildings and Projects", Rizzoli, 1985

082 符号论(164)
1) 2) Peter Eisenman
3) Dick Frank

083 厅间(166)
1) 2) Musee des arts decoratifs ed., "Ma : espace-temps du Japon", Musee des arts decoratifs, 1978
3) 畑拓撮影

084 空间框架(168)
1) Konrad Wachsmann, "Wendepunkt im Bauen", VEB Verlag der Kunst Dresden, 1989
2)『建築文化』1996年5月号
3) 彰国社写真部

085 居民参与(170)
1) OBOM, TU Delft
2) 矢代眞己撮影
3) 川向正人撮影

086 单间(172)
1)『建築文化』1959年1月号
2) 宮脇檀編著『日本の住宅設計』彰国社、1976年
3) 4) 村井修撮影
5) 田中宏明撮影
6) 黒沢隆『個室群住居：崩壊する近代家族と建築の課題』住まいの図書館出版局、1997年

087 现代标志(174)
1) Charles Jencks, "What is Post-Modaernism?" Academy Editions/ST.Martin's Press, 1989 (1986)
2) Edited by Wheeler, Arnell and Bickford, "MICHAEL GRAVES BUILDINGS AND PROJECTS 1966-1981", Rizzoli, 1982
3) 濱嵜良実撮影
4) Richard Bryant

088 地域批判主义(176)
1) 3) 4) K.Frampton, "modern architecture a critical history" ,Thames and Hadson Ltd, London, 1985
2) R.Weston, "Alvar Aalto", PHAIDON, 1997

089 解构主义建筑(178)
1) Aaon Betsky, "Violated Perfection:Architecture and the Fragmentation of the Modern", Rizzoli, 1990
2) Gunter Schneider, Nr.2003 Ju：disches Museum und Berlin-Museum, Liftbild, Skowronski&Koch Verlag

090 高技术(180)
1) 濱嵜良実撮影
2) 3) 渡邉研司撮影

091 舒适优雅(182)
1) Steve Rosenthal
2) 濱嵜良実撮影
3) 片木篤撮影

092 反证程序(184)
1) Bernard Tshumi, "LA CASA VIDE LA VILLETTE", Architectural Association Publishing, 1985
2) Pilippe Ruault
3) 4) Hans Werlemann

093 无秩序(186)
1) 大橋富夫撮影
2) 3) 濱嵜良実撮影

094 轧孔板(188)
1) 3) 大橋富夫
2) 濱嵜良実撮影

095 景观(190)
1) James Rose, "Creative Gardens", Reinhold Publishing Corporation, 1958
2) Paul Ryan
3) 岩見厚撮影

096 都市中心居住(192)
1) 2) カタログ『IBAベルリン国際建築展都市居住宣言』日本建築学会、1988年
3) Uwe Rau
4) 矢代眞己撮影

097 位置思想(194)
1) 2) 3) Christian Norberg-Schulz, "Genius Loci ; Towards a Phenomenology of Architecture", Academy Edition, 1980

098 新现代主义(196)
1) Hans Werlemann
2) Gerhard Mack, "Herzog&de Meuron 1992-1996, Das Gesamtwerk Band 3", Birkhäuser, 2000
3) 岩見厚撮影

099 主题公园(198)
1) 岩見厚撮影
2) 3) 4) 中川理『偽装するニッポン』彰国社、1996年

100 普遍空间设计(200)
1) 藤塚光政撮影、協力=TOTO
2) 矢代眞己撮影

101 无框架结构体(202)
1) 渡邉研司撮影
2) "EL croquis 65/66 JEAN NOUVEL 1987-1994", EL CROQUIS, 1994
3) Georges Fessy

102 "场所"无所不在(204)
1) 広告パンフレッド
2) 矢代眞己撮影

103 "网络空间"(206)
1) Pilippe Ruault
2) "EL CROQUIS 76", EL CROQUIS, 1995
3) G. Lynn

104 "生态学"(208)
1) 2) 彰国社写真部

105 SOHO (210)
1) 矢代眞己撮影
2) 畑亮撮影
3) 4) 誠光写真企画撮影

106 越多越好(212)
1) Rem Koolhaas, "Delirious New York", Oxford University Press, 1978
2) 3) 矢代眞己撮影

107 可持续性(214)
1) ~3) 彰国社写真部
4) 濱嵜良実撮影

108 家庭的崩溃(216)
1) 黒沢隆『個室群住居：崩壊する近代家族と建築の課題』住まいの図書館出版局、1997年
2)『建築文化』1992年6月号

矢代真己

1961年生于东京。1985年日本大学理工系建筑专业毕业，1987年同校研究生院理工专业硕士毕业。1987~1989年代尔夫特科技大学建筑系研究员（荷兰政府公费留学生）。1996年日本大学研究生院理工专业博士毕业。
现任 BiOS 公司负责人。千叶工业大学、日本大学、湘北短期大学、日本设计学院客座讲师。博士、一级建筑师。
著作有《现代派建筑　现代生活的梦想与形态》（合著，Exknowledge，2001年）、《荷兰的集合住宅》（共同编著，Process·Architecture 1993年）、《卡乌德的反吊曲线》（合著，INAX 出版，1996年）、《荷兰的城市与集合住宅　多样化中的统一性 1900—1940》（译著，住居图书出版局，1990年）等。
关于 20 世纪的思索：
"苦恼、恐惧、破坏与仁慈交混的时代，分清光明与黑暗才能把握描绘蓝图的出发点。"

田所辰之助

1962年生于东京。1986年日本大学理工系建筑专业毕业，1988年同校研究生院理工专业硕士毕业。1988~1989年参与达尼埃·里派斯肯德主持的"建筑国际。"1994年日本大学研究生院理工专业博士毕业。
现在，日本大学专职讲师、工学博士、一级建筑师。
著作有《作家们的现代派建筑》（合著，2003年，学艺出版社）、《从垫片到城市规划　赫尔曼·古吉乌斯与德意志制造联盟　德国现代设计情况》（合著，京都国立近代美术馆，2002年）、《建筑家——吉田铁郎的"日本住宅"》（合译，鹿岛出版会，2002年）、《现代派建筑　现代生活的梦想与形态》（合著，Exknowledge，2001年）等。
关于 20 世纪的思索：
"也许该问一下：如何冲破20世纪束缚我们思想的'空间'桎梏，将会是面临的问题。"

滨崎良实

1964年生于东京。1990年日本大学理工系建筑专业毕业，1992年同校研究生院理工专业硕士毕业。1996年日本大学研究生院理工专业博士毕业。
现在，滨崎工务店一级建筑师事务所所长、日本大学客座讲师、工学博士、一级建筑师。
著作有《现代派建筑　现代生活的梦想与形态》（合著，Exknowledge，2001年）等。
关于 20 世纪的思索：
"审视时度、不要头脑僵化、不要逆势而行、要思考。也许是很难的事情，但觉得这些是我的一点感悟。"

相关图书介绍

《建筑造型分析与实例》
宫元健次 著
ISBN 978-7-112-09112-6
16开 134页 28元

本书汇集古今东西的优秀建筑设计实例,以建筑的形态分成4类——表现、区分、外装、围入,并将浩瀚的优秀设计方法分为不同体系,加以解说。

《路易斯·I·康的空间设计》
原口秀昭 著
ISBN 978-7-112-09447-9
32开 150页 20元

介绍了路易斯·I·康84个建筑作品的空间构成,并与赖特、密斯、柯布西耶、阿尔瓦·阿尔托等巨匠的空间进行了对比。

《勒·柯布西耶的住宅空间构成》
富永让 著
ISBN 978-7-112-09444-8
32开 216页 28元

本书是作者在感悟、研究大师勒·柯布西耶的作品30年后,对其"白色时代"之后的萨伏耶别墅、母亲之家等12所住宅空间构成进行的解读。

《结构设计的新理念·新方法》
渡边邦夫 著
ISBN 978-7-112-09734-0
32开 150页 20元

本书旨在介绍什么是结构设计、如何思考结构设计和进行结构设计的手法。讲述PC和层积材的结构、大跨度空间、钢铁与玻璃的合作、开闭式玻璃屋顶、PC与张拉结构的思考设计过程。

《屋顶设计百科》
武者英二 吉田尚英 编著
ISBN 978-7-112-08702-0
16开 190页 48元

本书介绍了各种屋顶的特点、来源,解析了设计的方法、要点,内容丰富,是不可多得的资料集。

《建筑院校毕业设计指导》
日本建筑学会 编
16开 近期出版

本书介绍了毕业设计的流程、注意事项、准备与实施方法,并例举了一些社会性话题。而且,记述了毕业生自己的心得体会。

《日本著名建筑师的毕业作品访谈1》　　　采访山本理显、西泽立卫等10位当今活跃的建
五十岚太郎　编　　　　　　　　　　　　筑师,畅谈毕业设计的创作历程。
32开　212页　26元

《日本著名建筑师的毕业作品访谈2》　　　采访高松伸等10位当今活跃的建筑师谈毕业设
五十岚太郎　编　　　　　　　　　　　　计,并公开丹下健三等大师的毕业设计。
ISBN 978-7-112-10077-4
32开　202页　26元

《新建筑学初步》　　　　　　　　　　　迈入建筑学领域的入门指南,全面解释各专业
日本建筑学教育研究会　编　　　　　　　的内容与联系。
ISBN 978-7-112-10530-4
32开　170页　22元

《空间要素》　　　　　　　　　　　　　收录建筑空间墙、路、平台等12个要素,体验
日本建筑学会　编　　　　　　　　　　　世界各地著名建筑的空间魅力,解析空间构成。
ISBN 978-7-112-10615-8
32开　248页　48元　彩色

《建筑学的教科书》　　　　　　　　　　通过大师们的讲解,认识建筑、了解学习建筑
安藤忠雄　等著　　　　　　　　　　　　的方法。
ISBN 978-7-112-10464-2
32开　244页　28元

《日本建筑院校毕业设计优秀作品集1》　　登载116幅毕业设计作品,并记述了每位设计
近代建筑　编　　　　　　　　　　　　　者的创作过程与指导教师的点评。
16开　彩色　近期出版

《亚洲城市建筑史》
布野修司　编
32 开　近期出版

详细介绍了亚洲各地区城市与建筑的发展历程与特点，是本不可多得的资料集。

《建筑与环境共生的 25 个要点》
大西正宜　编
32 开　近期出版

详细讲解了建筑与环境恶化的各种现象、节能与循环利用的方法、新技术新能源在建筑中的开发利用。

《建筑的七个力》
铃木博之　著
ISBN 978-7-112-10845-9
32 开　146 页　20 元

发自作者从事建筑创作、研究的几十年积累，对建筑学七个领域进行了解读。

《风、光、水、地、神的设计》
古市彻雄　著
ISBN 978-7-112-07818-0
32 开　246 页　25 元

记述作者借参加世界各地的不同项目创作之机，体味不同文化地域下城市规划与建筑的异同。

《勒·柯布西耶建筑创作中的九个原型》
越后岛研一　著
ISBN 978-7-112-07897-0
32 开　206 页　25 元

通过具体地分析、追朔柯布西耶作品的变化过程，从而了解这位著名建筑师是怎样形成其独特的创作世界。

《新共生思想》
黑川纪章　著
ISBN 978-7-112-10413-0
32 开　446 页　48 元

对黑川纪章多年城市规划、建筑设计思想的总结与阐述，提出了"共生思想"是 21 世纪社会各领域中的新秩序。